防汛抢险技术系列丛书

凌 汛 与 防 凌

山东黄河河务局　编

黄河水利出版社
·郑　州·

内 容 提 要

本书共分 6 章 34 节。在参阅了大量的历史参考文献、吸收和借鉴国内外大江大河凌汛和防凌实践经验和最新研究、创新成果的基础上,重点对凌汛成因、冰凌观测及预报、防凌措施等进行了系统的研究,提供了可用于堤防工程抢险实际工作的技术和对策。

本书可作为青年水利工作者、防汛队伍技术培训、业务学习的教科书、工具书,同时也可作为各级行政首长和从事防汛工作的技术人员学习凌汛与防凌技术知识的读物。

图书在版编目(CIP)数据

凌汛与防凌/山东黄河河务局编. —郑州:黄河水利出版社,2015.4
　(防汛抢险技术系列丛书)
　ISBN 978 - 7 - 5509 - 1072 - 0

Ⅰ.①凌… Ⅱ.①山… Ⅲ.①凌汛 ②防凌 Ⅳ.①P332.8 ②TV875

中国版本图书馆 CIP 数据核字(2015)第 068811 号

出　版　社:黄河水利出版社
　　　　　地址:河南省郑州市顺河路黄委会综合楼 14 层　邮政编码:450003
发行单位:黄河水利出版社
　　　　　发行部电话:0371 - 66026940、66020550、66028024、66022620(传真)
　　　　　E-mail:hhslcbs@126.com
承印单位:河南省瑞光印务股份有限公司
开本:787 mm×1 092 mm　1/16
印张:20.75
字数:320 千字　　　　　　　　　印数:1—3 000
版次:2015 年 4 月第 1 版　　　　　印次:2015 年 4 月第 1 次印刷

定价:48.00 元

序　言

　　人类的发展史,究其本质就是人类不断创造发明的进步史,也是人与自然灾害不断抗争的历史。在各种自然灾害中,洪水灾害以其突发性强、破坏力大、影响深远,成为人类经常遭受的最严重的自然灾害之一,古往今来都是人类的心腹大患。我国是洪水灾害多发的国家,严重的洪水灾害对人民的生命财产构成严重威胁,对社会生产力造成很大破坏,深深影响着社会经济的稳定和发展,特别是大江大河的防洪,更是关系人民生命安危和国家盛衰的大事。

　　我国防汛抗洪历史悠久,远古时代就有大禹治水的传说。几千年来,治河名家、学说不断涌现,各族人民前赴后继,和洪水灾害进行了持续不懈的抗争,取得了许多行之有效的宝贵经验,也经历过惨痛的历史教训,经不断地探索和总结,逐步形成了较为完善的防汛抗洪综合体系。特别是新中国成立后,党和政府高度重视江河治理和防汛抗洪工作,一方面通过加高加固堤防、河道治理、修建水库、开辟蓄滞洪区等工程措施,努力提高工程的抗洪强度;另一方面,大力加强防洪非工程措施建设,搞好防汛队伍建设,落实各项防汛责任制,严格技术培训,狠抓洪水预报、查险抢险和指挥调度三个关键环节,战胜了一次又一次的大洪水,为国民经济的发展奠定了坚实基础。但同时也应看到,我国江河防御洪水灾害的整体水平还不高,防洪工程存在着不同程度的安全隐患和薄弱环节,防洪非工程措施尚不完善,防洪形势依然严峻,防汛抗洪工作仍需常抓不懈。

　　历史经验告诉我们,防御洪水灾害,一靠工程,二靠人防。防洪工程是防御洪水的重要屏障,是防汛抗洪的基础,地位十分重要;防汛抢险则是我们对付洪水的有效手段,当江河发生大洪水时,确保防洪安全至关重要的一个环节是能否组织有效防守,认真巡堤查险,及早发现险情、及时果断抢护,做到"抢早、抢小",是对工程措施的加强和补充。组织强大的

防汛抢险队伍、掌握过硬的抢险本领和先进的抢险技术,对于夺取抗洪抢险的胜利至关重要。

前事不忘,后事之师。为全面系统地总结防汛抗洪经验,不断提高防汛抢险技术水平,山东黄河河务局于2010年10月成立了《防汛抢险技术系列丛书》编辑委员会,2013年6月、2014年6月又根据工作需要进行了两次调整和加强,期间多次召开协调会、专家咨询会,专题研究丛书编写工作,认真编写、修订、完善,历经4年多,数易其稿,终于完成编撰任务,交付印刷。丛书共分为《堤防工程抢险》《河道工程抢险》《凌汛与防凌》《防汛指挥调度》四册。各册分别从不同侧面系统地总结了防汛抗洪传统技术,借鉴了国内主要大江大河的成功经验,同时吸纳了近期抗洪抢险最新研究成果,做到了全面系统、资料翔实、图文并茂,是一套技术性、实用性、针对性、可操作性较强的防汛抗洪技术教科书、科普书、工具书。丛书的出版,必将为各级防汛部门和技术人员从事防汛抗洪工作,进行抗洪抢险技术培训、教学等,提供有价值的参考资料,为推动防汛抗洪工作的开展发挥积极作用。

2015年2月

前　言

　　我国是洪水灾害多发的国家,特别是大江大河的洪水,历来就是中华民族的心腹大患,严重的洪水灾害对社会生产力造成了很大破坏,深深影响着社会、经济的发展。我国人民在与洪水灾害不懈的斗争中,不断探索,勇于实践,逐渐形成了系统的抗洪抢险理论体系。特别是新中国成立以后,党和政府高度重视江河治理和防洪建设,通过不懈努力,逐步建立了较为完善的防洪工程体系和防洪非工程措施体系,各类工程的防洪能力显著提高,防洪非工程措施不断增强,为夺取历年抗洪抢险的胜利立下了不朽功勋。被称为"中国之忧患"的黄河,实现了60余年伏秋大汛岁岁安澜,彻底改变了过去"三年两决口"的局面;长江、淮河、海河、松花江等主要江河的防洪标准与防洪减灾能力也都大幅度提高,在历年的抗洪抢险中取得了辉煌的成绩,有力地保障了人民的生命财产安全。但是,由于自然、社会和经济条件的限制,我国现有的防洪减灾能力仍较低,江河和城市防洪标准普遍偏低,不能适应社会、经济迅速发展的要求,防洪减灾仍是我国一项长期而艰巨的任务。

　　凌汛与防凌是一门古老的科学,人们对它的研究有着悠久的历史。随着经济社会和科学技术的进步,凌汛与防凌这门学科本身在深度和广度上也日益丰富。目前,在一些新兴科学和信息技术的推动下,在广大水利工作者的辛勤工作和科研工作者的深入研究下,凌汛成因机理和防凌技术有了较快的发展;广大一线工作者的创造性劳动,积累了丰富的防凌经验。为了介绍普及这些新技术、新进展,山东黄河河务局组织编写了本书。本书编写立足于实用性,可作为各级防汛业务人员,以及行政首长的培训教材。本书既包括了凌汛与防凌的新动态,又注意了与基础理论的联系,由浅入深,具有较好的可读性;在工程措施上,既包括行之有效的具体措施和经验,还有详细的技术细则和工艺,可操作性好。

　　为编好本书,山东黄河河务局主要领导和分管领导多次主持召开协调会、咨询会,制定编写大纲,明确责任,落实分工,并多方面征求专家的

意见。本书由赵世来担任主编,王宗波担任副主编。全书共分6章,分别介绍了冰凌特征、凌汛成因、凌汛观测及预报、防凌措施、黄河冰坝(塞)案例分析及黄河典型年份凌汛与险情。陈声建编写第一章,第三章第六节;张月明编写第二章,第三章第一节、第二节;李征编写第三章第三节、第七节,第四章;张志超编写第三章第五节,第五章;苏琳琳编写第三章第四节,第六章。崔节卫、李士国、王芹、王志远等也参加了本书的编写工作。

本书在编写过程中,得到了有关单位和个人的大力支持和帮助,石德容、王曰中、张明德、李祚谟、杨升全、刘恩荣、许万智、高庆久、张金水、李式平、雷林等专家对书稿进行了认真审阅,并提出了许多宝贵的意见,书中引用和参考了许多研究成果,在此一并表示感谢。

由于编者水平有限,书中不妥之处在所难免,恳请读者给予批评指正。

编 者

2015 年 2 月

目 录

第一章　冰凌特征

凌汛是地处较高纬度地区的河流的特有现象,是冰凌对水流产生阻力而引起的河流水位明显上涨的水文现象。研究河流的冰凌特征,主要是对与河冰现象有关的下列因素进行分析研究:流凌和封河的日期,封、开河的水位,槽蓄水量和封冻河段长度,开河时间和开河流量,冰塞冰坝等。

第一节　黄河流域凌情

黄河处于我国北方地区,东西跨越 23 个经度,南北相隔 10 个纬度,地形地貌相差悬殊,径流量变幅较大。由于冬季气温较低,年极端最低气温:上游 −25 ~ −53 ℃,中游 −20 ~ −40 ℃,下游 −15 ~ −23 ℃,因此黄河干支流冬季都有不同程度的冰情现象出现。干支流出现的各种冰凌现象往往会衍生为冰塞、冰坝等进而形成冰凌灾害。灾害的发生除对滩地、村庄、引水工程、水电枢纽等设施有直接影响外,还会破坏桥梁、堤防等基础设施。

黄河流域是受凌汛灾害威胁较为严重的区域,其中上游的宁夏—内蒙古河段、小北干流部分河段以及下游河段的凌汛灾害较为严重。

一、黄河上游内蒙古段凌情

黄河内蒙古段地处黄河流域最北端,海拔千米以上,离海洋距离远,常被蒙古高压控制,暖湿气流难以到达,年降水量少,大陆性气候特征显著,夏季盛热短暂,冬季严寒而漫长,气温在零度以下的时间可持续 4 ~ 5 个月,1 月月平均气温为 −10 ~ −12 ℃,极端最低气温达 −35 ℃。黄河上游兰州段与内蒙古包头段纬度差 4°37′,上下河段温差较大,内蒙古三湖河口河段的流凌、封冻日期比兰州早 1 个多月,开河日期晚 1 个月左右。

黄河内蒙古段结冰期长达 4~5 个月,大部分河段稳定封冻期持续时间长。黄河上游河道的特点决定了甘肃、宁夏河段冬季气温高,内蒙古河段冬季气温低,河道流凌封冻,常由内蒙古河段溯源而上;解冻开河则由甘肃、宁夏段顺流而下。结冰期,该段河道流量一般大于 400 m³/s。河道结冰后,由于水流阻力加大,流速成倍减小,通过相同流量必然要有较大的过水断面,因此会使水位上涨,在河道中形成槽储水量。解冻开河期,河槽蓄水、上游来水及融冰水在向下游传播过程中,水量逐段增加从而形成凌汛。据统计,该河段平均 2 个年度的凌汛就造成 1 次较大范围的淹没损失。刘家峡水库自 1968 年 10 月投入运用后,因水库冬季泄水发电而使河道下泄流量增大,水温得到显著增高,因此内蒙古段的凌汛特征发生了明显的改变,灾情大为减轻。

河流的结冰现象除受到太阳辐射、气温等各种气象因素的控制外,还受到河流的紊流状态及水流速度大小的影响,其产生、发展及消融的演变过程取决于河道走向与河道形态、水文条件和气象条件等因素。不同的河段所处的地理位置及影响因素的差异,会导致冰凌形成和演变特点也各不相同,同时人类活动的影响在一定程度上也改变冰凌的演变过程。影响内蒙古河段凌情的因素概括起来主要有河道因素、热力因素、动力因素和人为因素。

(一) 河道因素

河道因素包括河道所处的地理位置及河道形态特性。黄河内蒙古河段处于黄河流域最北端,介于东经 106°10′~112°50′、北纬 37°35′~41°50′。干流从宁夏回族自治区的石嘴山市和内蒙古自治区鄂尔多斯的拉僧庙附近进入内蒙古自治区境内,至山西省河曲县旧城和鄂尔多斯市准格尔旗马栅镇以下出境,全长 820 余 km,横跨了内蒙古自治区的阿拉善盟的阿左旗、乌海市、鄂尔多斯市、巴彦淖尔市、包头市、呼和浩特市的托克托县、乌兰察布盟的清水河县,总流域面积 11 万多 km²。黄河从石嘴山市入境至巴彦淖尔市磴口县河道流向大致是呈西南东北流向,磴口县至包头市基本自西向东,包头市至清水河县喇嘛湾由西北流向东南,以下河段至出境基本自北向南。黄河内蒙古河段总体呈"门"形大弯曲(见图 1-1)。

黄河内蒙古段地处我国水土流失严重的黄土高原地区,河道经过该

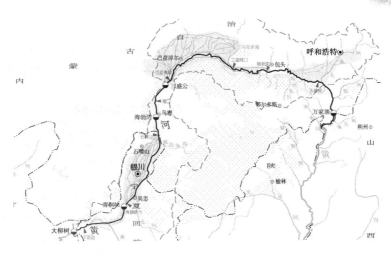

图 1-1　黄河上游内蒙古段河道平面图

地区后,河水含沙量剧增,河床淤积抬升,河道由窄深逐渐变为宽浅,河道中浅滩弯道迭出,坡降变缓逶迤曲折。内蒙古河段总高差为 162.5 m,虽地处上游,但河道比降与黄河河口的河道比降已非常接近,其托克托县以上的河道具有明显的下游河道特性,如表 1-1 所示。

表 1-1　黄河内蒙古段河道特性

站名	兰州	青铜峡	石嘴山	渡口堂	三湖河	昭君坟	包头	头道拐	河曲旧城
河段长(km)	485.4	194.6	158.1	204.4	125.9	58.0	115.8		143.1
比降(‰)	0.82	0.26	0.24	0.15	0.11	0.09	0.11		0.84
弯曲度指数				1.16	1.58	1.75	1.25		

　　黄河石嘴山以下河道穿行于峡谷间,河身狭窄、两岸陡峻。解冻开河时,流冰常在狭窄弯曲河段受阻,卡冰结坝后形成的实测最大壅水高度达 6 m 以上,如九店湾、黄白茨湾、李华中滩等处。再往下游河道逐渐展宽,河中多夹心滩。巴彦高勒以下河道更宽,浅滩弯道迭出,平面摆动较大。至包头段河宽虽有缩减,但河道坡降更缓,弯曲更甚,多畸形大弯。巴彦高勒至托克托,较大弯道有 69 处,最大弯曲度达 3.64,其河道坡降平缓,水流散乱,岔河多,河势不顺。由于河道横向环流的作用,滩嘴向河中延伸,河道弯曲更甚,冰凌流路更为不畅。据历史资料记载,1934 年的大洪

水,曾使黄河碛口—赵家滩河段北移 3~4 km,最大摆动幅度达 7 km(见表 1-2),因此该河段开河时,不仅在河道的弯曲处或由宽到窄的狭窄段出现了卡冰结坝,而且就是在一些顺直河段,由于坡缓多岔,也使流冰搁浅,形成冰塞、冰坝。

表 1-2 碛口—赵家滩 1903~1956 年河道摆动幅度统计

地点	摆动幅度(km)	统计年份
碛口	7	1934、1950、1955
包头—大树湾	4~5	1923、1934、1945、1950、1955
昭君坟上下游	3~7	1903、1905、1923、1934、1952、1955
三间房	5	1904、1914、1920、1930、1952、1955、1956
山阴河头	6	1904、1908、1921、1924、1955
碾房圪旦	3~4	1935、1950
赵家滩	6	1950、1954、1956

河道在巴彦高勒以下折向东流,进入河套平原。河套平原是冲积形成的大平原,南北宽 40~75 km,东西长约 170 km,地形西南高、东北低,地面坡度小,为 1/6 000~1/8 000。此段河道主槽宽 600~800 m,河床质多为细沙,河槽内多沙洲;受地形影响,此段河道比降小,水流缓。西山嘴以东,河谷缩窄,昭君坟河床宽 495 m,两岸岩石裸露。碛口以下进入七默川亦称前套平原。前套平原东西长 80 km、南北宽 20~40 km,北临大青山,这段河道多畸形大弯。喇嘛湾以下为峡谷段,河槽宽度缩减到 200 m 左右,两岸石壁陡立、水流湍急。龙口以下河道又扩宽,河中多固定沙洲。各段河道特性如表 1-3 和表 1-4 所示。

表 1-3 石嘴山—喇嘛湾河道特性

基点:

地点	水面宽(m)	水深(m)	防洪大堤堤距(m)	堤顶高程(m)	
				左岸	右岸
石嘴山	300~500	3~5			
渡口堂	400~1 200	3~5	2 500~5 200	1 058.08	1 059.90
三湖河	250~800	3~5	2 500~5 200	1 021.40	1 019.80

续表 1-3

地点	水面宽(m)	水深(m)	防洪大堤堤距(m)	堤顶高程(m)	
				左岸	右岸
昭君坟	200~600	8	2 400~5 000	1 008.60	1 007.50
包头	200~800	7	900~5 500	1 002.60	1 002.00
头道拐	300~600	6~7		992.00	990.00
喇嘛湾	200~500	4.8			

表 1-4　龙口—河曲站河道特性

位置	龙口以上	马栅	灰口	九良滩	河曲站
水面宽(m)	200	1 420	1 070	590	215
平均有效水深(m)	3.50	1.97	1.71	1.64	3.16
河段比降(‰)	1.2	0.97	0.44	0.23	0.31

由巴彦高勒至托克托,防洪大堤 800 余 km,河道险工地段 66 处,其中紧贴防洪大堤有 20 余处。河道安全流量为 5 000~6 000 m³/s,河道平面摆动大,河段冲淤变化也较大,滩槽高差由上而下逐渐增大。汛期中常洪水期间,主槽冲刷、滩面落淤;汛后中小洪水主槽落淤,河槽基本恢复到汛前状态。如三湖河站断面最大冲淤变幅达 5 m,自 1965~1974 年,主流向左移动 140 多 m。河势变动频繁是开河时流冰排泄不畅的客观条件。

(二)热力因素

热力因素,包括太阳辐射、气温、云量、风、湿度、水温等。太阳的直接辐射与散射辐射的总和称总辐射,它是热量平衡中最有意义的因子。总辐射量的多少,是形成不同气候条件和使气候产生变化的基本影响因素。总辐射量一般随地理纬度的增加而减少,并且受空气湿度、透明度、降水等多种因素的影响。

黄河内蒙古段处于内陆地带,大部分时间为西风环流所控制,干燥少雨,温度低、温差大,是典型的大陆性气候。内蒙古段总辐射量由上游河段向下游河段逐渐递减,全年以 6 月最大,12 月最小,以 10 月至次年 3

月的升降变化率最大,故这阶段冰情的变化也最剧烈。冬季太阳高度角小,辐射热量也少,冷空气与水体的热量对流,使水凝结成冰;春季辐射量增大,使冰层开始融化。据昭君坟站实测资料计算,春季的太阳辐射强度比冬季增大约64%。以春季的辐射强度计算,融消1 cm的冰层,仅需2 h,辐射强度越大融冰速度越快。太阳辐射和地面的反射使大气升温,内蒙古段年平均气温为2~6 ℃,气温的年温差在60 ℃左右,日温差为12~16 ℃。冬季12月至次年2月的月平均气温的累积值,最高与最低竟相差一倍以上。

冬季气温变化规律一般是沿程递减。石嘴山附近的纬度虽然最高,但温度却高于下游,原因是地形对冷空气的影响。每当冷空气南下到内蒙古地区时,西部阴山、中部大马群山、东部大兴安岭南段使冷空气受阻,阴山与大马群山之间的丘陵地带成为冷空气向西南的分支通道,而集宁、卓资的风口则形成了冷空气通向黄河内蒙古河段的通道,所以托克托较西部的巴彦高勒受冷空气的影响更大。此外,西部地区距海洋更远,气候更为干燥,云雨少,日照多,因而气温更高。

内蒙古河段寒潮主要来自北方、西北方和西方,以西北方向来的次数最多,以北方来的寒潮最强,降温幅度最大。寒潮入侵后,内蒙古河段气温一般降至零摄氏度以下,其中1月最冷。据统计,该河段年极端最低气温可达−30 ℃以下,冬季长150~170 d,其中托克托县冬季平均气温为−12~−15 ℃;7月最热,月平均气温为18~26 ℃;10月河水开始逐渐冷却,个别年份也可能出现初冰;11月寒流侵袭,河流开始流凌,12月初的强降温使河流封冻。一般来说,寒潮入侵时间越晚其降温强度越大,流凌时间就越短。

研究表明负气温温度累积值大,水体总失热量多,负气温温度累积值小,水体总失热量少,负气温温度累积值的大小与河冰清沟面积的大小、冰盖厚度等均具有较好的相关关系;冰层厚度的融化情况与正气温温度累积值也有较好的相关关系。解冻开河时,气温的升高或降低,不仅影响开河速度,同时也能改变开河的形势,延缓或加速冰坝的生长、溃决等。

内蒙古段冬春处于冷高压控制之下,多偏北大风,平均风速4~5 m/s,最大达34 m/s。寒潮入侵时,常伴有17 m/s以上的大风天气,这对河流冰情有着明显的影响。另外大约每年的2月下旬至3月下旬,内蒙古河段上下游的气候差异明显,上游地区天气回暖迅速,冰封先于内蒙古下游河段开始融化,融冰水和槽蓄水量使下游河槽内的水量增加,流量沿程增大,水流裹挟着大量未融化的冰块顺流而下且越聚越多。冰凌洪水在下泄过程中遇有较急的弯道或障碍物,便发生河道卡冰阻水、冰凌堵塞河道,从而形成冰塞、冰坝;而这一时期,内蒙古西部的风力也开始明显增大,地表干燥,多风沙天气,风向多为偏西风,这对冰盖的融化起到了加速促进作用。秋冬季节和早春季节形成凌汛的特征也明显不同,秋冬时节,内蒙古河段与其他河段相比降温早,回温晚,负气温持续时间长,先于其他河段结冰。该河段结冰后,上游河道的浮冰在该封冻河段受阻后,一方面加大了河道的水流阻力,壅高水位;另一方面可能形成冰塞、冰坝,产生凌汛。秋冬季节封河时,大气降水少,地面径流小,因此河道流量小,河槽蓄水量少,流速趋缓,同时不断到来的冷空气使气温明显下降,因此河道通常在较短的时间内形成冰盖。早春季节开河和秋冬时节封河相比,一方面槽蓄水量急剧释放下泄,流量沿程递增,形成冰凌洪水,使水位快速上涨;另一方面也可能形成冰塞、冰坝,所以秋冬时节凌汛产生的可能灾害较早春来说要轻微一些。

内蒙古河段 4 月中旬至 9 月,气温高于水温,其余时间则水温高于气温,水体失热冷却产生冰情现象。水温的沿程变化随时间和河段的不同差别较大,7~8 月,水体沿程增温,越向下游水温越高。刘家峡水利枢纽的运用对水温的这种变化影响较大。刘家峡水库出库站小川口以下水温虽然不断下降,但出库水流蕴含的热量使下游河道的水温与刘家峡水库运用前相比,有了明显升高,下游河道的结冰情况也产生了明显变化。由于水流的紊动作用,过水断面上的水温比较均匀,但也有一些差别:在气温高于水温时,近岸边浅水区的温度较河中水深处稍高一些,当气温低于水温时恰好相反。太阳辐射对水温也有一定影响,在畅流期横断面上的水温差值为 0.1~0.4 ℃,结冰后水温在横断面上的变化趋于均匀分布。解冻开河后,水温上升很快,1~2 d 内,可升高 3 ℃以上,这对下游冰层的融消起到了加速促进作用。

(三)动力因素

动力因素包括河道来水量、槽蓄水量、融冰水量、流速、比降等。河道的流量大小和流速快慢对封冻、解冻与河道输冰能力都有直接影响。流

量对冰情的影响既具有热力作用也有水力作用,如水温相同,流量越大水体蕴含的热量越多。在河槽稳定的条件下,水位 H、流速 V 与流量 Q 具有线性关系,流量越大,流速也越大,水流速度大小直接影响着成冰条件和对冰凌的搬运。一般情况下,流速越大,搬运冰块的能力也越大。水位上涨幅度与开河形势有着密切的关系,水位高河槽蓄水量大,开河时易形成较大的凌洪和较严重冰坝冰塞等。

河道封冰初期水流由畅流转入管流状态,水内冰的存在使水流阻力增大,因此通过相同流量,水位必然上涨,若断面下游发生冰塞,则水位会抬升较多;进入稳定封冻期后,冰盖阻碍了水体与大气之间的热量交换,水温升高,冰盖底部由粗糙变得光滑,粗糙度降低,冰花减少,河道过流能力增大,水位逐渐回落。受上游来水变化的影响,水位忽高忽低。融冰期,上游河段逐段向下解冻,受上游河槽蓄水释放的影响,水位随之不断上涨,至解冻时达到最高。开河流冰后,水位迅猛回落,恢复畅流状态。各河段断面形态的不同,对水位涨差有一定影响,河道断面窄深,水位涨差大,断面宽浅,水位涨差小。在多数年份,内蒙古河段凌汛最高水位均超过了同年伏汛最高水位,主要原因是解冻开河时卡冰结坝导致的水位迅速猛涨所致。

结冰期河道上游的来水量分为基流、河槽蓄水量和融冰水量等几部分。内蒙古段汇入的支流,大多是沟短流急、流域面积较小的山洪沟,流域面积在 1 000 km^2 以上的支沟仅 12 条,这些山洪沟平时水流量较小。干流水量主要来自青海省、甘肃省。内蒙古段全年入境水量约 336.5 亿 m^3,扣除灌区引水及河道渗漏、水面蒸发等损失后,出境水量约减少 17.8%。年来水量有 70% 左右集中于 7 ~ 10 月,且多年内变幅较大,连续出现枯水年的机会较多。历史上自 1736 年至 1967 年的 232 年中,连续 5 年以上的枯水段曾出现过 7 次,平均约 35 年出现 1 次,连续 11 年的枯水段出现过 1 次。结冰期 11 月至次年 3 月来水占年径流量的 1/3。流凌封冻时流量沿程逐段减少,最小时流量不足 50 m^3/s,与封河前流量相比约减少了 1/2。由于各年气象水文条件不同,头道拐站封河时历年流量变幅相差 10 倍以上,流量过程呈马鞍形。黄河上游兰州站封河时流量基本呈一退水曲线平稳下降,直至次年 3 月中旬后稍有上扬。内蒙古河段受凌情变化影响,流量变幅较大,结冰期部分水量冻结成冰,部分水量储存于河道,故河道流量减小;解冻开河期,河槽蓄水量逐段释放,洪峰流量越向下游越大。

研究表明,黄河内蒙古河段畅流期横断面的水流速度由两岸向河心逐渐增大,等流速线呈开敞、断开状态;结冰期最大流速下移,等流速线呈闭合状态。流速的大小取决于糙率、水力半径和水面比降的变化。相同的过水断面面积,结冰期湿周长度要比畅流期增加一倍,同时糙率也增大,致使流速成倍地减小;解冻开河时,冰盖破裂,糙率减小,流速迅速增大,随着开河过程恢复到畅流状态。

(四)人为因素

水库下泄流量控制不当及涵闸引水也会影响河道正常封、开河造成凌汛。当封河初期遇大量引水时,可造成下游小流量封河;而到稳定封河期或开河期,若又停止引水,下游流量增加,则可引起冰凌阻水,因此冬季引水、停水时要根据河道区间蓄水量的变化及下游河道凌汛期不同阶段安全下泄流量的要求,预先考虑它对凌情的影响,并确保河道下泄流量过程的平稳。

黄河刘家峡水库承担宁蒙河段的防凌任务。在凌汛期,水库控泄流量不宜太小也不宜太大,既要防止小流量封河造成河道过流能力减小,又要防止大流量封河产生冰塞灾害。水库防凌运用的目的是通过人为手段科学控制水库下泄流量,减轻凌汛期防凌压力,力争避免或减轻凌汛灾害,由"被动"防凌变为"主动"防凌。实践证明,水库调度得当能起到显著的防凌减灾效果。

刘家峡水库运用以前,宁蒙河段开河前水位常呈上升趋势,形成武开河的年份较多。在1950～1968年的19年中,宁蒙河段文开、武开、半文半武开河年份各占1/3。开河过程中卡冰结坝达236处,平均每年13处,最多一年达42处。刘家峡水库运用以后,宁蒙河段开河时水位流量大都呈下降趋势,文开河年份显著增多;在刘家峡水库运用后的22年(1969～1991年)中,文开河15年,半文半武开河7年,在开河过程中共卡冰结坝84处,平均每年4处,最多一年为13处,可见水库合理运用对水库下游河段的水情、冰情危害都有不同程度的缓解,也使宁蒙河段的开河形式基本上呈现为文开河的形式,凌汛灾害明显减轻。

水库下泄流量一旦控制不当则会形成凌汛洪水。如1993年11月中

旬内蒙古突遭强冷空气侵袭,日均气温下降约 20 ℃,内蒙古境内数百千米河流在几天之内全部封冻。而上游水库 11 月中旬下泄流量保持在 800~900 m³/s,巴彦高勒站 11 月下旬至 12 月上旬日平均流量较常年偏多 18%~38%,巴彦高勒至三湖河口河段槽蓄水增量较常年偏多 70%。由于槽蓄水量突然增多,大量流冰在巴彦高勒附近形成冰塞,水位急剧上升,最终导致内蒙古磴口县南套子段堤防溃决。凌汛最高洪水位比"81·9"大洪水洪峰流量 5 290 m³/s 相应水位 1 052.07 m 还高出 2.33 m。因此,确定水库下泄流量,应当考虑河道区间蓄水量的变化及下游河道凌汛期不同阶段安全下泄流量的要求。

冬季引水、停水时要预先考虑对凌情的影响,否则引水不当也会影响河道正常封、开河,造成凌汛灾害。未封河前如遇上游大量引水,一旦气温偏低,则易造成下游小流量封河;而到稳定封河期或开河期,若停止引水,下游流量回升,则又可引起冰凌阻水。如 1997 年 11 月中旬,由于上游宁夏灌区冬灌引水,下游内蒙古河段流量偏小,为 200~350 m³/s,受强冷空气影响,导致昭君坟水文站上游出现小流量封河,封河日期较常年提早 17 d。封河后,由于宁夏灌区停止引水,内蒙古河段流量回升,气候转暖,封冻河段逐步解冻开河产生凌情;11 月底内蒙古河段再次受强冷空气影响,12 月初再度封河。

河道行洪障碍未及时清除也会引起卡冰壅水。如 1989 年 3 月 25 日,内蒙古磴口扬水站处发生严重卡冰,站前水位达 1 000.76 m。经调查,原因就是扬水站处架设的浮桥在流凌封冻期间一直未拆除,造成凌汛期间凌块受阻,促使浮桥以上河段提前封河,水位壅高,浮桥以下河段流速增大,数千米范围河段内未封河;当开河前浮桥拆除后,浮桥以上河段的大冰盖整体随水流滑动,在浮桥下游弯道处发生卡冰结坝,导致水位猛涨,出现险情。

(五)封开河情况

黄河内蒙古段一般于 11 月中旬流凌,12 月上、中旬封冻。由于各年寒潮入侵的早晚和强弱程度不同,历年内流凌、封冻日期相差甚远,流凌天数从 1 d 到 80 余 d 甚至变幅更大。因历年气温的不同,故封冻天数也不同,一般为 100 d 左右,详见表 1-5。20 世纪 70 年代以来,石嘴山—头道拐区间最大槽蓄水增量多年均值为 9.29 亿 m³,最大槽蓄水增量增幅明显,最大为 1999~2000 年度,达到 16.42 亿 m^3,最小为 1968~1969 年度,仅 4.83 亿 m^3。

表 1-5　黄河内蒙古河段各水文站平均封冻时间统计　　（单位:d）

时段	石嘴山	巴彦高勒	三湖河	昭君坟	头道拐
1951~1967 年	73	102	107	111	90
1968~1987 年	50	100	108	111	103
1988~2003 年	38	79	100	103	93

　　封冻后,随着气温的下降,冰层逐日增厚,水温升高,冰下水内冰花急剧减少,过流能力逐渐加大,一般封冻 5 d 以后,流量可达封河前流量的 75% 左右。由于受上游来水、气温变化及冰凌的影响程度不同,稳定封冻后,水位和流量变化较大,水位变幅在 1 m 以上,最大达 2 m 多。流量在 1 月下旬或 2 月上旬后,逐日增加,至解冻前其最大流量约为封冻前流量的一倍。以典型年 2001~2002 年度为例,在流凌封冻时,封河水位上段高、下段低,封河后流量比封冻前流量减少,水位上涨。详见表 1-6。

表 1-6　黄河内蒙古段 2001~2002 年度各站流凌封冻情况统计

项目		流凌日期	封河日期	封河涨水（m）	封河前后流量差（m^3/s）
石嘴山	历年	12 月 10 日	1 月 14 日（次年）	—	
	本年度	12 月 5 日	12 月 28 日	1.29	110
巴彦高勒	历年	12 月 3 日	12 月 22 日	1.1	
	本年度	12 月 5 日	12 月 13 日	1.30	368
三湖河口	历年	11 月 20 日	12 月 10 日	2.2	
	本年度	11 月 25 日	12 月 8 日	0.73	450
头道拐	历年	11 月 19 日	12 月 11 日	0.4	
	本年度	11 月 26 日	12 月 13 日	0.57	40

　　内蒙古段除喇嘛湾以下河段一般不封冻外,历年实际封冻平均长度约 700 km,总结冰量约 3 亿 m^3,历年结冰量变化相差较小。内蒙古段解

冻开河一般在3月中、下旬,少数年份在4月上旬,其开河情况见表1-7。

表1-7　内蒙古段1950/1951～2004/2005年度流凌、封河、开河情况

流凌时间	最早	平均	最晚
开始时间	1969年11月4日	11月17日	1994年11月27日
结束时间	1959年11月10日	12月1日	1989年12月28日
开河时间	最早	平均	最晚
开始时间	1979年2月10日	3月4日	1970年3月18日
结束时间	1998年3月12日	3月27日	1970年4月5日
封河时间	最早	平均	最晚
开始时间	1969年11月7日	12月1日	1989年12月30日
结束时间	1971年12月6日	1月4日	1974年1月31日

　　黄河内蒙古段开河日期早晚相差一个多月。自然情况下,尽管日平均气温尚在0℃以下,但由于上游段解冻开河后,随着河槽蓄水量的逐段释放,迫使下游河段水鼓冰开,所以开河日期、开河流量、开河水位和开河时冰厚等均与开河形势有关。就平均值而言,开河时的冰厚已不足封冻期最大冰厚的1/2,加以岸冰消融,冰面再生清沟扩大,开河时总冰量约为封冻期最大结冰量的34%,即使全部消融成水,形成的融冰水也只占河槽蓄水量的20%以下。事实上,在解冻开河时,由于卡冰结坝,大量被堆积在河岸上的冰块就地消融,故流向下游的融冰水量,仅能占河槽蓄水量的5%左右。

　　冰在水中的融化速度与其体积成反比,体积越小,融化速度越快。解冻开河时,流冰沿程的相互撞击,体积越来越小,形成卡冰结坝的主要是10～20 km河槽范围内的滩地冰层和流凌时冻结的黑凌(即覆盖有较厚泥沙冰质仍坚硬的冰层)。内蒙古段在解冻开河前水位平均上涨近1 m,解冻开河时,平均又上涨0.5 m以上。解冻开河时冰盖的破裂使其阻水作用迅速消失,水流速度比封冻时增大一倍,由此造成凌汛洪峰历时较短,一般9 d左右,不足伏汛洪水历时的1/3,且洪量普遍小于伏汛。

　　石嘴山站的凌汛洪峰,主要取决于上游来水的多少。凌汛洪峰的形态呈峰高量小的尖瘦状,近似三角形,回落很快,且受河道结冰阻水的影

响,在相同流量条件下,其凌汛期的水位表现远比伏秋大汛高。如 1958 年开河时,三湖河站洪峰流量 1 820 m³/s,相应水位高达 1 020.69 m,相当于伏汛 5 500 m³/s 的水位。

该河段解冻开河时,上游持续集中下泄的流冰迫使下游冰层强行破裂,加大了流冰密度,流冰在河势不顺、弯曲狭窄的河段受阻卡冰结坝,易形成严重涨水的局面。据观测记载,内蒙古段卡冰结坝平均每年 20 余处,最多的年份卡冰结坝 40 多处,最大的冰坝长达数十千米,宽达河面两岸,冰坝高度 2.5 m 以上,壅水高度达 6 m 以上。冰坝持续时间一般为 15 h,最长的达 2~3 d,多为涨水后为水力冲垮。冰坝自然溃决时产生的流冰并不很密集,而在人工爆破或炸开冰坝的情况下流冰急涌而下,这样就会在爆破地点的下游不远处产生新的冰坝,造成冰坝不断累积叠加的局面。

(六)上游水库调节对冰情的影响

黄河上游修建了青铜峡、盐锅峡、刘家峡、八盘峡等水利枢纽工程,尤其是 1968 年刘家峡水库的运用,使内蒙古河段的冰情发生了明显的变化。黄河内蒙古河段经水库调节后,结冰期来水增加较多,结冰时流量较大,见表 1-8。

表 1-8　刘家峡水库建库前后 15 年内蒙古河段各站流量对比

站名	11 月至次年 3 月平均流量（m³/s）			2 月平均流量（m³/s）		
	多年均值	建库前	建库后	多年均值	建库前	建库后
石嘴山	495	452	562	387	325	488
渡口堂	482	441	554	378	315	479
三湖河	485	432	564	374	296	504
昭君坟	497	429	568	375	299	504
头道拐	478	430	536	358	292	475

整个结冰期平均流量增大 100 多 m³/s,稳定封冻期的 2 月增大就更多。河道流量增加,流凌封冻时水位抬升,储存于河道的槽蓄水量相应增多,从而造成过水断面的扩大和泄流能力的显著提高,详见表 1-9。

表 1-9　刘家峡水库建库前后 15 年内蒙古河段各站径流量、流量对比

项目		石嘴山	渡口堂	三湖河	昭君坟	头道拐
槽蓄水增量 （亿 m³）	建库前	0.74	1.53	4.23	5.05	5.83
	建库后	0.53	1.67	4.99	6.21	7.16
封后最大流量的 均值（m³/s）	建库前	483	662	578	655	527
	建库后	644	836	843	764	697
封后历年最大 流量（m³/s）	建库前	520	808	588	815	694
	建库后	986	1 200	1 100	968	875

　　石嘴山以上因封冻河段减少，河槽蓄水增量较建库前略有减少，而整个内蒙古段却比建库前增多。解冻开河时，上游来水量逐日增多，由于此时冰盖的粗糙度减少，河道过流能力大，开河最高水位普遍下降，因此不易形成水鼓冰开的武开河局面，而以文开河类型居多。各站开河日期、水位、流量对比见表 1-10。

表 1-10　刘家峡水库建库前与 2003 年度内蒙古河段各站开河日期、水位、流量对比

项目		石嘴山	巴彦高勒	三湖河	头道拐
开河日期（月-日）	2003 年	02-22	03-07	03-23	03-22
	建库前	03-07		03-18	03-22
开河最高水位（m）	2003 年	1 087.22	1 052.68	1 019.93	988.26
	建库前	1 088.52		1 020.06	999.02
开河流量（m³/s）	2003 年	430	430	663	480
	建库前	422		553	512
开河类型		文开河	文开河	文开河	文开河

　　上游水库不仅调节了水量，也调节了热量。建库前黄河兰州河段十年有八年封冻，盐锅峡水库 1961 年运用后，拦截了上游的来冰量以及水温的稍有增高，使兰州河段不再封冻，只在隆冬出现冰花和岸冰。1968

年刘家峡水库运用后,1~2月兰州站水温均在 2 ℃以上,既无岸冰也无冰花,成为常年不结冰河段。兰州以下至青铜峡过去是间段封冻,水库修建后,只在青铜峡的回水末端中宁地区封冻,总的封冻河段减少很多。隆冬季节在黑山峡、下河沿虽能见到流凌现象,但开始淌凌日期较以前推迟了 20 多 d,岸冰极薄已不能测量。青铜峡水库以下数十千米范围内已不再封冻,近百千米河段流凌日期推迟了 5~10 d,石嘴山站流凌日期也推迟了 3 d。流凌封冻期,青铜峡、石嘴山站 11 月中旬的旬平均水温较上旬升高 2 ℃多。

巴彦高勒以下距水库较远,流凌封冻的早晚主要受寒潮入侵的影响。该河段开河日期普遍较晚,此时气温回升较多,因而热力作用明显增强。开河愈晚,冰盖解体融化愈充分,河槽蓄水量释放时间越长,对开河形势越有利。但是在流凌封冻期、解冻开河期,水库下泄流量过大会造成较为严重的灾害。如 1968 年、1970 年、1976 年、1980 年冬,巴彦高勒以下流凌封冻时,流量为 600 m³/s 左右,由于水库下泄流量,不久即猛增到 900 m³/s 以上,致使水鼓冰开,冰层重叠冻结,局部河段卡冰结坝。解冻开河期,水库下泄流量过大,可使冰层提前解冻。如 1974 年、1975 年石嘴山上游来水流量大于 750 m³/s,使石嘴山开河提前并出现 900 m³/s 以上的洪峰流量,洪峰沿程增加,水鼓冰开,在乌海市境内流冰堆结成坝,冰坝壅水 6 m 以上,使部分厂矿被淹,人畜被水包围,流冰被堆在半山坡,其高度超过了历年最高洪水位;1979 年春,上游来水超过 700 m³/s,使石嘴山在 2 月 10 日就解冻开河,成为有史以来最早的开河记录,产生的洪峰流量在 800 m³/s 以上,致使九店湾卡冰结坝,冰坝壅水高度超过 6 m,造成了一定的损失。

二、黄河中游凌情

内蒙古托克托县河口镇至河南郑州桃花峪间的河段为黄河中游段,长 1 206 km,流域面积 34.4 万 km²,占全流域面积的 45.7%,河段内汇入较大支流 30 余条;中游河段总落差 890 m,平均比降 0.74‰,如图 1-2 所示。

黄河中游除龙门至潼关河段曾经发生过冰塞、冰坝以及其他凌汛灾害外,其他河段由于地理位置的原因,较少发生凌汛现象。冰情特点可概

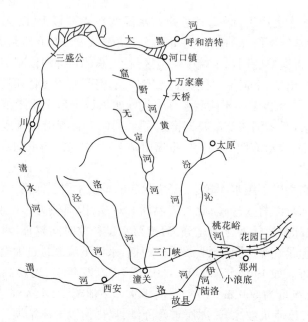

图 1-2 黄河中游段河道平面图

括为:流凌、封冻早,封冻期长,水位高。

自 1620～1929 年,黄河中游韩城、合阳、大荔、潼关境内不同河段共有 15 年封河,平均每 20 年出现一次。期间,1662～1690 年封河 6 次,平均不足 5 年封河一次。封冻主要发生在禹门口至夹马口间,夹马口至潼关河段较少封冻。近几十年来,黄河小北干流封冻机会增多,1973～2004年在不同河段发生封河的年份有 10 年,平均每 3 年封冻一次。

1981～1982 年冬春,黄河中游河曲河段发生了严重的冰塞,冰塞使河道水位骤升,造成了很大损失。1981 年 11 月 7 日河曲河段开始流凌,11 月 30 日封冻,封冻期 113 d,较常年延长 10 d 左右。天桥水电站 1981年 11 月 8 日坝前封冻,28 日封至石梯子,30 日到曲峪,12 月 2 日龙口以下至坝前全面封冻。河曲(二)站冰盖比正常年厚 0.34 m,最大冰花厚2.97 m,娘娘滩冰面高程高出往年 2～3 m。

万家寨水库于 1998 年也曾发生过冰坝情况。万家寨水库位于黄河中段上游,左岸为山西省偏关县,右岸为内蒙古自治区准格尔旗。万家寨水库于 1998 年 10 月 1 日下闸蓄水,由于水库运用改变了河道的天然条

件,凌情发生了变化。库区河道由水库运用前以流凌为主变为稳定封冻,且每年初始封河期和开河期易在水库回水末端或弯道处形成冰塞或冰坝,产生灾害。

万家寨水库库区河道断面呈"U"形,河宽 300 ~ 500 m,主槽河床为基岩,两岸滩地为砂卵石淤积物,拐上以上河面开阔,纵坡变缓,是河道纵坡由缓变陡的转折点。距万家寨水库大坝上游 58 km 处的牛龙湾为"S"形弯道,其间河道断面宽度、河床比降变化大,加上有浑水河入口及铁路桥,特殊的地形条件使冰凌在此下泄不畅,极易形成卡冰结坝。

1998 年 11 月下旬万家寨水库自坝前开始封冻,并逐渐向上游发展,12 月 1 日封冻至小沙湾取水口处,12 月 15 日封冻至喇嘛湾大桥,1999 年 1 月 11 日封冻至头道拐水文站。冰厚情况为:窑沟火车站附近河段平均冰厚 0.55 m,浑水河河口下断面冰厚 0.64 m。1999 年 2 月中旬,气温回升较快,上游来水逐渐增大,2 月 23 日,小沙湾至喇嘛湾大桥长 35 km 的河段大部分出现清沟,部分河段清沟宽度占河宽 1/4 ~ 1/3,3 月 1 日 15:00 至 16:00 三道塔村的冰桥演变为冰坝,坝高 1 ~ 5 m、宽 270 m、长 1 500 m,冰坝上下游水位落差 1.2 m,3 月 2 日 15:20,三道塔冰坝在高水位的作用下垮坝,冰水急剧下泄,流冰又在下游 500 m 处即下塔村附近形成冰坝,18:20,冰坝下滑至田家石畔断面上游 250 m 处,3 月 7 日 8 时该冰坝溃决。冰坝溃决后,造成准煤取水口以上河段形成武开河,并在准煤取水口上游 31 km 处形成冰堆。

黄河小北干流是指禹门口至潼关河段,河道全长 132.5 km。由于地质结构的原因,小北干流河道在平面形态上呈宽窄河段相间分布,其中大石嘴、庙前、东雷、夹马口和潼关等处河床狭窄。黄河小北干流系堆积性沙质河床,具有主流游荡的特点。黄河出禹门口后骤然展宽,摆动幅度宽达 5 m 以上。1968 年以来,两岸修建了护岸导流工程和护滩工程,有效地控制了河势变化,对控导水流和保滩护岸发挥了重要的作用。

黄河小北干流于每年的 11 月下旬或 12 月初出现初冰,终冰日期一般在翌年 2 月中下旬,主要冰情有岸冰、流冰花、流冰,少数年份出现封冻现象。初封时间多发生在 12 月中下旬,也有少数年份例外,如 1996 年 1 月中旬开始封冻。一般年份封冻期为 10 ~ 30 d。

黄河小北干流最近的一次凌汛过程发生在 1996 年 1 月 8 日。当时

由于寒潮入侵黄河中游,三门峡库区气温下降 5～6 ℃,日最低气温 –8 ℃,三门峡水库回水末端大禹渡附近产生冰塞,大禹渡水位上升 1.8 m,杨家湾 1 月 17 日夜封冻,河道封冰壅高水位并持续上延,19 日最高水位为 325.67 m,比封冻前壅高 1.35 m。潼关从 1 月 18 日开始受到下游河道壅水影响,水位逐渐升高,20 日 1 时河道全面封冻。潼关(六)断面最高水位 329.92 m,比封冻前水位壅高 1.49 m,此水位是三门峡水库自1973 年控制运用以来非汛期最高水位。

三、黄河下游及河口河段凌情

河南郑州桃花峪以下的黄河河段为黄河下游及河口河段,长度 786 km,位于东经 113°30′～118°40′至北纬 34°50′～38°,纬度相差 3°多。该区间河道总落差 93.6 m,平均比降 0.12‰;区间增加的水量占黄河水量的 3.5%。河道的平面形态是由西南流向东北,上段河道宽浅,下段窄而弯曲,如图 1-3 所示。

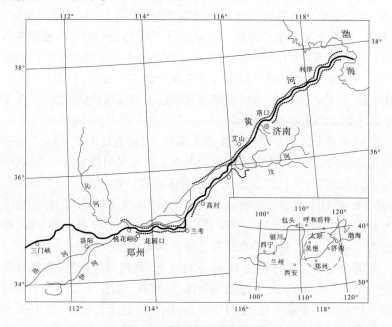

图 1-3　黄河下游河道平面图

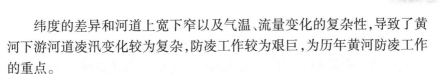

纬度的差异和河道上宽下窄以及气温、流量变化的复杂性,导致了黄河下游河道凌汛变化较为复杂,防凌工作较为艰巨,为历年黄河防凌工作的重点。

黄河下游凌汛在历史上曾以决口频繁、危害严重、难以防治而闻名。据统计,自1883～1936年的54年中,有23年在凌汛期发生决口,平均5年二决口;1937～1949年期间,由于战争原因造成决口;1951年和1955年亦因凌情严重、堤防薄弱造成大堤决口。

据统计,在1951～2005年的55个年度中,有46年封冻,有9年只流凌未封冻。在封冻年度中封冻最上首达河南省荥阳县汜水河口(1955年),短的仅封至山东省垦利县十八户(1976年);封冻长度最长703 km(1969年),最短40 km,平均345 km;年最大冰量最多达1.42亿 m³(1967年),最少仅0.011亿 m³(1989年、1999年),平均0.32亿 m³;冰盖厚度,山东河段一般为0.2～0.4 m,兰考以上一般为0.1～0.2 m;河口河段封冻日期最早12月1日,最晚2月17日,解冻日期最早12月30日,最晚3月18日;兰考以上河段封冻日期最早12月18日,最晚3月1日,解冻日期最早12月28日,最晚3月6日。凌峰流量一般是自上而下沿程逐渐增大,出现过的最大值为3 430 m³/s(1957年利津站)。在封冻的年度中一般是一次封冻一次解冻,少数年度有二次或三次封冻,二次或三次解冻。

（一）河道形态与冰情

1. 河道形态特征

黄河下游河道总的平面形态是上宽下窄,上下各段河道形态差异大,不仅宽窄悬殊、深浅不一,还弯曲回环,因此封河、开河期间极易出现冰凌卡塞,形成冰塞、冰坝,造成凌汛灾害。在河道急转弯或连续转弯处,河道呈"L"形、"S"形,当流冰经过这些河段时,主流顶冲凹岸后容易在弯道处卡冰壅水,形成冰塞、冰坝。

按照黄河下游河床演变的特点,下游河道分为四段,山东省高村断面以上是游荡型河段,高村至山东省聊城市陶城铺断面之间是自游荡型河道向弯曲型河道过渡的过渡型河段,陶城铺至山东省渔洼断面是弯曲型河段,山东省垦利县渔洼断面以下属河口河段。各段河道形态特征见表1-11。

1)游荡型河段

从桃花峪经花园口、东坝头到高村全长 193 km,两岸堤距较宽,一般 10 km 左右,最宽处达 20 km。这段河道水面宽阔,河床宽浅,一般水深仅 1.2～1.7 m。由于泥沙大量淤积,河道中沙滩密布,汊道交织,水流散乱,主流摆动频繁。河道在东坝头拐向东北以后,堤距逐渐由宽变窄,成倒喇叭形。

表 1-11 黄河下游各段河道形态特征

分类	河段	长度(km)	河宽(km)		平均比降(‰)	弯曲率	河湾半径(km)	两岸情况		加入支流
			堤距	河槽				左(北)	右(南)	
游荡型河段	桃花峪—东坝头	137	5～14	1～3	0.203	1.10		大堤	大堤险工较左岸多	—
	东坝头—高村	56	5～20	2.2～6.5	0.172	1.07	3.0	大堤	大堤	—
过渡型河段	高村—陶城铺	156	2.0～8.0	0.7～3.7	0.125	1.28	0.5～8.0	大堤	大堤	—
弯曲型河段	陶城铺—渔洼	341	0.4～5.0	0.3～1.5	0.101	1.20	1～3.0	大堤	梁山十里铺至济南田庄之间为山,其余为大堤	汶河
河口河段	渔洼断面以下	73								

2)过渡型河段

从高村经孙口到陶城铺,全长 156 km,堤距一般在 5 km 以上,水流基本归于一槽,主槽位置相对稳定,沙滩、汊道较少,个别河段有犬牙交错的边滩。

3)弯曲型河段

从陶城铺经艾山、泺口、利津到渔洼,全长 341 km,两岸堤距较窄,一

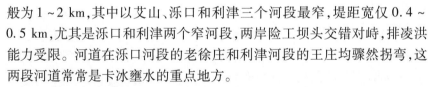

般为 1~2 km,其中以艾山、泺口和利津三个河段最窄,堤距宽仅 0.4~0.5 km,尤其是泺口和利津两个窄河段,两岸险工坝头交错对峙,排凌洪能力受限。河道在泺口河段的老徐庄和利津河段的王庄均骤然拐弯,这两段河道常常是卡冰壅水的重点地方。

4)河口河段

渔洼以下至入海口全长约 73 km。由于河口河段河床纵比降小,水流不畅,同时受海潮的顶托,泥沙常常在入海口门处堆积形成拦门沙。河道延长,河床淤高,过流不顺,会造成流路改道形成新的入海流路。当新流路形成后,随着河口河道行水年限的延长,又重复淤积、延伸、摆动、出汊、改道的演变过程。河口河段就是在这个演变规律的支配下,不断变化、频繁改道,如 1953 年、1964 年和 1976 年河口河道曾先后三次改道。在 1964~1976 年期间,河口沙嘴向海区延伸了 33 km,黄河刁口河流路利津—罗家屋子河段 13 个断面主槽平均高程淤高 1.28 m,罗家屋子以下 7 个断面平均淤高 3.56 m。河道的淤积抬高导致了黄河刁口河流路在 1976 年出现了严重的凌汛,并最终导致了黄河河口河道的第十次大改道。

2. 河势对冰情变化的影响

河势是指河道水流的平面形式及发展趋势,包括河道水流动力轴线的位置、走向以及河湾、岸线和沙洲、鸡心滩等分布与变化的趋势。河道形态对冰情、凌汛的变化也产生很大的影响,如弯曲型河段,常常是卡冰壅水的重点地段;宽、浅、乱河段,其河床宽浅,河形散乱,流速较小,冰块也易搁浅堵塞河道。历年来对黄河下游威胁较严重的凌情,几乎都是由于大量冰凌在弯曲、狭窄或宽浅河段受阻,形成冰塞或冰坝而引起的,所以河势与凌汛的关系极为密切。

通常所说的河势与冰情的关系,是指它的几何边界条件对冰情变化的影响,它主要表现在河势不顺,冰凌容易卡塞等方面。黄河下游的某些河段历年较易发生卡冰壅冰的现象,就是由这些河段的河势所决定的(见表 1-12)。1951 年、1955 年、1969 年和 1970 年凌汛威胁严重的原因,就是由于大量冰凌分别在一号坝、王庄、李隤和老徐庄等处形成了冰坝。

从历年的冰情来看,弯曲型河段和游荡型河段容易发生卡冰壅水。流冰经过弯曲性河段时,主流顶冲凹岸后,连拐数弯下泄。河槽的弯窄、

流向的顶冲、流势的紊乱,以及主流区流凌密度大等,都是构成弯道容易卡冰壅水封冻的条件。开河时,水急冰多,也易在坐弯顶冲的地方发生冰凌卡塞。如1970年1月27日,济南老徐庄河段形成冰坝,1973年12月25日,利津王庄河段出现的封冻。

表1-12 黄河下游凌汛期卡冰壅水重点河段

卡冰壅水河段	河段简介
兰考东坝头	河道由此折向东北,河槽较窄,有兜溜、卡冰作用
东明高村、濮阳南小堤	河槽较窄、有鸡心滩,险工对峙
东阿艾山	下游河槽最窄处,中常水位宽320~350 m,险工与山对峙
齐河官庄	河槽连续弯曲,险工对峙
济南北店子—盖家沟	险工对峙,河槽弯曲;窄河槽处,堤距最窄处488.7 m
章丘胡家岸、济阳沟阳家	险工对峙,堤距较窄
济阳沟头	坐弯顶冲和长坝头河段
邹平梯子坝—方家	河槽弯曲和梯子坝长坝头河段
高青马扎子(大郭家)	坐弯顶冲
惠民白龙湾	坐弯顶冲和鸡心滩
滨州兰家、高青刘春家	险工对峙,堤距较窄
利津宫家、麻湾	险工对峙,堤距由宽骤窄
利津东关—王庄	坐弯顶冲,险工对峙,窄河槽河段,利津断面宽600余m
垦利一号坝	坐弯顶冲和长坝头河段

当冰凌经过游荡型河道时,受河床宽浅,河形散乱,流速较小,沙滩密布,汊道交织的影响,虽然河段外形比较顺直,但水流只能呈多股在汊道里弯曲流动。在浮冰块流动时,由于水流的紊动作用,浮冰块部分浮于水面,部分沉入水中,部分浮冰块甚至随水流方向翻滚。当浮冰块运行至沙滩前缘水浅、流乱或汊河槽窄的地方,受河底环流的影响,容易搁浅或堵塞河道。

河口河段在河道摆动时期及改道初期,河形散乱,呈多股流路入海。冬季河道流凌以后,大量冰块不能畅泄,这使河口河道在气温还不具备稳定封冻的条件下,形成了插凌封河、节节封冻的早封河现象。1964年凌汛期发生卡冰壅水,水漫孤岛,迫使黄河河口河段人工破堤改道,也是由于河口河段严重淤积、行水排冰不畅而造成的。

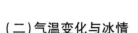

（二）气温变化与冰情

气温变化是造成凌汛的重要因素。黄河下游河道呈西南东北流向，纬度相差3°多。沿程纬度不断变化，上游河道的气温明显高于下游河道气温。气温的变化使上段河道冷得晚，回暖早，负气温持续时间短；下游河道冷得早，回暖晚，负气温持续时间长，这决定了黄河下游河道先封河后解冻。当气温转暖升高时，上段河道解冻，下段河道还处于冰凌固封状态，上段已解冻的融冰水加河槽蓄水挟带大量冰块急剧下泄易卡冰结坝造成凌汛灾害。

1. 历年冬季气温变化特点

从河南郑州、山东济南、山东北镇（后为惠民地区、现为滨州市所在地，下同）三站历年冬季气温统计资料中可以看出，气温变化有三个较明显的特点：

（1）上暖下寒。

由表1-13中看出北镇与郑州相比冬季（12月至次年2月）历年平均气温低3.1 ℃，月平均气温低2.7 ~ 3.3 ℃。个别年份两地气温差值更大，如1957年1月中旬，北镇平均气温较郑州低7.4 ℃，该年1月18日北镇日平均气温较郑州低15.2 ℃。由于气温的上暖下寒，山东下游河段首次流凌日期比郑州花园口河段早。然而，河口河段由于受海洋气候的影响，山东省垦利县一号坝以下气温反而比一号坝的气温高，因此除了少数年份因宽浅分汊较多、水流散乱、流冰不畅导致在黄河入海口处首先封冻外，其余多数年份的首封河段往往不在黄河入海口处而在一号坝附近。

表1-13　郑州、济南、北镇1951 ~ 1999年冬季（12月至次年2月）平均气温统计

（单位：℃）

站名	季平均气温	月平均气温		
		12月	1月	2月
郑州	1.4	1.85	− 0.1	2.45
济南	0.65	1.3	− 1.05	1.6
北镇	− 1.75	− 0.9	− 3.4	− 0.9

（2）下游河段负气温历时长于上游河段。

根据 2010～2014 年度黄河下游主要气象站负气温持续天数统计表（见表 1-14）可看出，郑州、济南、北镇历年日平均气温在 0 ℃以下持续的平均天数依次递增，北镇负气温持续平均天数比郑州长 34 d，比济南长 16 d，下游河段负气温历时长于上游河段。由于北镇日平均气温稳定转负日期早于郑州，而北镇日平均气温稳定转正日期晚于郑州，那么将造成黄河下段封冻日期早于上段，上段解冻日期早于下段。比如，2011 年 2 月初，河南郑州河段气温已回升至 5 ℃，此时黄河下游河段的气温仍在 0 ℃以下，一旦上段郑州河段河道解冻，由于下游负气温的影响，下游河道还处于封冻状态，这样就容易造成下游河段卡冰结坝，壅高水位，威胁堤防安全。

表 1-14　2010～2014 年度黄河下游主要气象站负气温持续天数统计

（单位:d）

历时（年-月）	郑州	济南	北镇
2010-12～2011-02	22	45	59
2011-12～2012-02	11	32	54
2012-12～2013-02	27	44	62
2013-12～2014-02	11	21	30

（3）元月中旬气温最低。

郑州、济南、北镇冬季各站历年月平均最低气温依次为 -0.1 ℃、-1.05 ℃、-3.4 ℃，亦都出现在 1 月中旬（见表 1-13），所以 1 月是一年中最冷的月份。

2. 寒潮入侵黄河下游的三条路径

寒潮入侵的路径，是指冷空气主体的移动路线。入侵黄河下游的冷空气路径主要有三条：

（1）西路：从西伯利亚下来的冷空气，经新疆北部、甘肃、河西走廊、陇东、关中而进入黄河中下游地区。由于这路冷空气路程较远和经沿途增温，所以其在黄河中下游地区引起的降温幅度一般不很大，多无降水天气。

（2）北路：从贝加尔湖下来的冷空气，经蒙古高原、陕北、华北地区而

24

进入黄河中下游地区。这路冷空气有时十分强烈,可一直推进到长江流域和南岭地区,降温幅度都很大。

(3)东路:从白令海峡下来的冷空气,经日本海、渤海湾直接侵入黄河下游河口地区,常伴有强烈的东北风,降温幅度大。从历年最强寒潮出现的日期看,80%以上的最强寒潮日期出现在12月下旬到次年的1月,这是该时段天气寒冷的主要原因。黄河下游历年首次封冻的日期多发生在该时段。

据统计,郑州、济南、北镇历年极端最低气温依次为 -17.9 ℃、-19.7 ℃、-25.0 ℃。由于强寒潮的连续侵袭和寒潮过后气温的大幅度回升,造成冬季气温大幅度忽高忽低,气温这样的变化对冰情变化影响很大。以 1968 年冬至 1969 年春的济南日平均气温变化为例(见图1-4),可以清楚地看出:第一次冷空气过程降温 17.0 ℃,升温 10.8 ℃;第二次降温 14.2 ℃,升温 18.4 ℃;第三次降温 18.0 ℃,升温 22.3 ℃;第四次降温 22.3 ℃,升温 16.8 ℃。在一个冬季里像这样多次的大幅度降温和大幅度升温,在黄河下游也较少见,从而形成了在一个冬季三次封冻,三次解冻,在李隈、梯子坝卡冰结坝的严重局面。

(三)流量变化与冰情

黄河封冻期流量较小,封冻冰盖较低,冰盖下过流能力小。河道封冻后,冰盖下冰絮增多,糙率增大,河道阻塞水流,壅高水位,上游来水拦蓄在封冻河段上游的河槽内,形成槽蓄水量。当封冻河段因气温升高或流量加大形成开河时,槽蓄水量自上而下沿程释放,冰水齐下,河道流量沿程逐渐增大,加上黄河下游河道上宽下窄,容易卡冰阻水,因此在凌洪下泄过程中可能形成冰坝,造成严重的凌汛灾害。

花园口是黄河下游干流的第一个控制站。根据历年资料统计,冬季三门峡以上来水量占花园口水量的88.4%,三门峡至花园口区间伊河、洛河、沁河来水量占花园口水量的11.6%。黄河下游冬季流量变化过程有下列几个特点。

1. 前、后期流量大,中期流量小

黄河上游内蒙古河段往往于每年11月中下旬流凌,12月初前后封冻,这时有一部分水量转化为冰;河道封冰后,河槽糙率增大和冰塞壅水,又使一部分水量转化为河槽蓄水。受此影响,黄河下游凌汛期的水量呈

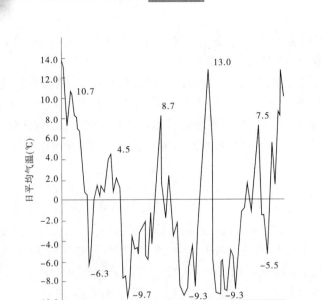

图 1-4 1968～1969 年凌汛期济南日平均气温过程线

现由大到小,再由小到大的马鞍形变化过程,而不是单调的退水过程。马鞍形底部的小流量持续的时间一般为 10 d 左右,并且该小流量还能对黄河下游河道结冰期的流量过程产生直接影响。例如,1970 年 11 月上旬黄河内蒙古河段的流量均大于 500 m³/s,当中旬出现岸冰和流凌后,流量开始下降,下旬开始封冻时,流量骤降至 120 m³/s 左右。受该小流量过程的影响,潼关流量明显下降,并于 12 月上旬降到最小值(见图 1-5)。

内蒙古河段封冻稳定后,由于冰盖的热阻作用,水温有一定程度回升,冰盖底部变得相对光滑,粗糙度相对减小,冰凌施加于水流的阻力逐渐地减小,冰盖下过流能力增加,因此潼关和黄河下游河道流量也随之逐渐增大。

2. 刘家峡水库运用后冬季来水量明显增大

刘家峡水库自 1969 年运用后,因发电需要,冬季下泄流量比天然情况下增加 50～230 m³/s,这不仅对黄河内蒙古河段的冰情产生了影响,而且在小浪底水库运用前还加重了三门峡水库防凌蓄水的负担。

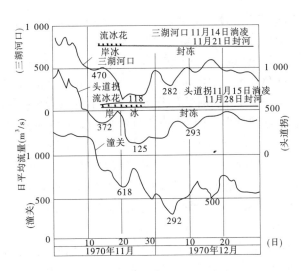

图 1-5　黄河内蒙古河段封河时流量减少
过程及其对潼关流量过程的影响

3. 流量与气温的变化趋势基本一致

冬季,黄河下游河道流量变化过程与气温变化过程的变化趋势基本一致,它们也呈现出两头高中间低的"马鞍形"变化。这种气温与流量变化过程基本一致的趋势,使黄河下游出现小流量与低温过程的重合,使河道在小流量下封河。小流量封冻的特点是:封冻早、冰盖低、过流能力小。随着气温的回升,临近开河时下泄流量增大或迫使冰盖随水位上涨而抬高,破坏封河的稳定性,或水位急剧上涨,在冰质坚硬的情况下,导致武开河,从而形成严重凌汛。为了避免小流量封冻和推迟封河日期,三门峡水库自 1960 年防凌运用以来,一般是水库提前蓄水,在黄河下游进入封冻期时加大水库泄量,如 1963 ~ 1964 年、1967 ~ 1968 年、1975 ~ 1976 年及 1978 ~ 1979 年,经三门峡水库调节,山东利津封河时日平均流量依次为 798 m^3/s、670 m^3/s、680 m^3/s、780 m^3/s。实践证明,大流量封河时基流大、河槽蓄水多、冰量多,同样气温条件下冰花量也相应增多,封河后冰盖前缘流速也相应增大,因而易形成冰塞壅高水位造成大面积漫滩或形成严重凌洪灾害。

4. 武开河时凌峰沿程增大

黄河下游是"地上河",水量几乎全部来自上、中游地区,因此伏秋大

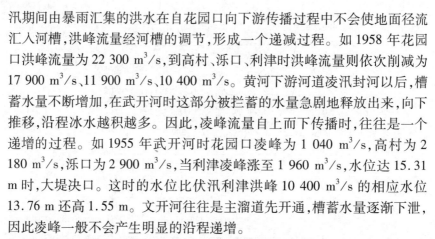

汛期间由暴雨汇集的洪水在自花园口向下游传播过程中不会使地面径流汇入河槽，洪峰流量经河槽的调节，形成一个递减过程。如 1958 年花园口洪峰流量为 22 300 m^3/s，到高村、泺口、利津时洪峰流量则依次削减为 17 900 m^3/s、11 900 m^3/s、10 400 m^3/s。黄河下游河道凌汛封河以后，槽蓄水量不断增加，在武开河时这部分被拦蓄的水量急剧地释放出来，向下推移，沿程冰水越积越多。因此，凌峰流量自上而下传播时，往往是一个递增的过程。如 1955 年武开河时花园口凌峰为 1 040 m^3/s，高村为 2 180 m^3/s，泺口为 2 900 m^3/s，当利津凌峰涨至 1 960 m^3/s，水位达 15.31 m 时，大堤决口。这时的水位比伏汛利津洪峰 10 400 m^3/s 的相应水位 13.76 m 还高 1.55 m。文开河往往是主溜道先开通，槽蓄水量逐渐下泄，因此凌峰一般不会产生明显的沿程递增。

（四）气温、流量、河道形态与凌汛冰情变化之间的相互关系

气温是影响冰情变化的热力因素，它决定着冰量和冰质的变化。流量（水量）对冰情的影响既具有热力作用也有水力作用，如水温相同，流量越大，水体蕴含的热量就越多；在河槽稳定的条件下，流量大则流速大，水流搬运冰块的能力也越大，形成凌汛灾害的可能性也越大。河道形态除通过改变河流的热力和水力因素而影响凌情变化外，还体现在它的几何边界条件对冰凌的卡塞作用。

在一定的河势条件下，气温和流量在不同阶段对凌情有着截然不同的影响。河道封冻以前，低气温促使河道封河，而大流量却是抑制河道封河。在河道封冻以后，负气温是维持河道封冻的热力因素，而大流量则可能成为冰盖破裂的动力因素，特别是流量的加大还可能导致武开河；流量减小不仅能避免武开河，反而在气温转正后会进一步推迟开河日期。河势变化对气温和流量对封河过程所产生的作用有重要的间接影响，当河势较顺水流集中时，流量的加大可以使流速增加较多，有利于充分发挥流量抵制封河的作用；当河势不顺、水面宽浅、流势散乱时，流量虽有明显增加，而流速却增加甚微，达不到加大流量抵制封河的目的，所以河势变化通过影响流速的变化，进而影响河道的封河和开河。比如黄河下游河道从兰考东坝头以下折向东北，气温上暖下寒，上游河道开河早封河晚；而河道上宽下窄，排凌泄洪能力上大下小，下游河道比上游河道更易封河；就局部河段而言，河段的宽窄、鸡心滩的多少、河床纵比降的陡缓、弯道曲率和河湾半径的大小等,都是影响河道封、开河的重要因素。

为进一步阐明气温、流量与封河之间的相互关系,表 1-15 对黄河下游 1964 ～ 2014 年历年凌情进行了全面统计分析。从表中可以看出:仅少量年度未封河,1990 ～ 1991 年度、1993 ～ 1995 年度、2000 ～ 2001 年度、2011 ～ 2012 年度冬暖丰水,未封河;2012 ～ 2013 年度由于高村流量达到 600 ～ 1 200 m³/s,因此即便气温寒冷却未封河;2013 ～ 2014 年度冬暖枯水,未封河。

表 1-15　黄河下游封河与未封河典型年份气温、流量比较

年度	封河情况		济南平均气温(℃)			高村月均流量(m³/s)		
	封河长度（km）	冰量（万 m³）	12 月	1 月	2 月	12 月	1 月	2 月
1964 ～ 1965	未封河		1.60	− 0.04	2.67	1 400	960	923
1965 ～ 1966	260	3 240	1.21	0.32	4.22	534	399	471
1966 ～ 1967	455.8	6 998	− 1	− 1.08	0.38	566	323	239
1967 ～ 1968	323	6 374	− 3.01	− 1.29	− 1.27	819	823	494
1971 ～ 1972	12 月下旬、三日平均气温为 − 8 ℃,流量为 280 m³/s 时封河。(1 月上旬解冻)1 月下旬,三日平均气温为 − 10.6 ℃,流量为 700 ～ 1 000 m³/s,虽然流凌密度达 90% 左右但未封河							
1985 ～ 1986	200	2 988	− 0.80	− 0.09	0.88	688	801	712
1986 ～ 1987	190	1 670	1.20	0.08	3.08	402		393
1987 ～ 1988	102	4 557	3.13	0.66	1.28	463	495	256
1988 ～ 1989	25	112	2.19	0.27	3.11	529	726	684
1989 ～ 1990	310	2 170	2.90	− 1.84	2.13	995	522	649
1990 ～ 1991	未封河		2.57	0.81	2.87	771	502	717
1991 ～ 1992	203	1 000	1.70	0.75	4.30	503	234	251
1992 ～ 1993	180	1 200	2.36	− 0.73	4.68	711	488	647
1993 ～ 1994	未封河		1.74	1.75	3.33	681	630	605

续表1-15

年度	封河情况		济南平均气温(℃)			高村月均流量(m³/s)		
	封河长度（km）	冰量（万 m³）	12月	1月	2月	12月	1月	2月
1994～1995	未封河		1.91	1.35	4.05	955	466	503
1995～1996	165.4	1 320	1.94	0.24	2.47	538	206	146
1996～1997	233	970	4.17	−0.14	3.97	376	264	199
1997～1998	320	824	2.52	−0.45	4.52	254	185	151
1998～1999	99	110	3.67	1.66	4.89	464	310	207
1999～2000	306	1 021	2.76	−3.28	0.64	281	185	319
2000～2001	未封河		3.70	−1.49	1.62	495	557	375
2001～2002	106.7	未测	−0.52	2.60	6.97	334	204	242
2002～2003	330.6	736.6	−0.82	−1.26	3.09	196	163	128
2003～2004	1.5	未测	1.25	−0.14	5.82	974	621	488
2004～2005	233.28	1 193.05	1.61	−1.45	−1.43	407	349	267
2005～2006	57.4	未测	−0.85	0.01	2.13	524	339	392
2006～2007	45.35	未测	1.58	−0.01	7.03	425	295	235
2007～2008	134.82	487.98	2.25	−2.02	1.02	541	479	510
2008～2009	173.9	966.7	2.49	−0.21	5.09	433	345	634
2009～2010	255.37	2 519	0.82	−1.07	2.63	527	384	344
2010～2011	302.3	2 153	3.20	−3.40	2.60	404	333	432
2011～2012	未封河		0.24	−1.07	0.89	1 210	908	434
2012～2013	未封河		−1.40	−1.60	1.90	943	672	758
2013～2014	未封河		1.80	2.90	2.10	425	312	417

　　为说明气温、流量与河流封冻之间是否存在定量的关系，有的研究者将黄河下游济南以下各水文站多年观测的有关资料点绘于图1-6中。图

中左侧属于封冻区,右侧属于未封冻区,二者之间有一个明显的过渡区。从图中可以看出,气温越低,不封冻对应的流量越大。

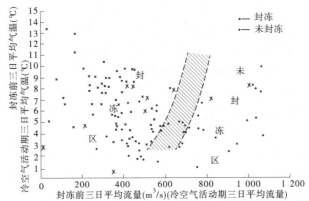

图 1-6　黄河下游济南以下河段凌汛期气温、流量与封冻关系散点图

因此,当气温和流量的相互作用结果是负气温形成的封河作用占优势时,能导致封河,但当流量增大到一定程度,水流动能的抑制封河作用超过了负气温的封河作用时,就不会封河。

第二节　国内其他江河凌情

一、黑龙江上游凌情

黑龙江上游指从石勒喀河和额尔古纳河这两河汇合处(黑龙江省洛古河村上游 8 km 处)到黑龙江省结雅河口(黑河市)之间长 905 km 的河段。研究表明,北纬 50°~53.5°地区是春季冰凌灾害易发区,地处北纬52°~53.5°的漠河、塔河、呼玛三县是春季冰凌灾害频繁发生和受灾严重的地区。

黑龙江上游凌情特点通常表现为冰凌卡塞,壅冰上岸。例如,黑龙江塔河县开库康乡马伦村、黑龙江塔河县依西肯乡依西肯村河段几乎每年都发生冰凌卡塞。1999 年春季的一次流冰期马伦村河段发生了 3 次冰凌卡塞。1985 年依西肯村凌汛情形较严重,冰层较厚,厚度达 1.5~2.5 m;冰块面积较大,其中 10~100 m^2 的约占 33%,100~1 000 m^2 的约占

27% ,1 000 m² 以上的约占 25% 。

多年资料表明,黑龙江上游冰凌灾害频繁发生地区形成冰凌灾害应具备的条件为:①倒开江(上游开江早于下游);②上一年封江水位超过历年封江水位平均值 0.5 m 以上;③冰厚 1.2 m 以上;④开江时间在 4 月 27 日之前;⑤4 月 14 ~ 26 日,连续 3 d 日平均气温高于历年日平均气温 3 ℃以上;⑥冬季降水量超过历年冬季降水量均值 50 mm 以上;⑦河道复杂性。一般情况下,在以上条件中,如果是倒开江,同时具备其他 6 条中的两条,就可能出现冰凌灾害;如果不是倒开江,同时具备其他 6 条也可能出现冰凌灾害。

截至目前,在有记载的年系列资料里,黑龙江上游有 27 年发生了严重或较严重的冰坝,平均每 3.3 年发生一次,一般性冰坝或冰塞几乎年年发生。黑龙江冰坝多发生在黑龙江上游的额尔古纳河入口处至呼玛河入口处 500 km 的河道上,其中洛古河、连崟(古城岛)(同在漠河县)最为频繁。该段河道 1951 ~ 2000 年共发生 15 次较大冰坝(1953 年、1956 年、1958 年、1960 年、1961 年、1964 年、1971 年、1973 年、1977 年、1981 年、1985 年、1986 年、1991 年、1994 年、2000 年),其中 1960 年、1985 年为特大冰坝,2000 年次之。冰坝长度一般为 10 ~ 20 km,最长 30 ~ 50 km。冰坝形成后壅高水头高度一般为 6 ~ 8 m,最高达到 14.10 m(1960 年)。冰坝出现时间一般是 4 月末至 5 月初,最早为 4 月 18 日(1985 年),最晚为 5 月 5 日。持续时间一般 2 ~ 3 d,最长达 15 d。

1960 年 4 月中下旬,黑龙江上游气温回升且有降雨伴随,干支流流量急剧增大。额尔古纳河、石勒喀河开河后流量迅速加大,冰凌洪水经以上两支流汇合后在洛古河河段形成冰坝,冰坝溃决后,冰水齐下,又在下游河段连续形成冰坝 13 处。其中古城岛河段冰坝的最高壅水位超过 1958 年特大洪水水位 2.2 m,持续时间长达 13 d。1960 年黑龙江上游自洛古河到结雅河汇口以下的霍尔莫津,全长 980 km 的河段出现了 14 处冰坝,为历史罕见。

1985 年开江期,黑龙江上游干支流出现了气温回升较快、期间有降水出现、融雪和雨水汇入使河道流量增加较大、上源两大支流额尔古纳河和石勒喀河提前解冻的不利局面,这些不利因素的叠加使黑龙江上游河段出现了严重的凌汛。冰凌洪水 4 月 17 日进入干流,首先分别在汇合口

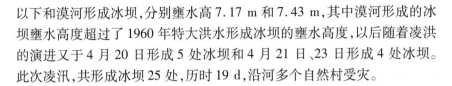

以下和漠河形成冰坝,分别壅水高7.17 m和7.43 m,其中漠河形成的冰坝壅水高度超过了1960年特大洪水形成冰坝的壅水高度,以后随着凌洪的演进又于4月20日形成5处冰坝和4月21日、23日形成4处冰坝。此次凌汛,共形成冰坝25处,历时19 d,沿河多个自然村受灾。

二、松花江凌情概况

松花江位于我国东北地区的北部, 流域地处北纬41°～52°,冬季漫长,气候寒冷。松花江有两个源头,西源嫩江发源于大兴安岭伊勒呼里山,南源第二松花江(简称二松)发源于长白山天池,两江在三岔河汇合后的河段称为松花江,松花江东流至同江注入黑龙江。松花江长939 km,流域面积18.64万 km²。嫩江长1 370 km,流域面积29.7万 km²。二松长958 km,流域面积7.34万 km²。

松花江一般11月封冻,次年4月解冻,封冻期长达130～160 d, 多年平均最大冰厚1.0～1.4 m。每年解冻开江期,由于降雨、积雪融化以及河流开江时河槽蓄水量的急剧释放而形成凌汛。有的年份在特定的气候条件下,在特殊地形的河段,还发生了灾害性的凌汛。一般年份松花江凌汛洪峰流量不是很大,但由于冰块的阻塞,水位往往很高,陡涨陡落,洪水过程尖瘦,有的年份年最高水位出现在凌汛期。

(一)松花江西源

松花江西源嫩江发源于大兴安岭伊勒呼里山后,自北向南流。黑龙江嫩江县以上为松花江上游段,全长661 km。河流穿行于大小兴安岭支脉延伸构成的山岳地带,河谷开阔,河流蜿蜒弯曲。嫩江上游段河网发育,支流众多,流域形似扇状,沿程水量增加迅速,汇流快而集中。嫩江上游地处北纬49°～52°的高纬度地区,冬季气候寒冷,每年气温低于0 ℃的天数约170 d,最冷的1月月平均气温为－25.6 ℃,极端最低气温达－47.3 ℃(1951年1月4日)。嫩江每年11月初进入封冻期,次年4月下旬开江,封冻期长达160 d,最大冰厚达1.30 m。嫩江春季气温回升迅速,开江前夕冰盖厚度仍在1.0 m左右,且冰层结构良好仍很坚硬,当水力条件充分时,容易形成武开河,产生冰坝。

(二)松花江南源

松花江的南源二松沿长白山北坡自南向北流,上游河谷深窄,多急滩

弯道,两岸山体高,江面日照少,封冻冰层较厚,解冻期消融较慢,在特定的气候条件下极易发生武开江并形成冰坝,形成较为严重的凌汛。如上游地区的松江河、抚松、白山等地常发生冰凌洪水,其中白山站年最高水位出现在凌汛期的概率达40%。有资料记录以来的最高凌汛水位为294.05 m(1962年),其相当于畅流期多年平均洪峰流量3 020 m³/s的水位。二松沿岸村屯较少,一般形不成严重灾害。1982年白山水电站建成蓄水后,白山河段的冰坝随之消失。丰满水库以下河段自1942年11月丰满水库建成蓄水后,由于水库的热量调节作用,最冷的1月出库水温仍达3 ℃左右,下游70~100 km河段不封冻,以下河段冰盖厚度也明显变薄,封冻天数也较同地区少,也没有再发生危害严重的凌汛。

(三)松花江干流

嫩江和西流松花江(西流松花江原名为第二松花江,指自源头天池至松原市扶余县三岔河河口河段,第二松花江命名现已废止)在吉林省扶余县三岔河镇汇合后,折向东流至同江镇河口区间河段被称为松花江干流,全长939 km。松花江干流自吉林省扶余市三岔河镇至黑龙江通河县呈东偏北流向,河段开江较早,很少形成冰坝,凌汛形势缓和;通河县以下河段流向由西南转向东北,其开江日期一般要晚于上游。据统计,佳木斯开江日期较依兰晚3 d,南岸支流牡丹江和倭肯河开江日期比干流早2~6 d(参见表1-16)。这种倒开江及支流开江早于干流的特点,造成了松花江干流依兰以下河段流冰不畅。另外,依兰至富锦365 km的河段地形极为复杂,其间有著名的三姓浅滩、依兰的缩窄段、汤原附近的5股流(江心有7个浅滩,将江道分割为5股水流)、敖其的"S"形弯道以及佳木斯市、桦川县附近浅滩密布的河段等。这些地点极易发生冰凌堵塞形成冰坝的情形,因此松花江干流依兰站以下河段是形成冰凌洪水的多发区。据依兰、佳木斯、富锦站历年资料统计,年最高水位出现在凌汛期的概率为20%~30%,佳木斯1994年凌汛最高水位达79.43 m,1981年达78.89 m,分别位居该站45年实测水位资料系列的第2、3位,仅比实测最高洪水位80.63 m(1960年8月27日)低1 m多,接近10年一遇洪水的水位。由于松花江干流下游两岸地势平坦,城镇、居民和工矿企业较多,凌汛常造成较大灾害。例如1981年凌汛,在依兰至富锦365 km河段内出现16处冰坝,冰坝前部堆冰高度6~13 m,壅高水位3~5 m,河水出槽,冰排上岸,给沿江城镇的工农业造成了严重损失。

表1-16 松花江下游各站多年平均开江日期表

地点	松花江				牡丹江 长江屯	倭肯河 倭肯
	哈尔滨	依兰	佳木斯	富锦		
纬度(N)	45°56′	46°20′	46°50′	47°16′	45°59′	46°0′
多年平均开江日期(月-日)	04-08	04-13	04-16	04-18	04-15	04-06

松花江下游依兰站至同江站之间365 km的河段,自1949年以来,曾多次出现过大型灾害性冰坝。冰坝出现的概率为依兰62%、佳木斯23%、桦川23%、富锦6%。冰坝形成时堆积高度可达4.6 m,持续时间为1~2 d,壅水高度高达3~5 m。

为便于分析研究,松花江下游形成冰坝的边界条件被分为以下几种类型:①河面阻塞型,主要在依兰县的宝兴、白玉通、舒乐、宏克立四段;②束狭阻塞型,主要在佳木斯市区的铁桥、新民河段,桦川县的星火河段,富锦市的图克斯河段,其束狭系数为1.67~3.25;③弯曲阻塞型,主要在佳木斯市的敖其河段,桦川县的建国河段,其弯曲系数为1.40~1.68;④底部阻塞型,主要在依兰县的"三姓浅滩"河段,该段滩槽高差2.8 m;⑤分支阻塞型,此种类型的河段汊道交织,其分叉系数为2.43~3.58;⑥综合型,其边界类型包括上述两种以上,大型冰坝一般多为综合型边界条件形成。

松花江冰坝多发生在依兰、佳木斯、富锦一带。哈尔滨站发生的频次最少,为8%,依兰和佳木斯站冰坝发生的频次较多(例如1954年、1956年、1957年、1959年、1960年、1961年、1962年、1964年、1967年、1970年、1975年、1976年、1978年、1979年、1981年、1982年、1983年、1985年、1987年、1990年、1993年、1994年、1995年、1996年、1998年、1999年),几乎平均每2年就发生一次。其中1960年、1981年为特大冰坝,1994年次之。凌汛形成冰坝时,水位变幅一般为3~5 m,特大型冰坝水位变幅为6~8 m。依兰站1960年冰坝水位变幅超过10 m。冰坝持续时间一般为1~2 d,最长11 d。

松花江段冰坝多发生在 4 月中旬,个别年份在 4 月下旬。例如 1960 年凌汛松花江哈尔滨河段 4 月 13 日开始解冻,开河过程中由于冰凌阻塞河道,水流阻力增大,4 月 19 日依兰站水位上涨到 107.37 m,水位上涨幅度为 2.36 m。4 月 21 日,当浮冰流经位于山区、河道束狭的依兰江段时形成了严重冰坝,依兰站水位在 3 d 内上涨了 3.94 m。4 月 20 日通河河段卡塞形成冰坝,水位上涨到 103.11 m。从冰坝形成至 4 月 26 日佳木斯最后一处冰坝消失,全部冰坝持续了 13 d。本次冰坝形成过程有两次降雨,4~6 日依兰至佳木斯降小到中雨,降水量 7.6~12.8 mm;19~20 日依兰至佳木斯为中雨,依兰降水量 23.7 mm,佳木斯降水量 21.5 mm。1981 年松花江凌汛也是形成冰坝较多的年份,4 月 5~19 日依兰至富锦河段;4 月 13~14 日佳木斯河段、4 月 15~16 日桦川河段、4 月 18~19 日富锦的图斯克河段均形成了冰坝。此外,1994 年 4 月 16 日,松花江在佳木斯市下游约 14 km 处形成了特大冰坝,冰坝长度达 7 km,冰坝高度为 6~7 m,造成河道堵塞、冰块上岸。佳木斯站 4 月 17 日 07:00 水位为 79.43 m,超过警戒水位 0.43 m,比历史同期水位高 4.10 m,仅比历史第一大洪水水位 80.63 m(1960 年 8 月 27 日)低 1.20 m。

综上所述,黑龙江、松花江、嫩江冰坝发生的特点为:

(1)据统计,自 1954~1999 年的 45 年间,冰坝在黑龙江、松花江同时发生冰坝的年份共有 17 次,占总年份的 34%。个别年份黑龙江、松花江、嫩江(简称三江,下同)同时出现冰坝,如 1960 年、1985 年和 1994 年。如果上述三江当中有一江发生特大型冰坝,其他二江也有可能出现冰坝。

(2)有连续 2~4 年连续发生的特点。

(3)有群发特点。如 20 世纪 50~60 年代初和 90 年代,冰坝发生较集中,其中 20 世纪 50~60 年代初的冷湿期,对形成冰坝提供了有利的气象条件。

冰坝发生的主要原因为:

(1)秋季降水多,河槽蓄水量增加。

前期河槽蓄水量是形成冰坝的动力基础。秋季降水多,河道水位高,流量大,河槽蓄水量大,水流动力条件充分,输送冰量的能力强。上游河道的大量流冰在下游河道封冻弯窄处,在较强的水流动力作用下,容易在卡冰阻水的河段上形成严重冰坝。

黑龙江、嫩江、松花江分别在 1957 年、1960 年、1981 年、1984 年、1985 年、1994 年、2000 年因为较大降水形成了特大冰坝。根据黑龙江上游的漠河、呼玛、塔河，嫩江上游的加格达奇、嫩江，松花江的哈尔滨、依兰、佳木斯、富锦等站的典型年凌汛资料，统计三江历次发生大型冰坝前期 9～10 月降水量距平及距平百分率，结果见表 1-17。

表 1-17　三江大型冰坝前期 9～10 月降水量距平及距平百分率

黑龙江				嫩江			松花江			
年份及百分率	漠河	呼玛	塔河	年份及百分率	嫩江	加格达齐	年份及百分率	哈尔滨	依兰	佳木斯	富锦
1960 年	+24.4	+81.4		1957 年	+70.8		1960 年	+30.6	+21.4	+66.1	+115.1
百分率（%）	+87	+109		百分率（%）	+93		百分率（%）	+36	+23	+74	+124
1985 年	+19.1	−9.6	+21.2	1984 年	+2.9	+6.6	1981 年	+38.8	+69.0	+83.7	+121.1
百分率（%）	+29	−13	+28	百分率（%）	+4	+10	百分率（%）	+46	+76	+94	+130
2000 年	+41.2	+16.8					1994 年	+7.2	+76.7	+58.1	+65.3
百分率（%）	+62	+22					百分率（%）	+9	+84	+62	+70

注:降水量距平(单位:mm),表中符号" + "表示超出历年值。

可见，表中 8 次冰坝典型年内各江河 9～10 月均有较大的降水，其中 1960 年黑龙江呼玛站降水超历年值高达 109%，松花江富锦站降水超历年值 124%。

根据天气形势和气象资料分析，在我国黑龙江省的泰米尔（北纬 70°～80°、东经 80°～100°）和乌拉尔区域（北纬 50°～60°、东经 50°～70°），在每年冬季经常有来自偏西方向、西南方向的低压系统;同一时期，

贝加尔湖以北高纬度地区的大量冷空气沿西北路径也进入黑龙江省低压系统的西部,冷暖湿空气在此交会常形成较大降水过程,再加上同一时期低气温的影响,由此形成了我国冰坝的两个主要产生区。

(2)冬季降雪多气温低。

冬季降雪多,雪的热阻作用阻碍了大气与冰层之间的热交换,使冰盖层在春季来临气温转暖时仍处于低温的环境,使冰盖层在春季冰雪融化时仍具有较高的机械强度,且开江期冰量充足,易形成武开河;春季积雪融化形成的地面径流,加大了槽蓄水量和凌峰流量,更容易形成严重的冰凌洪水。然而,统计分析显示降雪、气温与冰坝年出现的概率并没有绝对的因果关系。根据三江各站水文资料,统计大型冰坝年各站冬季降雪和平均气温距平值,结果见表1-18。

表1-18　大型冰坝年冬季的降雪和气温

黑龙江				嫩江			松花江			
站名	1965年	1985年	2000年	站名	1957年	1984年	站名	1960年	1981年	1994年
漠河R	−11.5	−11.4	−0.7	嫩江R	16.6	−2.5	哈尔滨R	−2.3	4.9	2.3
T	−2.5	−1.7	1.7	T	−3.9	−1.6	T	0.2	0.1	−0.1
塔河R		−2.2	4.0	加尔各答R		1.0	依兰R	17.2	6.1	14.5
T		−1.8	−0.2	T		−0.8	T	−0.1	−0.7	0.1
呼玛R	−6.7	−0.9	16.9				佳木斯R	4.8	5.1	10.4
T	−2.2	−0.9	1.0				T	−0.4	0.7	0.3
							富锦R	8.7	3.9	2.6
							T	−0.4	1.5	0.8

注:T平均气温(℃),R降雪(mm),表中符号"−"表示低于历年值。

由表1-18可见,大型冰坝年1965年、1985年黑龙江上游各站冬季降雪量均小于往年,气温值也均低于往年,大型冰坝年2000年降雪量小于往年,气温却反而高于往年;松花江在不同年份、不同河段,形成冰坝的情况不同,如1960年依兰站发生冰坝前,降雪量偏多,但气温稍偏低;1981年富锦站发生冰坝前,降雪量偏多,气温偏高;1994年佳木斯站发生冰坝前,从哈尔滨至富锦河段降雪量均偏多,气温除1、3月外其余月份均高于往年值。

（四）春季开江期的影响因素

1. 降水影响

降水是影响开江的主要因素之一。降水量越大，则来水量越大，封冻前期河槽蓄水量也相应越大，封冻后期可能形成的冰盖规模就越大。当来水量大到一定程度，冰盖结构被破坏，造成冰凌卡塞时，就可能在下游河道形成冰坝，对开江过程产生影响。黑龙江、嫩江、松花江冬季降雪多，春季气温升到 0 ℃以上时积雪开始融化，4 月在开江前一般又有较明显的降雨过程，二者叠加是形成冰坝的诱因之一，也常常影响正常开江过程，使开江过程变得复杂、多变。

2. 温度变化

每次开江形成冰坝都伴随着升温过程。冰坝形成前期大多气温偏低，尤其 3 月气温偏低或特低（除 2000 年 4 月 28 日黑龙江上游冰坝外）。一般情况下，黑龙江、嫩江、松花江 3 月的低温过程大都持续到 4 月上旬，而后气温骤升，开江形成冰坝。例如，黑龙江上游基本在每年 4 月 13 日前处于降温过程，而后气温开始上升，从而使上游河段易形成冰坝。嫩江上游在 1957 年、1984 年这两年的气温变化过程为：1957 年 3 月气温一直偏低，而 4 月初嫩江站气温快速回升，6 ~ 7 日气温升至 9.1 ℃；1984 年 4 月 4 ~ 6 日有次降温过程，而后气温迅速上升，14 ~ 16 日上升至 8.7 ℃。由于气温的剧烈变化，使嫩江在这两年出现了自新中国成立以来的 2 次最严重的冰坝灾害。松花江自新中国成立以来发生过 6 次大型冰坝灾害，发生年份分别是 1957 年、1960 年、1973 年、1981 年、1988 年、1994 年。冰坝灾害年份内也同样出现了气温前低后高且低温过程持续时间长，开江期气温大幅度波动的过程，例如 1960 年哈尔滨 4 月前气温低，4 月上旬气温开始上升，9 日哈尔滨达 9 ℃，造成哈尔滨 4 月 13 日开江，依兰 4 月 21 日开江；1994 年 1 月佳木斯月平均气温 -22 ℃，受冷空气影响，低温一直持续到 4 月上旬，4 月中旬气温急剧回升，促成河冰解体，并形成了历时 4 d、长 8 km、高 7 m 的冰坝。

三、伊犁河凌情

伊犁河是新疆最大的国际性河流，在我国境内主要由特克斯河、喀什河和巩乃斯河三大支流汇合而成。伊犁河流域（指国内部分，下同）位于

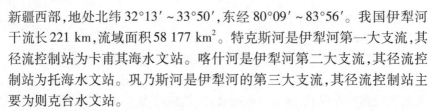

新疆西部,地处北纬 32°13′~33°50′,东经 80°09′~83°56′。我国伊犁河干流长 221 km,流域面积 58 177 km²。特克斯河是伊犁河第一大支流,其径流控制站为卡甫其海水文站。喀什河是伊犁河第二大支流,其径流控制站为托海水文站。巩乃斯河是伊犁河的第三大支流,其径流控制站主要为则克台水文站。

伊犁河流域共有堤防工程 77 处,总长度 213.75 km,其中伊犁河干流段 136.07 km。特克斯河自出山口至伊犁河干流入口长 20.65 km,喀什河自出山口至伊犁河雅马渡入口长 23.23 km,吉尔格朗河自出山口至入口长 10.4 km,匹里青河 12.9 km,沙洋布拉克河 10.5 km。雅马渡水文站是伊犁河干流的径流控制站,三道河子水文站是干流出境监测站。目前,已经在该河的支流沙尔布拉克河、匹里青河、吉尔格朗河上分别修建了库容为 3 881 万 m³、5 160 万 m³、4 077 万 m³ 水库来调节削减山洪,以对下游河道洪水进行调节。

根据雅马渡站 1953~2004 年逐日径流资料、三道河子站 1985~2006 年逐日径流资料、卡甫其海站 1957~2004 年逐日径流资料、托海站 1954~1988 年逐日径流资料、则克台与恰甫站 1960~2003 年逐日径流资料分析得知,结冰期各站径流量年际间比较稳定,年际变化较小。但由于结冰期径流常受伊犁河流域超低温的影响,干流和支流径流过程往往出现显著的衰减过程,使河道径流过程的连续性被破坏,河流的产冰能力与输送流冰的能力明显降低。这一点,有别于其他地区的河流。

伊犁河流域地形与地貌的特殊,使上游河段容易大量聚冰,造成冰凌洪水。比如从 2005 年 12 月 13 日开始,伊犁河流域连续遭受两次强降温过程的影响,伊犁河支流特克斯河的恰甫其海水库上游喀拉托海和喀拉达拉河段发生严重凌汛且形成冰塞,冰塞封冻长约 15 km,河道封冻面积达 13 km²,造成河水漫溢。2006 年 1 月 4 日开都河和静县巴润哈尔莫墩连心桥下游河道出现封冻,封冻长约 2 km,1 月中旬,伊犁河干流察布查尔县羊场和布占三村河段出现河水漫溢,发生冰凌灾害。2006 年 1 月 10 日 15:00,伊犁河察布查尔县托布中心托海依村河段的河汊处流冰受阻并不断堆积,形成冰塞。由于该河段纵坡较缓,沿河居民点及农田地势较低,冰塞阻水,河水上涨后由汊口涌入地势较低的居民点及农田,造成了冰凌灾情;1 月 13 日 14:00,该河段再次发生冰凌堵塞,河水上涨,形成冰凌洪水。2007 年 12 月 25 日,伊犁河支流特克斯河上游河面出现浮冰,受持续低温影响,浮冰在特克斯县喀拉托海乡河段出现大面积壅塞,长度达 11 km,致使河流水位壅高,形成冰凌洪水。2007 年 12 月下旬至 2008 年 1 月,受持续低温影响,伊犁河流域特克斯河喀拉托海乡河段、霍城县切德克苏河上游、昭苏县阿合牙孜河上游、喀什河上游、伊犁河干流南岸察布查尔县卓霍尔河段等区域相继连续发生了严重的冰凌洪水灾害。2008 年 1 月初,伊犁河支流阿合牙孜河上游山区河道内形成冰坝,1 月 19 日冰坝消融溃决,水量集中下泄,造成冰凌洪水,洪水水头高约 4 m,历时 30 min;1 月 24 日,伊犁河干流察布查尔县绰霍尔乡至查尔锡伯自治县托布中心河段发生冰凌蔓延情况,蔓延长约 10 km,同时伊犁河支流喀什河浮冰增多,在巴依托海段积聚形成冰坝,壅高水位形成冰凌洪水,造成地势较低处的农田及居民区被淹。2 月初,伊犁河谷连续 5 d 出现升温天气过程,伊犁河上游河道结冰融化,大量浮冰顺河而下,在伊犁河大桥下游 25 ~ 40 km 河段积聚冻结形成冰坝,抬高河道水位,形成冰凌洪水。经现场查看,2008 年 2 月初河道水位相当于约 3 000 m³/s 流量洪水时的水位(超过设计防洪标准 30 年一遇的标准)。2 月底,随着气温快速回升,伊犁河封冻的河道内及漫出河岸的冰层融化,河道内浮冰增多,2 月 27 日凌晨 02:00 左右,浮冰在伊犁河干流察布查尔县绰霍尔乡河段大量堆积,河流水位壅高,壅塞河段长约 500 m。

第三节　国外河流凌情

国外发生严重凌汛的主要河流有:俄罗斯北德维纳河、鄂毕河、叶尼塞河,欧洲易北河下游原联邦德国汉堡河段,加拿大圣劳伦斯河等。

北德维纳(Северная Двина)河位于俄罗斯北部,由苏霍纳(Сухона)河和尤格(Юr)河汇流而成,向西北流,最后流入白海的德维纳湾。干流全长 744 km,若以苏霍纳河为源头计算,河长 1 332 km,流域面积 35.7 万 km²。河源至维切格达(Вычегда)河口,称小北德维纳(Малая Сев. Двина)河。维切格达河口多年平均流量 3 490 m³/s,径流量 1 100 亿 m³。河流在 11 月初封冻,次年 4 月底开冻。在结冰期,该河流受西方海洋气团的强烈影响,1 月的平均气温自西向东降低,最低达到 −20 ℃左右。在

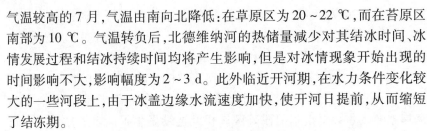

气温较高的7月,气温由南向北降低:在草原区为20～22 ℃,而在苔原区南部为10 ℃。气温转负后,北德维纳河的热储量减少对其结冰时间、冰情发展过程和结冰持续时间均将产生影响,但是对冰情现象开始出现的时间影响不大,影响幅度为2～3 d。此外临近开河期,在水力条件变化较大的一些河段上,由于冰盖边缘水流速度加快,使开河日提前,从而缩短了结冻期。

鄂毕河位于西伯利亚西部,是俄罗斯第四长河,也是世界上一条著名的长河。鄂毕河由阿尔泰山的比亚河和卡通河在阿尔泰边疆区的比斯克西南汇合而成,曲折向北最终向东注入鄂毕湾。由于鄂毕河气候属于典型的大陆性气候,冬季寒冷漫长,因此鄂毕河流域结冰期很长,河流封冻前有连续5～15 d的秋季流冰期,11月初到次年4月末干流都处于冰封状态;支流克季河、瓦修干河以及托博尔河等地结冰期往往达到4～6个月,冰厚达1～1.5 m,其他支流则从源头到尾闾一直处于冰冻状态。每年春季,由南向北流的鄂毕河总是上游先解冻,形成凌汛。

叶尼塞河是俄罗斯境内径流量最大的河流,也是亚洲大陆上最长的河流之一。叶尼塞河位于亚洲北部,中西伯利亚高原西侧,由发源于东萨彦岭和唐努乌拉山的大、小叶尼塞河汇合而成,曲折向北最终注入北冰洋喀拉海的叶尼塞湾。叶尼塞河春季多浮冰,秋季多流冰,冬季枯水期流量约为2 500 m³/s。叶尼塞河结冰期比较长,10月初便开始结冰,到11月中旬全河几乎全部封冻,封河持续时间6～8个月。叶尼塞河跨纬度范围大,河流各段封冻期和解冻期有较大差异,其中上游段4月底开始解冻,中游段在5月初开始解冻,下游段则在5～6月中旬才开始解冻。

圣劳伦斯河是美国东北部与加拿大交界处凌汛危害严重的一条大河,上承苏必利尔湖、密歇根湖、休伦湖、伊利湖和安大略湖五大湖,向东北流入圣劳伦斯湾,该河段长1 210 km。河道宽度在安大略湖出口为4 km,向下大部分河段宽约3 km,从魁北克向东北逐渐展宽到圣劳伦斯湾长约145 km。圣劳伦斯河的地理位置为北纬44°～50°,冬季漫长而严寒,封冻期长达5个月。在天然情况下,安大略湖到普雷斯科特的大部河段冬季通常封冻,而72 km的国际急滩段不封冻,且产生的大量流冰,常使康沃尔急滩周围的河道产生冰塞,壅高水位可达12 m,有时凌洪淹没其下游的市区、街道。在蒙特利尔至魁北克河段,1642年、1838年和

1896 年,因冰凌堵塞而发生过凌汛灾害。

　　自 1954 年到 1958 年由加拿大和美国在国际急滩河段联合修建航道和摩西桑德斯电站工程,并在其上游 41 km 处的易洛魁修建了控制坝。由于枢纽工程壅高了水位,水流速度减缓,因此 1959 年 1 月,在该河段的冰盖下形成了 12 m 厚的冰塞,造成了较严重的灾害。鉴于这一情况,1959 年秋天在普雷斯科特至盖洛普岛河段修建了六道拦冰栅,此外还采取了展宽部分窄河道的措施,减少了冰凌洪水危害。

第二章　凌汛成因

第一节　概　述

　　影响凌汛变化的因素很多,概括起来归纳为热力因素、水流动力因素和河道边界条件。其中,热力因素和水流动力因素为影响凌汛变化的直接因素,河道边界条件通过改变热力因素和河流的水流运动要素而间接地影响着凌汛的变化。

　　在分析研究河冰的形成及演变时,应根据河流的具体情况及河冰形成的不同阶段,抓住主要影响因素进行分析计算。气温是影响冰量和冰质(冰的机械强度)变化的主要因素。

　　作用于水流的热力因素主要有太阳的辐射能、水体边界与水体的热交换、河冰形成(或融化)所释放(或吸收)的热能等。太阳能的热辐射使水体吸收热能。水体边界与水体之间的热交换,当水体边界温度高于水温时,水体吸收热能,水的温度升高;反之,水的温度降低。在自然环境下,当水体温度降低到一定程度,河流中出现河冰时,水的相变(液态变为固态)所释放的潜热使水体温度升高,水体处于吸热过程;在融冰阶段,融冰吸收热量,水体处于放热过程。

　　处于较高纬度地区南北走向的河流,由于纬度逐渐增高,所以气温的差异使上段河道降温晚,回温早,负气温持续时间短;而下段河道降温早,回温晚,负气温持续时间长。与气温变化相对应的凌情变化规律是,上段河道封冻晚,解冻早,封河历时短,冰盖薄;下段河道封冻早,解冻晚,封河历时长,冰盖厚。因此,在上段河道开河,上游来水、融冰水和槽蓄水挟带着大量冰块向下游流动的过程中,往往因下游河段尚未解冻造成水鼓冰开或形成冰坝(塞)阻止冰水下泄而壅高水位造成灾害。

　　水流动力因素对冰情的影响主要表现在水流速度的大小。在河道断面不变的条件下,流量大,水位高,流速快;反之则水位低,流速慢。在相同条件下,低速水流对冰盖的形成所起的抑制作用弱,而高速水流对冰盖的形成所起的抑制作用强。同时,高速水流动能大,易形成严重的凌汛灾害。

河道边界条件通过改变河流的热力因素和水流动力因素而影响凌情的变化,其主要表现形式是使河道卡冰阻水或不卡冰阻水。当河道形态变化时,水流的热力因素和动力因素对凌情的作用也会发生变化。如在河道狭窄段水流集中处,流量增大使流速增快较多,有利于充分发挥水流动力因素抑制封河的作用;相反,在宽浅流势散乱的河段,流量虽有明显增加,而流速增加却不明显,对封河的抑制作用较弱。

综上所述,冰情、凌汛是水流的热力因素、动力因素与河道边界条件综合作用的结果。有时凌情变化十分剧烈。

第二节　水及冰的物理性质

水以三种相态存在于自然界中,这三种状态分别为固体冰、液态水和气态的水蒸气。在一个大气压下,环境温度低于 0 ℃时,以固体形式存在的水称为水的固相。水结成冰后体积增加,它的体积为原来体积的 1.09 倍。环境温度在 0 ~ 100 ℃时,以液态形式存在的水,称为水的液相。环境温度为 3.98 ℃时液态水密度最大,为 1 g/cm³。环境温度高于 100 ℃时,以气态形式存在的水,称为水的汽相,与液态形式的水相比,其体积增加 1 600 多倍。随着水环境温度的改变,水存在的形式也相应发生改变。在一个大气压下,当环境温度从低于 0 ℃转向高于 0 ℃时,水逐渐从固态转向液态。当环境温度从低于 100 ℃转向高于 100 ℃时,水逐渐从液态转向气态。温度从高向低转变,水的存在形式发生逆向变化。

在一个大气压下,水的冰点为 0 ℃,但这并不是说当水周围环境温度等于 0 ℃时,水开始结冰。实验表明,纯度极高的水,在 -39 ℃时仍以液态形式存在。水的冰点为 0 ℃意味着冰水混合物共存的温度为 0 ℃。研究表明,水凝固成冰的必要条件之一是水中必须有凝结核,即冰种子的存在,它可以是超冷的雪或冰粒,降落到水面的冷尘以及江河的堤岸等。

冰核(晶核)的形成,首要条件是环境温度降到 0 ℃以下,即水具有一定程度的超冷。这里的超冷是指冰核二次形成(相对冰种子的形成)

的温度 T_n（冻结点温度℃）与理论结冰温度即水的冰点 T_s 之间的差值，即 $n = T_s - T_n$，n 称为超冷度。不同的超冷度 n 对晶核的形成率 N 和晶核形成数目有不同的影响，超冷度 n 和晶核形成率 N，晶核成长率 G 是一种随机现象，它们之间的关系如图 2-1 所示。

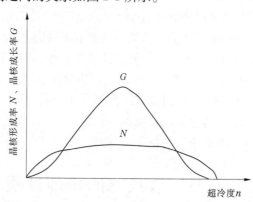

图 2-1 晶核形成率 N、晶核成长率 G 与超冷度 n 的关系图

当超冷度等于零时，即水周围的环境温度等于或大于水的冰点温度时，晶核的形成率和成长率均为零，水不会结冰。随着超冷度的增加，晶核的形成率和成长率都在增加，并在一定的超冷度时达到最大值，然后当超冷度进一步增加时，它们又逐渐减小，直至在很大超冷度的情况下，两者又先后各趋于零。实验中含杂质极少的"纯净水"开始结冰时的极限温度约在 -40 ℃，此值通常被称为水的超冷极限。

冰凝结核的形成存在两种机理：水体内的均质成核与固液相变界面上的非均质成核。所谓均质成核，是在纯水中形成冰凝结核。理论和实验研究表明，一旦在水体中形成稳定的冰核，那么结冰过程随即以冰核为中心开始，并迅速形成树状冰晶。从形成冰核到生长为树状冰晶，整个过程非常短，大约在 1 s 内完成。在这个过程中由相变产生的潜热使水的温度迅速从超冷状态回到结冰点，整个水体的超冷状态将消失，即水体的温度等于水的冰点温度 0 ℃。这个过程完成后，水体就进入了缓慢的结冰过程，也就是在整个水域中，开始水的相变过程。水体完成相变过程需要较长的时间。所谓非均质成核，是指在固液相变界面上形成冰核。研究表明对于通常的水体，水体内均质成核与在壁面或水体内悬浮粒子

(冰种子)表面的非均质成核相比,概率非常小,可以忽略不计。当超冷水中出现尺度大于临界尺度的冰核时,就开始了前面所介绍的宏观意义上的结冰过程,即冰凝结核在超冷水中长大,最终成为宏观意义上的冰晶。

冰晶的发展包括冰晶体的产生和生长两个过程,其特点是在超冷水存在的条件下,冰晶的快速生长和新冰核爆炸式的产生。水体中超冷度 n 的消失(即 n 变为零)代表了冰晶生长向水体中释放的潜热和水体与大气接触面之间的热传递达到了一个动态平衡。由于形成动态平衡时处于悬浮状态的冰晶的大小及其释放的潜热热量随着时间在变化,因此上述平衡是动态的。经典的动态超冷曲线如图 2-2 所示,它表示超冷温度有确定的最小值,水体处于超冷的时间并不是无限的。每一段曲线代表着水体向大气耗散的热能(以水的温度代表)和冰晶体产生所释放的热能之间的一种动态平衡。起初,水的温度平稳下降,水体温度随着其热量的损失而降低,在水体变成超冷水一段时间以后,受爆炸式产生的冰晶释放的潜热影响,其冷却速率会下降。随着冰晶繁殖和继续生长,冷却速率首先降到零,然后变成负数,水的温度又会上升到接近 0 ℃,其变化过程最终形成与水平轴无限接近的渐近线。此时,新的冰晶不再产生,已存在的冰晶继续生长。图 2-2 是在实验室的水槽里获得的典型动态冷却曲线图,其水平轴 t_0 代表时间。就流动的水体而言,在拉格朗日坐标系下,这个曲线图代表了某一流动质点的冷却特性,在欧拉坐标系下,如果水平轴代表向下游的距离,那么图中的温度代表某一固定位置的水温。

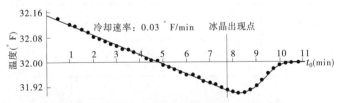

图 2-2　动态超冷曲线示意图(Michel,1971 年)

不含杂质的冰是无色透明的固体,晶格结构一般为六方体,见图 2-3,因不同压力可以有其他的晶格结构。在常压环境下,冰的熔点为 0 ℃,熔化热是 3.35×10^5 J/kg。

温度升高时,水分子的四面体集团不断被破坏,使无序排列的分子增

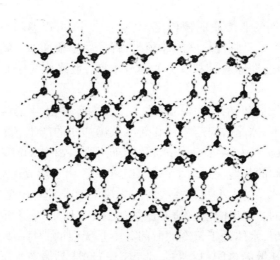

图 2-3　冰分子模型

多,密度增大。但同时,分子间的热运动也增加了分子间的距离,又使密度减小。这两个矛盾的因素在 3.98 ℃时达到平衡,因此在 3.98 ℃时水的密度最大。超过 3.98 ℃后,分子的热运动使分子间的距离增大的因素就占优势,水的密度又开始减小。

　　冰作为水的固态形式存在于自然界,在一定压力下呈现出弹性、塑性和脆性。温度越低,冰晶格子变位越困难,其弹脆性能越突出;反之,冰的塑性表现的越显著。其硬度随温度的变化见表 2-1。

表 2-1　不同温度下冰的硬度(摩斯硬度分级)

冰的温度(℃)	0	−15	−30	−40	−78.5
硬度	1.5	2～3	3～4	4	＞6

　　通过 1 246 次测定:冰平行于主轴方向的抗压破碎强度为 31～33 kg/cm^2,垂直主轴方向为 20～25 kg/cm^2,其动态情况下的弹性模量为 9 kg/cm^2,长期静荷载作用下冰盖抗弯弹性模量为 3～4.4 kg/cm^2。各向同性弹性模量(E)与两倍剪力模量(G)的关系为 : $U = E/(2G) = 0.3 \sim 0.369$(温度为 −5～−6 ℃)。

对于冰的强度:封冻时以静冰荷载为主,解冻时以动冰荷载为主。静、动冰的极限强度列于表 2-2、表 2-3。

表 2-2　冰的静极限强度　　　　　（单位:t/m²）

冰的平均温度 （℃）	压缩 R_a	弯曲 R_w	局部挤压 R_J	剪切 R_C	拉伸 R_L
< −10 > −10	100 ~ 120 50 ~ 70	90 ~ 120 50 ~ 70	250 ~ 300 125 ~ 175	50 ~ 60 15 ~ 30	70 ~ 100 30 ~ 40

表 2-3　冰的动极限强度　　　　　（单位:t/m²）

冰的平均温度 （℃）	流速 （m/s）	压缩 R_a	弯曲 R_w	局部挤压 R_J	剪切 R_C	拉伸 R_L
< −10	0.5 1.0 1.5	65 50 45	65 50 45	150 125 110	— 40 ~ 60 —	— 70 ~ 90 —
> −10	0.5 1.0 1.5	40 30 25	40 30 25	80 60 55	— 20 ~ 30 —	— 30 ~ 40 —

河流的结冰过程与静水不同。初冬时节河流淌凌是河流结冰的最初阶段。河流水体不仅表层冷却迅速,就是底层也由于紊流扰动同时降温,使水面和水内几乎同时结冰。大多数研究者认为,河流结冰在水面和水中同时发生。理由是河流的混合作用强,在结冰前河水上下都能达到大体相同的温度,只要有冰种子,就可以在水体的任何地方开始结冰。底冰的存在证明了这种理论的可能正确性。

河流封冻有两种情况:一种是从岸边开始,先结成岸冰,然后向河心发展,逐渐汇合成冰桥,冰桥宽度扩展,使整个河面封冻。另一种是流冰在河流狭窄或浅滩处直接形成冰桥,冰块相互之间和冰块与河岸之间迅速冻结起来,逆流向上扩展,使整个河面封冻。

第三节　河流中超冷水的温度分布

在江河、湖泊、小溪和其他水体中,水体的热量损失引起的水体密度分层现象和紊流混掺程度之间的平衡控制着初始超冷水温度的分布状态。淡水的密度在 3.98 ℃时达到最大值,当水的温度小于 3.98 ℃时,若环境温度进一步降低,由于水体的温度、密度分层作用,将会产生这样一种情况:温度较低的、密度较小的水体浮在温度较高的、密度较大的水体上面。当水的表面温度到达 0 ℃时,进一步的降温将会在水体表面产生超冷水,继而在超冷水中产生冰晶。超冷水的超冷度及其持续的时间受限于冰晶生长释放的潜热。超冷水的存在意味着冰晶产生、生长释放的热量不足以抵消水体耗散到大气中的热量。

在超冷水生成冰晶和冰晶生长释放的潜热使水的温度上升到 0 ℃之间有一个时间间隔。如果水流速度和风速等足以使由于净热量损失在水面产生的密度分层产生垂直混掺,那么这个时间间隔给超冷水在整个水体内的混掺提供了时间。这里有两种极限情况:①湖泊、池塘中的静水和风速不足以使水体的密度分层产生混掺;②快速流动的江河、小溪中的水体,足以使任何密度层产生垂直混掺。在第一种情况中,从水中释放的热量会产生密度不同的分层水体,在其表面温度最低,密度最小。第二种情况为,紊流混掺等作用使超冷水从水体表面转移到水体底部,从而使其成为温度及密度混合充分、均一的水体。垂直混掺作用使得处于同一断面上的微元水体都有冰晶的产生和生长。这种遍及整个水体的冰被称为初冰或锚冰。

为定量描述在冰晶演化过程中超冷水的温度分布情况,首先假定:①流体物性(导热介质的导热系数 λ、密度 ρ、比热 C)都不随温度和压力变化;②流体流速不高,因而可以忽略流体因黏性引起的能量损失。

由热力学第一定律可得超冷水的温度分布方程为

$$\frac{\partial t}{\partial \tau} + \mu_i \frac{\partial t}{\partial x_i} = \frac{\partial}{\partial x_i}\left(\frac{\nu}{P_r} \cdot \frac{\partial t}{\partial x_i}\right) + \frac{q}{\rho C_p} \tag{2-1}$$

式中:t 为超冷水中某一点的温度;τ 为时间;x_i 为位置坐标;ν 为运动涡

流黏滞度系数; P_r 为普朗特数, $P_r = \dfrac{\nu}{\alpha} = \dfrac{C_p \mu}{\lambda}$, C_p 为定压比热容, μ 为动力黏滞系数, λ 为导热系数, α 为热扩散系数。

对于微元体产生的热量, 沈洪道等进一步把它分解为边界上的热量损失 S_b 和由于冰晶潜热释放所产生的热量收入 S_f 两部分。即

$$S_f - S_b = \frac{q}{\rho C_p} \qquad (2-2)$$

式(2-2)中, 形成冰晶产生的热量 S_f 可以利用冰晶体和周围紊动水流之间的热传递来推求:

$$S_f = \sum_k 4C_k q_k (d_{fk} \rho_w C_p)^{-1} \qquad (2-3)$$

式中: S_f 为由于生成冰晶所释放的热量; C_k 为第 k 个冰晶组分中 C_k 冰颗粒的体积含量; q_k 为第 k 个冰晶组分中冰颗粒单位面积的热量传递率; d_{fk} 为第 k 个冰晶组分中冰颗粒的平均面直径; ρ_w 为水体密度; C_p 为水体的定压比热。

与热量 S_f 相对应的冰粒的增加量为

$$S_k = 4C_k q_k (f_{fk} \rho_w L_p)^{-1} \qquad (2-4)$$

式中: L_p 为冰的潜热。

第四节 冰晶的形成与演化

目前的研究将江河中的河冰发展分为三个阶段:第一阶段的基本特征是河道中形成超冷水、冰晶的快速生长、新冰晶的大量产生, 如图2-4所示。目前已经认识到冰晶的形成过程其实就是一个结晶过程, 可以用结晶动力学有关晶体成核机理、生长特性、形态变化等相关原理阐述其产生和生长过程。冰晶形成过程释放的热量会使水体的温度升高, 当水体温度由超冷状态重新返回到冰水共存的温度时, 河流中便开始了冰晶发展的第二个阶段。在这一阶段水流挟带着冰晶在开阔的水面上连续不停地运动, 在开阔的水面上可观察到形成的初冰。冰形成的第三阶段也即最后一个阶段是水面漂浮的流冰受阻连接成桥, 形成静止不动的冰层。

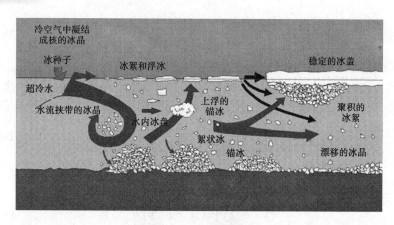

图 2-4　冰晶演化简图

一、超冷水中冰晶的成因

一旦冰晶形成,那么它们不论在微观尺度(晶体本身大小)还是在宏观尺度(从冰晶开始絮凝到初冰形成)上,都继续发展变化。微观尺度上演变的基本动力来自非平衡条件下的超冷水,其形成和生长过程符合各向异性结晶动力学,演变的结果是使冰晶产生圆盘形晶体而非球形晶体,也就是说,这一结果使冰晶体闭合的表面能最小。对于冰晶在宏观尺度上的变化,现在已有学者对圆盘形河冰如何演变为它们在河流中的形态开始进行研究。

早期的研究表明,超冷水的存在是冰晶结合在一起的先决条件。如果水体不处于超冷状态,较小的冰晶就不会相互结合在一起,形成体积较大的晶体。当在两晶体的接触面施加较小的压力时,由冰水界面的温度决定的两晶体结合在一起的接触面上的温度将降低。设 ΔT_c 为当接触面上存在压力时两晶体能够结合在一起的接触面上的温度减少量,ΔT_w 为流体的超冷度。如果 $\Delta T_c > \Delta T_w$,那么热量将从界面周围温度稍高处传递到接触面位置,引起冰的熔化,界面变得不稳定,冰晶体就不可能连接在一起。这种内在的不稳定的界面已被用来解释为什么能观察到被水湿透的雪晶体(又称雪泥,湿雪)实际上没有机械强度。但是如果 $\Delta T_w \geqslant \Delta T_c$,那么热量将从接触面位置向周围环境传递,冰晶之间将形成稳定的连接,如图 2-5 所示。

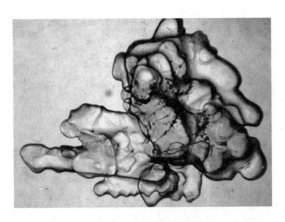

图 2-5　絮状冰：最大宽度大约 5 mm

二、紊流中冰核的演化

从母相的胚胎（例如水）自然形成一种新相（例如冰）一般被称为成核现象。成核现象有两种成核机理：均质成核和非均质成核。均质核在纯水中产生，不需要杂质或其他外来物质。非均质核的产生是由于在水中有诸如杂质、微粒等物质的存在。由于自然水体中超冷的程度非常小，小于 1 ℃，这样的超冷程度比形成均质结晶核所需的超冷程度要小得多，它们也比非均质成核所需要的超冷程度小，因此在自然水体中不会发生只由均质核或非均质核所引起的结晶现象。在严格的实验室实验中，当实验水体的超冷度与野外冰晶形成时水体的超冷度相等时，也很难观察到自发形成的结冰核。由于这个结果，自发成核的假说已被放弃，并被晶体种子的学说所代替。

引起结冰的种子是一些冰的结晶，包括在大气中形成的超冷的雪或冰颗粒，漂浮在水面的冷尘以及来自岸冰的冰粒等，这些冰晶不在结冰水中形成，而是在结冰水以外的环境中形成。这些冰晶进入水体后，在超冷水的作用下，在其表面将形成结冰过程。在这一过程中，冰种子在紊流的脉动混掺剪切作用下，将遍及整个水体，并且产生更多新的冰种子。产生这种新冰种子的过程叫作二次成核。从严格意义上说，二次成核是指由水体中冰种子所产生的新冰晶在水流的紊动剪切及其冰晶之间碰撞作用下，破碎成较小的冰晶体形成新冰种子的过程，并不是指关于结冰的新的机理。二次成核产生的晶体体积非常小,通常叫作晶核,这种晶核能生长成新的冰晶体。这些新的冰晶体又用乘法的方式进一步提高了二次成核的速率。现在有的学者已提出了晶核从已形成的冰晶体表面分离出来的两种一般性机理:①具有坚硬表面的晶体之间的碰撞(包括与其他边界);②黏性流体的剪切作用。由于从来没有观察到流体剪切能使冰晶分离出冰核,因此一般认为冰种子之间的碰撞最有可能成为新的冰晶体产生的原因。Evans 等根据他们的实验得出如下结论:冰的二次成核受限于它们之间的碰撞速率,因此用两种或两种以上的冰粒碰撞机理来确定总体成核率是可能的,冰晶总体成核速率为每项碰撞机理产生的实际成核速率的线性和。设 $\dot{N}_T$ 为总体成核速率,$\dot{N}_i$ 为对应于每一碰撞机理的速率,则:

$$\dot{N}_T = \dot{N}_1 + \dot{N}_2 + \cdots + \dot{N}_i \tag{2-5}$$

每一项碰撞机理的成核率可以表示为 $\dot{E}_t$ 和 Z_N 的积(Botsaris 1976年),即

$$\dot{N}_T = (\dot{E}_t)(Z_N) \tag{2-6}$$

式中:E_t 为由于冰晶之间的碰撞而在它们之间产生的能量传递速率;Z_N 为单位能量产生的冰晶数量。

在冰晶形成的过程中,Z_N 是冰晶表面形态、冰晶发育包括水体的超冷度、水流中杂质含量和水流紊动程度等参数的函数。但是考虑到目前对 Z_N 的研究较少,还不能很准确了解 Z_N 的成因机理,因此一般是把 Z_N 作为与冰的材料特性相关的定值看待。总的二次成核速率为

$$\dot{N}_T = Z_N(\dot{E}_{t1} + \dot{E}_{t2} + \dot{E}_{t3} + \cdots) \tag{2-7}$$

式中:$\dot{E}_{t1}$、$\dot{E}_{t2}$、$\cdots$为晶体之间不同碰撞机理所产生的能量传递速率。截至目前,已认识到的冰晶产生碰撞的原因有:由于冰晶差异上升引起的冰晶之间的碰撞,由水流的紊动剪切所引起的冰晶之间的碰撞和冰晶与边界之间的碰撞等。

要完整地、定量地描述结冰的动力学过程,必须要有多个单独的数学模型来分别说明初始冰核的形成,二次成核的生长和絮凝的效果。此外,模型必须使质量和能量守恒。假设水的温度在 $T > T_e$(T_e 是冰水混合物的平衡温度)时,水的初始环境具有各向同性和均匀性。此时水体连续

不断地以一个不变速率 Q（即单位体积单位时间的能量）从环境中吸取热量。为了模拟初始结晶核形成，当环境温度降到冰水混合温度 T_e 以下时，以固定的速率 I_0（I_0 是单位时间单位体积的量）将半径为 r_c 的冰晶种子引进水体中。由于无法确定自然河流冰种子的"播种"速率，因此参数 I_0 须参照超冷曲线凭经验确定。

利用 $I(V_i, V_j)$ 表示大小为 V_i 和 V_j 的冰粒在单位时间、单位体积内碰撞时产生的二次结冰核个数。

$C(V_i, V_j)$ 表示单位体积流体中由于冰粒子的碰撞引起的冰粒子之间的能量输送率。因此有：

$$I(V_i, V_j) = Z_N C(V_i, V_j) \tag{2-8}$$

正如初始"播种"速率 I_0 一样，Z_N 的近似值也是通过观察比较模拟得到的。像上面讨论的一样，由于超冷度非常低，冰核之间的碰撞不会产生体积较大的结冰核，因此假设二次成核的颗粒半径与冰核的临界点半径相当。

为了模拟系数 $C(V_i, V_j)$，Evans 等假定在两个冰粒子之间的碰撞是完全非弹性的，即在碰撞后两个冰粒子没有相对速度。根据动量守恒和动能守恒就可得出如下结果：

$$C(V_i, V_j) = \frac{1}{2} \frac{m(V_i) \cdot m(V_j)}{m(V_i) + m(V_j)} [\beta_{sh}(V_i, V_j) E_{sh}(V_i, V_j) \omega_{sh}^2(V_i, V_j) +$$
$$\beta_{dr}(V_i, V_j) E_{dr}(V_i, V_j) \omega_{dr}^2(V_i, V_j)] g(V_i) \cdot g(V_j) \tag{2-9}$$

式中：$g(V_i)$ 为冰颗粒数密度函数；$m(V_i)$ 为大小为 V_i 的冰颗粒的质量；$\omega(V_i, V_j)$ 为冰粒子在碰撞之前的相对速度；$\beta(V_i, V_j)$ 为碰撞频率函数；$E(V_i, V_j)$ 为碰撞效率函数；下标 sh 和 dr 分别表示紊动剪切和差异上升。

（一）冰颗粒密度函数 $g(V_i)$

$g(V_i)$ 说明冰粒子数的空间分布，其表达式为

$$g(l) = \frac{\mathrm{d}\phi(l)}{\mathrm{d}l} = Al^{-b} \tag{2-10}$$

式中：$\mathrm{d}\phi(l)$ 是在长度 $l - \dfrac{\mathrm{d}l}{2}$ 到 $l + \dfrac{\mathrm{d}l}{2}$ 上的粒子数浓度值；$\phi(l)$ 为粒子数浓度；A、b 是常数，根据不同的环境，由实验确定。

（二）碰撞频率函数 $\beta(V_i, V_j)$

引起冰晶悬浮粒子碰撞的机理有流体切变和差示沉降（颗粒自由沉

降速度不同造成的)。此外,紊流的剪力还能引起颗粒的破裂。然而,试验数据表示,粒子破裂只有在高剪力(大于 $10^2\ \mathrm{cm^2/s^3}$)下发生在体积较大、结合力弱的聚集体中。由于天然水体中很难有这样的切变速率,因此在计算碰撞频率函数时不再考虑紊流的剪力引起的粒子破裂。

为了计算想象的试验粒子和其他粒子碰撞的频率,我们假设试验粒子不会以任何方式影响其他粒子(按场论观点,把试验粒子看作质点,它不占有任何空间)。

对于互不干涉的冰颗粒 i、j,设冰颗粒 i 为试验的对象,其半径为 r_i,冰颗粒 j 的半径为 r_j,当 j 颗粒与 i 颗粒的距离不大于 $r_i + r_j$ 时,两颗粒子将发生碰撞(包括颗粒的接触)。碰撞频率函数 $\beta(V_i, V_j)$ 就是用来衡量互不干涉的 i、j 冰颗粒碰撞的速率。

根据不同的碰撞原理,碰撞频率函数 $\beta(V_i, V_j)$ 有不同的表达式,这个函数可以用粒子的体积 V_i 来表述。

紊流剪切引起的颗粒碰撞频率函数为

$$\beta_{sh}(V_i, V_j) = 0.39\,\frac{<\varepsilon>^{\frac{1}{2}}}{k_u^{\frac{1}{4}}\nu^{\frac{1}{2}}}(V_i^{\frac{1}{3}} + V_j^{\frac{1}{3}})^3 \qquad (2\text{-}11)$$

差示沉降的碰撞频率函数为

$$\beta_{dr}(V_i, V_j) = 0.1\,\frac{g}{V}\,\frac{|\rho_s - \rho_f|}{\rho_f}\,|V_j^{2/3} + V_i^{2/3}|(V_j^{1/3} + V_i^{1/3})^2 \qquad (2\text{-}12)$$

式中:ν 为黏性流体的动力黏滞度;g 为重力加速度;ρ_s 为粒子的密度;ρ_f 为流体密度;k_u 为脉动剪切应变的峰值;$<\varepsilon>$ 为平均能量耗散率,$\mathrm{m^2/s^3}$。

(三)碰撞效率函数 $E(V_i, V_j)$

计算碰撞效率函数的基本思路是求解到达想象粒子 i 的所有 j 粒子的运动方程。在流场中的某些点上存在这样一些粒子 i 和 j,如果它们不被干扰,那么它们在运动过程中会发生碰撞,当粒子间存在某一干扰时,这部分粒子中有相当一部分不再发生碰撞,而有一部分仍然会发生碰撞。仍能碰撞的这小部分粒子数定义为碰撞效率函数 $E(V_i, V_j)$。

推导不同碰撞机理的碰撞效率函数相当复杂,更详细的论述参阅相关文献。

根据碰撞频率函数 β、碰撞效率函数 E 和式(2-9),整理后可得到:

$$C(V_i, V_j) = \frac{1}{2}\rho_i \frac{V_i V_j}{V_i + V_j}\left[b(V_i^{1/3} + V_j^{1/3})^5 \left(\frac{<\varepsilon>}{\nu}\right)^{3/2} E_{sh}(V_i, V_j) + 0.000\,76 \cdot\right.$$

$$\left.\left(\frac{g}{\nu}\frac{|\rho - \rho_i|}{\rho}|V_j^{2/3} - V_i^{2/3}|\right)^3 (V_j^{1/3} + V_i^{1/3})^2 E_{dr}(V_i, V_j)\right] g(V_i) \cdot g(V_j)$$

$$(2\text{-}13)$$

式中：ρ_i 为冰的密度。对于萨夫曼（Saffman）和特纳（Turner）的紊流碰撞效率函数模型 $b = 0.003\,3$，而对于 Mercier 改进模型 $b = 0.006\,6 k_u^{3/4}$。

三、冰晶随机絮凝方程

描述 i 粒子数的平均浓度$\langle \phi_i \rangle$随时间变化的方程叫作随机絮凝方程，这个方程由 Bayewitz 在 1974 年推导，其形式为

$$\frac{\mathrm{d}<\phi_i>}{\mathrm{d}t} = \frac{1}{2}\sum_{j=1}^{i-1}\left[<\phi_j><\phi_{i-j}> + \mathrm{cov}(\phi_j, \phi_{i-j})\right]\beta(V_j, V_{i-j})E(V_j, V_{i-j}) -$$

$$\sum_{j=1}^{\infty}\left[<\phi_j><\phi_i> + \mathrm{cov}(\phi_j, \phi_i)\right]\beta(V_i, V_j)E(V_i, V_j) \quad (2\text{-}14)$$

这个方程假定系统中最小粒子的体积是 V_1，而对最大粒子的体积没有限制。此外，上述方程没有粒子的来源项。上式右边的第一项代表了由于较小的 j 粒子和 $(i-j)$ 粒子的絮凝作用产生的 i 粒子数量，第二项代表了由于其他粒子的絮凝而引起的 i 粒子的减少数量。关于随机絮凝方程的解法请参阅相关文献。

四、冰晶的空间分布

在单相流体的紊流中，由于流体微团的不规则混掺，某层的流体微团挟带着该层的流体质点以及质点所具有的物理性质，垂直穿过微团流速方向某一距离到达另外一层后，该质点与到达层的质点相融合，其物理性质也与到达层的物理性质相融合。流体质点的某物理量如质量等由于紊动而从一层传递到另外一层，引起的作用和由于分子运动产生的黏性、热传导、扩散等作用相同。

用单相流理论处理紊动扩散时，假定流体中冰粒的存在并不改变流体质点的流动特性，从而不影响流场，并且在流动过程中的某一时刻任一流体质点所含的冰晶数量保持不变，流体质点之间不会发生冰晶体的转

移。因此,冰晶体的转移完全是流体运动的结果。对这种保持其流体特性的含有冰晶体的流体质点,可以理解为存在于流体中的一种标志质点或示踪质点。在流动过程中的某一时刻,标志质点的数目在紊流扩散中是保持不变的。冰晶体的扩散完全是由标志质点空间位置的变化而产生的。

欧拉研究的紊动扩散对象不是流体中扩散质的质点,而是研究流动空间中扩散质的浓度分布,即浓度场的确定。

设 $c = c(x_1, x_2, x_3, t)$ 为流场中某一点 $(x_1、x_2、x_3)$ 在时刻 t 的扩散质浓度,在紊流中不但流速有脉动现象,扩散质浓度也有脉动现象。将 c 和 u_i 均分解成时均值和脉动值,即

$$c = \bar{c} + c', u_i = \bar{u}_i + u_i'$$

根据扩散定律和层流扩散理论,欧拉紊动扩散的时均值方程为

$$\frac{\partial \bar{c}}{\partial t} + \bar{u}_i \frac{\partial \bar{c}}{\partial x_i} = \frac{\partial}{\partial x_i} \frac{\nu}{\sigma_c} \frac{\partial \bar{c}}{\partial x_i} - \frac{\partial}{\partial x_i} \overline{c' u_i'} + F_c \qquad (2-15)$$

式中: $\overline{c' u_i'}$ 表示在 i 方向由紊流扩散而产生的单位时间、单位面积上含有物质的输移,也叫作扩散通量 q_{ti}。设水流向为 x_1 向,竖直向上为 x_2 向,侧向为 x_3 向。在二维 $\left(\frac{\partial}{\partial x_3} = 0\right)$、恒定 $\left(\frac{\partial}{\partial t} = 0\right)$、均匀 $\left(\frac{\partial}{\partial x_1} = 0\right)$ 的明槽中:

$$q_{t1} = q_{t2} = -\overline{c' u_2'} = D_t \frac{\partial \bar{c}}{\partial x_2} \qquad (2-16)$$

另外,所含物质在竖向(x_2 方向)上的扩散要满足 schmidt 方程,即

$$\omega c + D_t \frac{\partial \bar{c}}{\partial x_2} = 0 \qquad (2-17)$$

式中: ω 为所含物质在 x_2 方向的流速。因此,有:

$$\frac{\partial \bar{c}}{\partial t} + \bar{u}_i \frac{\partial \bar{c}}{\partial x_i} = \frac{\partial}{\partial x_i}\left(\frac{\nu}{\sigma_c} \frac{\partial \bar{c}}{\partial x_i}\right) - \omega_i \frac{\partial \bar{c}}{\partial x_i} + F_c \qquad (2-18)$$

为了研究方便,沈洪道等将上述方程中冰晶的生成率(含有物质生成率) F_c 分解为由于水体热量损失而导致的冰晶生成率 S_{ck}(或称冰晶的热力生成率)和由于水体中冰晶二次成核作用(絮凝、碰撞)而产生的冰晶生成率 S_{flock} 两部分。即

$$F_c = S_{ck} + S_{flock}$$

故

$$\frac{\partial \bar{c}}{\partial t} + \bar{u}_i \frac{\partial \bar{c}}{\partial x_i} = \frac{\partial}{\partial x_i} \left(\frac{\nu}{\sigma_c} \frac{\partial \bar{c}}{\partial x_i} \right) - \omega_i \frac{\partial \bar{c}}{\partial x_i} + S_{ck} + S_{flock} \qquad (2\text{-}19)$$

五、冰晶体的垂直传播

当冰晶体的外径较小,大约 0.1 mm 时,冰晶很容易在整个水深上传播。当晶体的体积变大时,它们所受的浮力也增加,增加到一定程度,便开始上浮至水面聚集。如果将空间参照系倒转 180°,那么新参照系中上浮的冰粒子的运动就类似于原参照系中的泥沙运动。由此我们会联想到由浮力产生的冰晶向上运动的通量和由流体紊动产生的向下的通量的平衡。这样就产生了描述冰晶浓度分布的 Rouse 方程。

$$\frac{C}{C_a} = \left(\frac{D-y}{D-y_a} \right)^Z \qquad (2\text{-}20)$$

式中:C 为冰晶在深度 y 处的浓度;C_a 为冰晶在水深 y_a 处的已知浓度;D 为河道总宽度;Z 为 Rouse 数,定义为

$$Z = \frac{w_r}{\kappa U_*} \qquad (2\text{-}21)$$

式中:w_r 为冰晶上升速度;κ 为范卡门常数;U_* 为剪切速度。

对于大小为 2～4 mm 的冰晶,其代表性的上升速度是 0.5～1 cm/s。新型的声波仪器能探测到河道中悬浮的冰晶体,并能直接估算出悬浮冰晶的 Rouse 数。

六、从微观冰晶到宏观河冰(浮冰)的演变

冰晶发展的第二阶段在时间上紧跟在第一阶段之后,此时动态超冷曲线到达其终点,水的温度实际上已处于或接近于冰水平衡温度。在这一阶段,冰晶随河道水流,不论在开阔水面上还是在固定冰盖下都一直在不停地运动。没有超冷水,冰晶的生长停止,新的冰晶不再产生,然而结冰过程仍然在继续。在这一阶段,我们对冰晶在微观(冰晶水平上)的演变知道的还很少。

通常,在河流中最初看到的结冰现象是冰晶或锚冰破碎后形成的碎冰的聚积体,即冰花。它们继续聚集后在水面上形成漂流的浮冰。各种大大小小的浮冰的形成由两个不同但相互联系的过程控制:浮冰面积的

增加和强度的提高。浮冰面积的增加受它们所处河段的紊流强度影响较大。在动能较高的溪流中,水流表面的冰花从不结成一体。

在水流动能较低的河段,像面积较大的湖泊和海洋,最初形成的水面冰孔隙率较大。随着时间的推移,它们会因为空隙中的水冻结成冰而具有一定的强度,这种多孔冰块在水面形成盘状或形状不规则的浮冰。在顺流而下的漂流过程中,这些浮冰相互摩擦,成为具有上翘边缘的近似圆形体,一般称此形状的冰为冰盘。在流速较慢的河流中,可形成块体较大的浮冰,其有效直径与河道宽度相当。

接近水流速度运动的浮冰对河道的水流条件影响较小。当浮冰的水面浓度和强度达到一定程度时,浮冰对水流的影响就比较明显,即浮冰与水体之间产生了较大的剪应力。剪应力引起浮冰的流速小于水流的速度,并且又反过来对河道中的水体施加反作用力,影响河道中的水位和流量。在有些情况下,水面浮冰全部停止运动,连接成桥。冰控制工程,障碍物如桥墩、较大的冰盖、河道阻塞物以及由于岸冰生长使河道缩窄等都可使浮冰停止向下游流动。

第五节　冰晶的生长特性

结晶动力学研究水分子结冰速率的大小、结晶形式和形态。其研究表明在结冰的水平面上,冰的生长方向主要有两个:a 轴和 c 轴。当水结冰时,水分子排列成横截面为六边形的棱柱单元体,这些棱柱单元体构成冰晶的基本单元块。c 轴与棱柱体的高度方向平行,与 a 轴垂直。结冰在每个方向上生成的速率是不同的。在自然水体中出现的各级超冷度中,冰在 a 轴方向的生长速度最快。事实上,冰在 a 轴方向的生长速率受冰水界面上热量转移的速率控制。冰在 c 轴方向的生长似乎受结晶动力过程控制,因为不论冰的尺寸大小如何,冰在 c 轴方向的生长速率要比 a 轴方向小得多。冰晶各向异性的结晶特性和超冷水的分布,最终会决定晶体的形态。特别指出的是,当水处于超冷状态,冰水界面区域出现温度梯度时,将会形成快速生长的树枝状的冰晶。如果水体中形成的超冷度非常低(通常比 0.1 ℃小得多),紊动强度使水体充分混掺从而抑制温度梯度的形成,那么只有在非常特殊的状况下冰晶才能生长成树枝状晶体。

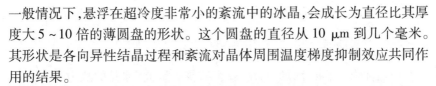

一般情况下,悬浮在超冷度非常小的紊流中的冰晶,会成长为直径比其厚度大 5 ~ 10 倍的薄圆盘的形状。这个圆盘的直径从 10 μm 到几个毫米。其形状是各向异性结晶过程和紊流对晶体周围温度梯度抑制效应共同作用的结果。

考虑到冰晶在 a 轴的生长率受控于从冰晶表面到超冷水的潜热转移,因此冰晶沿 a 轴的生长率可以写为

$$G = \frac{h}{\rho_i \lambda}(T_M - T) \tag{2-22}$$

式中:G 为冰晶沿 a 轴的生长率,m/s;h 为传热系数,W/(m² · ℃);λ 为冰的融化潜热,3.34 × 10⁵ J/kg;ρ_i 为冰的密度,916 kg/m³;T_M 为冰水共存温度,淡水为 0 ℃;T 为流体实际温度;$T_M - T$ 定义为混合体的超冷度。

热传输系数 h 可以用一个 Nusselt 数所定义的无量纲数来表示:

$$N_u = \frac{hL}{K_w} \tag{2-23}$$

式中:L 为冰晶体的特征长度,m;K_w 为水的热传导率,W/(m · k)。

文献[11]中,假定冰晶体为圆形,表面积为 A_f,用其半径 $(A_f/4\pi)^{1/2}$ 作为冰晶体的特征长度,将方程式(2-22)、式(2-23)结合,得出热量输送率的方程如下:

$$G = \frac{N_u K_w}{L \rho_i \lambda}(T_i - T_w) \tag{2-24}$$

Nusselt 数取决于颗粒大小和水流状况。冰颗粒热力生长的 Nusselt 数计算公式为

$$\left. \begin{aligned} N_u &= \left[\left(\frac{1}{m^*}\right) + 0.17 P_r^{1/2} \right] & m^* &< \frac{1}{P_r^{1/2}} \\ N_u &= \left[\left(\frac{1}{m^*}\right) + 0.55 \left(\frac{P_r}{m^*}\right)^{1/3} \right] & \frac{1}{P_r^{1/2}} &< m^* < 10 \end{aligned} \right\} \tag{2-25}$$

对于较大颗粒,即 $m^* > 1$

$$\left. \begin{aligned} N_u &= 1.1 \left[\left(\frac{1}{m^*}\right) + 0.80 \alpha_T^{0.035} \left(\frac{P_r}{m^*}\right)^{1/3} \right] & \alpha_T m^{*4/3} &< 1\,000 \\ N_u &= 1.1 \left[\left(\frac{1}{m^*}\right) + 0.80 \alpha_T^{0.024} (P_r)^{1/3} \right] & \alpha_T m^* &\geqslant 1\,000 \end{aligned} \right\} \tag{2-26}$$

式中:$m^* = r/\eta$ 为冰晶体面半径与 Kolmogorov 长度比尺之间的比率;$\alpha_T = \dfrac{\sqrt{\overline{u^2}}}{U}$为紊动强度;$U$ 为平均流速。

应当注意,当 m^* 增加时,N_u 就会减少。因此,冰晶的热力生长率随冰晶的增大而快速减小。

如果晶体的尺度小于涡的能量耗散长度,那么它就处于能量耗散状态中。在耗散状态中,流体的涡旋由水流的黏滞性控制,最终由于流体的内摩擦力耗散掉。事实上,冰晶的大小比最小涡旋的尺度小得多,它的运动几乎不像相互作用的涡旋产生的紊流的运动,而更像是运动要素与位置成线性关系的流体运动。在极限状态下,当冰颗粒的大小趋于零时,冰晶向超冷水中的传热速率将趋向于(近似于)点状热源的纯扩散速率;对于较大尺寸的冰晶,传热速率将根据冰晶形状和冰晶周围的流场情况进行修正,一般情况下,传热速率与冰晶的大小成反比。

如果冰晶的尺寸大于 Kolmoborov 长度,那么冰晶的运动由惯性力控制。在惯性力起主导作用的状态中,可以用许多不同的方式表示冰晶周围的流速特性,每一种表示方法都与不同尺度的涡旋相对应。Wadia (1974)认为:冰粒子发生的占主导地位的剪应变由最靠近冰粒子的涡旋产生,这些涡旋的尺度与冰粒子的相同。明显比冰粒子大的那些涡旋将把冰粒子和它周围的流体带走,比冰粒子小的那些涡旋因在冰粒子周围形成新的边界层而提高了其输送能力而离开。正是这些留存在冰颗粒周围且与冰颗粒大小相当的涡旋在冰晶体表面附近形成了明显的温度梯度。在这种情况下热传递速率将不依赖于冰晶的大小而趋于定值。

通过上面几节的讨论,我们较系统地介绍了江河结冰过程中冰晶形成和演化的基本原理,包括晶核形成、冰晶生长特性、演化、传输等。这一阶段是冰晶在超冷水中产生和发展的阶段,是冰晶体产生的动态时期,冰晶体的数量从几乎为零猛增到布满整个水体。上述原理和数学模型受四个独立参数控制,其正确性、合理性已被有关研究者所证实。这四个独立参数为:

(1)来自控制体的传热速率:在江河、湖泊、海洋里,水体中的热量通过水面向大气中传递。水面结冰后,水面上的冰盖将会减少热量损失速率,阻止超冷水的形成。

（2）控制体内冰种子的引进速率及其分布：一般情况下，我们假设冰种子在寒冷的空气中产生，从水面进入水体。

（3）由能量耗散率 ε 定义的紊流强度等级：它影响着二次成核期间冰晶的传热速率和晶体碰撞能的传递。一般情况下，紊流强度大，产生的圆盘状冰晶的数量多，水的超冷程度低；紊流强度低，悬浮状态的冰晶体产生的数量少，水的超冷程度高。

（4）二次成核期间，单位碰撞能产生新冰晶的速率及其大小分布 Z_N：从严格意义上讲，虽然不能认为 Z_N 是冰的物质属性（ Z_N 与水的超冷程度，水中杂质含量等有关），但是根据目前对 Z_N 的认识程度，把 Z_N 作为冰的物质属性是合理的。

1995 年 Hammar 和沈洪道根据上述模型对冰晶在第一阶段的形成进行了数值模拟，图 2-6 为 Carstens 于 1996 年根据 Hammar 和沈洪道的模型计算结果和实验数据整理出的对比曲线。从图 2-6 可以看出，两者吻合得相当好。

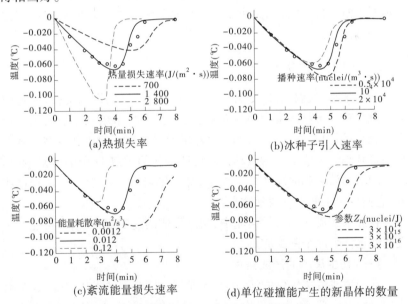

图 2-6　模型数值计算和实测超冷曲线对比图

第六节　河道岸冰的形成和发展

一、概述

顾名思义,岸冰起源于河道岸边或水流与固体边界的交界处,通常是河冰的最初表现形式,它在河冰的形成机理方面有着重要的作用。当岸冰从河岸向着河道中心线方向水平生长时,河道的水流条件及大气和水流作用界面上的热量交换就会受到影响;河道中水体的湿周增加也会引起水流阻力的增加。上述影响随着岸冰的形成过程而处于动态的变化过程中。

当岸冰增长时,水面宽度减少,表面浮冰向下游漂流会变得不很顺畅。在岸冰和其他初生冰的共同作用下,河道的某一断面可能形成冰桥。冰桥上游河段产生的表面冰在向下游漂流过程中,在冰桥位置受阻,开始向冰桥上游延伸,形成初始冰盖。初始冰盖里的空隙水继续结冰,最终形成坚硬的冰盖。

二、初生岸冰的形成

初冬来临,气温下降,随着河道中水体和大气热量的交换,河道中的水体就存在一定超冷度,冰颗粒也随之产生。当冰颗粒体积大到一定程度,它们将浮出水面。此时,如果水流的紊动强度不足以将这些冰颗粒从水面带到水体中或水流的紊动强度使冰颗粒的扩散小于由于冰颗粒体积浓度的增加而引起的冰颗粒的聚集,那么随着冰颗粒数量增加和体积增大,它们将在水面上形成初冰。

在静水或流速不大的河流中,初冰形成的速度非常快,它可能在一夜之间使水体表面全部封冻。

(一)初生岸冰的形成条件

在湖泊或流速较低的河流中,考虑到温度分层的发生,Matousek 对水体的表面温度 T_h 和断面平均温度 T_v 对初生冰形成的不同作用进行了研究。他认为,如果 $T_h > 0$ ℃将不会形成任何形式的结冰;如果 $T_v > 0$ ℃,$T_h < 0$ ℃,可能形成初冰,即

$T_h > 0$ ℃,不能形成初冰;

-1.1 ℃ $< T_h < 0$ ℃,形成初冰,河流开始淌凌;

$T_h < -1.1$ ℃,水体表面形成静止的岸冰。

此外,如果水体的垂直紊动强度超过在其表层超冷水中形成的冰颗粒的上升速度,那么水体也不会形成初始冰。

(二)初生岸冰形成的预测方法

为了估算水面温度、冰颗粒上升速度和水流的垂直脉动分量对初始岸冰的影响,Matousek 在前捷克斯洛伐克的 Middle Labe 和 Ohre 河上进行了野外研究,他认为河冰的类型是从大气到水面的热通量 q_0、平均流速 V 和谢才水流阻力系数 C 的函数,并且提出了水体表面形成静止的初冰、流冰和冰晶的条件(见图2-7)。图2-7 的纵坐标轴代表从大气到水面的热通量,河流结冰时, q_0 为负数。该图显示谢才水流阻力系数 C 对初冰的类型影响很大($C = \dfrac{1}{n}R^{\frac{1}{6}}$, n 为曼宁系数, R 为水力半径)。

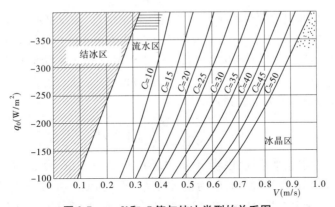

图 2-7　q_0、V 和 C 值与结冰类型的关系图

在制冷室里利用安装在旋转平台上的水槽进行的水体表面流冰实验描述了四种不同类型表面冰(静止薄冰层、初始流冰、初始流冰及冰晶和冰晶)的形成条件,并且得出了它们形成时的对应雷诺数(Reynolds number)和平均摩阻流速 U_* 的关系(见图2-8)。

其中,每一条直线近似代表着每一种类型的表面冰形成时的极限条件。

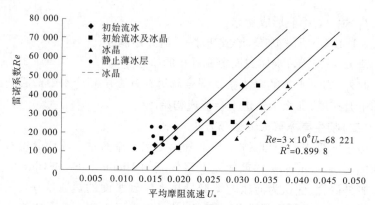

图 2-8　不同类别表面冰形成时雷诺数随平均摩阻流速的变化图

Matousek 认为水面温度 T_h 取决于水面产生的热量交换,从水面到大气层的净热通量 q_0 必须等于从水体到水面的净热通量 q_m。这两个条件表示为

$$q_m = q_0 = \alpha(T_h - T_v) \tag{2-27}$$

由于水面温度很难准确测量和进行理论估算,故 Matousek 就用计算热传递系数 $\alpha(\mathrm{W}/(\mathrm{m}^2 \cdot ℃))$ 来代替水面温度的计算。他认为从水体到水面的热传递受水流的紊动影响,这种紊动相应地与水的流速、河床的粗糙度、水深及风在水面产生的波浪有关。Matousek 通过河道原型观测和室内实验,得出了如下关系:

$$\alpha = \frac{12\ 436 V_{avg}}{(\sqrt{M \cdot C}R)^{0.61}} + aW \tag{2-28}$$

式中:V_{avg} 为水流平均速度;当 $10 < C \leqslant 60$ 时,$M = 0.76C + 6$,当 $C > 60$ 时,$M = 48$;R 为水力半径,m;C 为谢才系数;W 为风速,m/s;a 为系数,当 $B \leqslant 15$ m,$a = 15$,当 15 m $< B \leqslant 3\ 800$ m,$a = -0.9 + 5.8\ln B$,当 $B > 3\ 800$ m,$a = 47$,B 是与风向一致的水面宽度。

形成初冰,除在水面必须有超冷水体外,Matousek 还提出紊流脉动速度的垂直分量必须小于正在形成的冰颗粒的上浮速度。如果这个条件不满足,冰颗粒将被水流带走而形成水内冰,而形不成表面冰。根据实验,Matousek 提出了下列方程来计算冰颗粒上浮的速度:

$$u = 1.31 \times 10^{-5} \frac{d_0^{0.29} e^{0.61}}{\nu} \tag{2-29}$$

式中:u 为圆盘形冰颗粒的上升速度,m/s;d_0 为冰颗粒直径,m;e 为冰颗粒的厚度,m;ν 为水的运动黏滞系数,m^2/s。

将冰颗粒的上升速度与表层水流的紊流脉动垂直分量的时间平均值 $\overline{V'_{z0}}$ 进行比较:

$$|\overline{V'_{z0}}| = \frac{0.012\ 1V_{avg}}{(MC)^{0.305}R^{0.5}} \quad\quad (2\text{-}30)$$

如果方程式(2-30)的结果小于方程式(2-29)的结果,那么水面将形成初冰。

三、研究现状

截至目前,涉及岸冰的野外研究进行的不多。这可能是目前对岸冰缺乏深入了解的最大影响因素。为进一步探索岸冰形成的基本过程、分析河道原型的实验数据和经验模型,现对已进行的研究作一简单总结。

（一）Nowbury（1968）

1968 年纽伯里在加拿大曼尼托巴省北部的纳尔逊河上首次对岸冰进行了详细的原型研究。在 1966~1967 年冬季,纽伯里等实施了一个综合性的包括许多类型河冰形成过程的监测计划,其中也包括对岸冰形成过程的监测。

该计划在上述河道上设置了六个不同的观测点对河冰进行周期性的监测,观测河段的宽度为 470~700 m,河床坡降为 0.000 3~0.01,水的流速为 0.5~0.3 m/s。观测时段为从该年的 11 月初到第二年的 1 月末,期间河道流量大约从 3 900 m^3/s 下降到 2 800 m^3/s。河冰的宽度由直升飞机通过空中摄影量测,并通过地面测量进行核对。

（二）Michel et al.（1982）

根据 1980~1981 年结冰期间的观测,米歇尔等（1982 年）对加拿大魁北克省的 St. Anne 河 17 km 长的河段的岸冰情况进行了研究。观测河段的上游段有一急流段,每年在这段急流段能形成大量的河冰。研究河段的水深为 1~2 m,河道宽度 30~60 m,河床的坡降没有记录。结冰期的流量由下游的测量站量测,大小为 10~30 m^3/s。米歇尔等人通过人工方式测量岸冰的生长,由摄像设备通过追踪漂流的冰块估算水流的速度。

(三)Calkins 和 Gooch(1982)

卡尔金斯和古奇等对美国 Ottauquechee 河结冰过程进行了三个冬季的研究(1977 年、1978 年、1980 年),研究报告由卡尔金斯和古奇在 1982 年完成。他们的研究地点位于康涅狄格河汇合处下游约 10 km 处,这条河流的坡降为 0.001 0 ~ 0.001 5,平均宽度 35 m,平槽水深 2 ~ 5 m。河床由鹅卵石组成,鹅卵石平均直径为 0.1 ~ 0.15 m。结冰期流量 1979 年为 9.6 m^3/s,1980 年从 7 m^3/s 下降到 4.1 m^3/s,1981 年大约为 6.4 m^3/s。1980 年冬季研究者在该河段内的 4 个不同测站测量了岸冰的生长率。观测表明,研究河段在封冻期出现了水内冰和锚冰。

(四)Hirayama(1986)

为了研究湍急的小河流中的结冰,日本学者 Hirayama(1986)在北海道进行了岸冰生长的野外实验。在 1979 ~ 1980 年和 1980 ~ 1981 年冬季,他把日本 Yubetsu 河上 Kaisei 观测站附近每天的岸冰生长情况照片和日平均气温结合起来研究岸冰的生长。Hirayama 把 Yubetsu 河上的结冰条件称为 II 型结冰条件,即河床坡度相对较大,高速水流阻止冰晶聚集形成冰桥,结冰条件由岸冰的增长控制,开敞的水面能持续较长的时间。

这条河流的河床坡度为 0.000 5,水面宽度为 26 m。在 1979 ~ 1980 年的冬季,Hirayama 只研究了冰盖的覆盖程度和结冰天数内气温累积值之间的关系,而在 1980 ~ 1981 年的结冰期内,他们还研究了影响结冰的其他因素。在 1980 ~ 1981 年的结冰期内,河道代表性的流量是 8 ~ 10 m^3/s,绝大部分断面平均流速为 0.46 m/s。岸冰首次出现的结冰期(日平均气温在 0 ℃以下)的日累积气温值为 10 ℃·d。岸冰完全覆盖河道的结冰期的日累积气温值为 546 ℃·d。上述两个结冰期内,冰盖宽度所占河道宽度的百分比和结冰期的日累积气温值近似是线性关系。

(五)Miles(1993)

为了完成他的硕士论文,迈尔斯根据加拿大马尼托巴(Manitoba)省北部的伯思特伍德(Burntwood)河 1984 ~ 1985 年和 1985 ~ 1986 年结冰期的资料,于 1991 ~ 1992 年冬季又对该河流的岸冰成因机理进行了研究。研究地点位于从 Threepoint Lake 到 Manasan 的瀑布河段。Burntwood 河通过连接通道依次与众多湖泊连接。在 Miles 的研究中,有三个测点

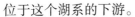

位于这个湖系的下游。

在每个结冰期，Miles 根据气候和水流条件，用不同的频率观测测点附近岸冰生长的宽度。1992 年冬季实施的野外测量最全面，对岸冰生长的量测次数也较多。在岸冰的生长方向测量水流速度时，他们根据岸冰的长度布设测站的数量，以便有足够多的测点较准确地得出岸冰的形成与水流速度的关系。在每个测站上他们分别测量水深 20% 和 80% 的点流速，由此计算每个测站上水流速度的平均值。研究河段河道的宽度从 162 m 扩展到 213 m，深度的变化范围为 9 ~ 12 m。在三个结冰期，河道流量的变化范围为 700 ~ 960 m^3/s。

（六）Bourdages（2010）

加拿大环境保护部的 R. Bourdages，应用数码摄像技术对加拿大里多河岸冰的生成过程进行了研究。测站设在加拿大水资源调查局的 02LA004 水文观测站（在渥太华的里多河上）。研究者利用自校程序通过将控制点测量的完整图像坐标转变成 UTM 坐标分析岸冰的生长。结冰期连续测量气温和水位，每天分几次拍摄岸冰照片。图像显示，在整个冬季，水面冰晶的浓度都相当低。

观测站河道宽度大约 100 m，其中约 40 m 属于浅水区，最大水深 1.7 m，浅水区水深大约 1 m。观测发现浅水区岸冰的平均封冰速率为 0.148 m/（℃·d），而在断面的其余部分（深水区）上岸冰生长的速率为 0.106 m/（℃·d）。

（七）徐国宾（2011）

天津大学水利工程仿真与安全国家重点实验室的徐国宾在"河冰演变过程分析的一维数学模型研究"中指出：在结冰期，水中最先形成的是冰晶。由于河岸处流速较小，冰晶首先在岸边形成初生岸冰。当气温继续保持在冰点以下时，随着时间的推移，初生岸冰会逐渐增厚并向河道中间发展，形成静力冰盖；静力冰盖也可出现在河道缓流区，并在过冷的面层上形成冰晶，冰晶滞留在水面上形成静止或流动的薄冰盖。静力冰盖的生成及衰退受热力影响非常大，所以也称热力冰盖。静力冰盖的表现形式常为岸冰。

四、岸冰的形成

(一)岸冰形成的初始阶段

由于河道边界附近水体的净热损失率大于河道内水体的净热损失率,所以当气温低于水的冰点温度时,靠近河道边界的表面水体首先形成一层很薄的超冷水,引起水面以下处于饱和状态的河道边界中的水体结冰。随着气温的持续下降,岸边处形成由岸边向河道中心延伸的薄冰。如果水流的速度较低,这层薄冰通常呈现出指向河中心的细长针状(冰针)形态。冰针之间的水体冻结后形成大致与滩岸平行的初始岸冰,如图2-9和图2-10所示。一旦初始岸冰形成,它在水平方向向河中心快速发展,在垂直方向以较慢的速度由薄变厚。

(a) 冰针向河中心水平扩展　　　(b) 测得的单个冰针,尺寸大约为
　　　　　　　　　　　　　　　长20 cm,宽2 cm,厚0.2 cm

图2-9　红河上形成的初始岸冰(加拿大曼尼托巴省温尼伯市)

(二)岸冰的侧向生长

通过观察研究发现,岸冰的侧向生长机理:一是气温下降(称为热力生长),二是河道中冰晶的堆积、黏合。研究发现,这两种机理完全不同,文献中有时分别称为温水中成冰机理和冷水中成冰机理,其中冷水的含义是代表冰晶的出现。这两种机理随着当地条件的不同可以同时发生,

图 2-10　在实验室水槽中形成的树状冰针

也可以单独发生。

　　热力因素对在流动和静止水面上岸冰形成的影响有着明显的不同。在流动水面上,当冰晶浓度可以忽略不计时,热量损失主要导致岸冰向着河道中心线的方向(称侧向)生长,而静止水面上的热量损失使岸冰在水平方向和垂直方向均有生长。

　　絮冰和冰盘通过冰晶的黏合依附到已形成的岸冰的边缘上是岸冰生长的另一种形式。沈洪道教授 2010 年提出,岸冰的生长过程涉及已生成的岸冰产生的作用在絮冰上的摩擦力和作用在絮冰上使其向下游漂流的力(水与风的拖拽力、重力等)之间的平衡。此外,絮冰的强度对岸冰的生长也很重要,因为作用在絮冰上的那些力可能会超过絮冰的强度而使絮冰破碎,影响岸冰的生长。野外观察发现,以冰晶黏合方式形成的岸冰,其形态通常是与岸边平行的带状或突起的屋脊形状,如图 2-11 所示。

　　此外,有的研究者还把河流岸冰的形成划分为两个阶段:冬季开始淌凌时,河道中形成了大量的浮冰块和冰晶顺流而下,有些浮冰块通过冰晶的黏结作用形成新的岸冰,即岸冰形成的初始阶段;当淌凌密度达到一定程度,岸冰上游形成冰桥,冰晶、浮冰块被冰桥阻挡,岸冰形成河段的冰晶、浮冰块消失,此时岸冰生长的主要原因是由低气温形成的,即岸冰形成的第二阶段。

图 2-11　2010 年 12 月加拿大温尼伯湖
艾辛尼波因尼河上形成的岸冰

研究发现,岸冰的生长与下列因素有关。例如,热交换、水流速度、河道的几何形态和冰晶的浓度等。

1. 热交换对岸冰的影响

众所周知,水表面的热量损失导致了岸冰的形成和生长。虽然通过计算水面上的全部能量能确定热量损失,但是在实际工作中,通常采用简化的结冰天数的温度累加值来替代上面的计算(国际冰联合会(IAHR)称之为 Degree – Day 法)。截至目前,有关野外研究表明:一般情况下岸冰的侧向生长随着结冰期温度累加值的增加而增加,但在气温回升时或在水位变幅较大使岸冰被机械性地破碎处,岸冰的侧向生长不再随着结冰期温度累加值的增加而增加。河道中水位的变化会使被牢牢地冻结在河道上的岸冰产生弯曲变形。

Hirayama 的研究成果(见图 2-12)显示,岸冰总宽度 $W(\mathrm{m})$ 和结冰天数的累积气温 $S(℃ \cdot \mathrm{d})$ 之间有线性趋向关系,并且结冰期温度累加值小于 10 ℃·d 以后才开始出现岸冰。

并不是所有的岸冰野外观测成果都具有如图 2-12 所示的特性,图 2-13 表示了加拿大伯思特伍德(Burntwood)河岸冰形成过程中 W 与 S 的对应关系。该散点图表明 W 与 S 呈线性趋势变化,且 R^2(相关系

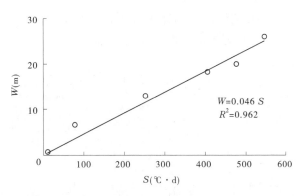

图 2-12　岸冰宽度 $W(\mathrm{m})$ 随结冰天数累积温度 $S(\mathrm{℃ \cdot d})$ 变化关系图

数）> 0.98。应注意的是，如果把趋势图延伸到 $W = 0$ 处，那么在气温开始降到结冰温度以前，初始岸冰就已经形成。这种情况表明，在岸冰形成的初始阶段，其实际增长速率可能大于图 2-13 中数据点所表示的增长率。

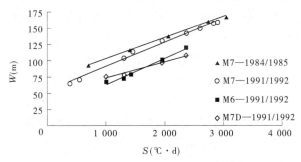

注：该图由 Miles（1993 年）根据加拿大马尼托巴省
北部 Burntwood 河岸冰形成观测结果绘制。

图 2-13　岸冰宽度随结冰天数累积温度变化关系图

　　1968 年冬，纽伯里（Newbury）对加拿大曼尼托巴省北部的纳尔逊河的岸冰进行了研究。资料显示，纽伯里在研究河段共设了 6 个观测断面，其观测结果如图 2-14 所示。从图 2-14 中看出，在两个观测断面上 W/T 和 S 的关系清晰地显示出对数关系的发展趋势。岸冰形成初始阶段的发展速率较高，随之而来的是一个较慢的生长期，最后直到河道完全封冰。在其余的测点上也显示出岸冰的增长与结冰天数累积温度大体上呈现出线性关系。

总起来说:岸冰宽度 W 与结冰天数累积温度 W/T 之间不管是对数关系还是直线关系,W 是随着 S 的增加而增加的。

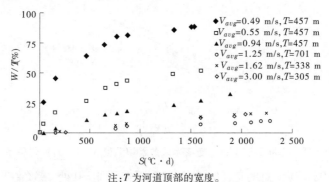

注:T 为河道顶部的宽度。

图2-14 纳尔逊河岸冰生长的 $W/T \sim S$ 关系图

2. 水流速度对岸冰的影响

根据纽伯里在图2-14中所列举的资料,我们会注意到水流速度对纳尔逊河岸冰形成(1966～1967年凌汛期)的影响:当水流速度低时岸冰不仅有较高的生长率,而且岸冰出现的时间也比水流速度较高河段出现的时间早,并且当水流的速度超过 1.2 m/s 时,水流速度对岸冰的生长影响较小。水流速度对岸冰生长率的综合性影响清楚地表示在图2-15中。图中所表示的是岸冰闭合率的平均值,表示的是观测断面完全封冻前最后一次测量时所对应的时间点上测得的岸冰宽度与该时间点上对应的封冻天数累积温度之和的比率。

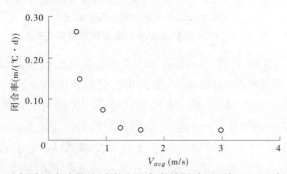

图2-15 纳尔逊河水流速度对岸冰闭合率的影响(纽伯里1968年绘制)

　　将纽伯里的研究成果和其他几项研究成果对比(见图 2-16)发现,岸冰的闭合率和水流速度之间没有明显的相关性。产生这一现象的原因可能是每一项研究成果的断面平均流速基本相同或相近。在纽伯里(1968)和米歇尔(1982)等的研究中,虽然断面平均流速有差别,但米歇尔等只对几个断面进行了闭合率和水流速度的测量,且水流速度差别较小,当绘制岸冰闭合率与水流速度的关系曲线时,那些数据点没有显示出明显的变化趋势。从不同测站获得的数据点的离散性说明:在水流速度较低的区域,岸冰的闭合率还与除水流速度因素外的其他因素有关。

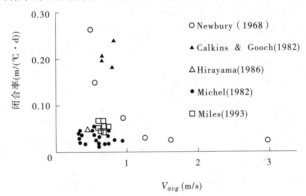

图 2-16　几项野外研究得出的岸冰闭合率与断面平均速度关系图

　　尽管如此,通过上面分析可形成如下的概念:水流速度低时对岸冰的侧向生长抑制作用弱,水流速度高时对岸冰的侧向生长抑制作用强。

　　3. 河道几何形状对岸冰的影响

　　根据米歇尔观点,在曲率明显的河道外弯段,水流速度低时对岸冰的侧向生长抑制作用弱,水流速度高时对岸冰的侧向生长抑制作用强。类似地,由于急剧展宽的河道也会在较宽的河道断面上产生低速水流区域,因此也会导致较高的岸冰侧向生长率;相反地,河道缩窄往往会加快水流的速度,因而会减缓岸冰生长速率。在河道中岛屿、沙洲和其他阻水障碍物的下游侧也会观察到岸冰在水平方向迅速地生长。图 2-17 是河道沙洲下游和水电站上游河道形成的岸冰。注意到,岸冰的形状类似于水流经过钝体的流线形状;如果岸冰上没有雪覆盖,那么每天晚上生长的岸冰是很容易区别出来的;此外,随着时间的推移,岸冰在侧向向河中心和沿水流方向同时都在生长。

当阻水障碍物较小，即使是像树枝这样的狭长阻水障碍物，也会有助于岸冰的生长。这种局部结冰现象虽然对整个河流的结冰过程，尤其是对大江大河的结冰过程影响微乎其微，但它们已经被认为是形成岸冰的"胚胎"。这种现象已被纽伯里（1966）在 Long Spruce 河流的卵石上观测到的流线形岸冰所证实。

很明显，前面提到的河道几何形态对岸冰的影响事实上是由河道中水流的表面速度和岸冰的侧向生长之间的相互作用引起的。

(a) 河中心岛屿下游岸冰侧向和　　　　(b) 岛屿与滩地有助于
　　沿水流方向生长照片　　　　　　　　岸冰形成的照片

图 2-17　河道沙洲下游和水电站上游河道形成的岸冰

克拉克等在分析河冰原型观测资料后发现，岸冰侧向闭合的速率除以结冰天数的累积温度所得到的比值与河道宽度 T 和水深 d 的比值有关（见图 2-18）。由图可知，如果 T/d 的比值大，那么岸冰的侧向生长速率就高。宽浅河道和窄深河道相比，如果水体表面的热交换率相同，那么宽浅河道会耗散较多的热量（或结更多的冰）。有趣的是，这样的观测结果显然与纽伯里 1968 年在纳尔逊河上的观测结果不符。也许是巧合，因为迄今为止在所研究的河流中，这条河流的流量最大。

4. 流凌密度对岸冰的影响

流凌的堆积是岸冰生长的两个主要机理之一，流凌密度对岸冰的生长速率有直接影响。米歇尔等（1982）观测到：结冰初始阶段形成的大量流凌，会显著地加速岸冰的生长速率；在结冰的后期，随着环境温度的降低，当上游的流凌生产区形成冰盖，流凌在岸冰形成河段的供给量减少

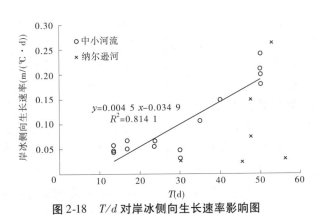

图 2-18　T/d 对岸冰侧向生长速率影响图

图中：
$y=0.004\ 5\ x-0.034\ 9$
$R^2=0.814\ 1$

时,岸冰生长的速率也随之降低。

　　纽伯里把岸冰增长速率降低的原因归结为水面上存在高浓度的流冰。在他看来,流冰对岸冰的边缘产生磨损,抑制了岸冰的生长;流冰把水面和大气分隔开来,降低了水体的热量损失,也导致了岸冰的生长速率降低。他的假说得到了某个野外测站所观测到的资料的支持。这个测站观测到,当淌凌密度升高到一定程度时,会暂时降低岸冰的生长速率;而当上游断面形成冰桥,淌凌密度降低时,下游河段的岸冰生长速率又开始加速。

　　由于缺乏准确的流凌密度观测资料及受其观测水平的限制,因此目前还很难定量地确定流凌密度在岸冰形成过程中的作用。河道原型研究中得出的带状岸冰是通过流冰的"黏合"形成的结论,又好像在说明流凌密度在岸冰的形成过程中起着第一位的作用。此外,研究还表明当流凌密度增加时岸冰的生长率会提高;当流凌密度达到某一临界值时,河道水面上的浮冰会形成一层隔热层,阻碍了河道中水体的热量耗散,使岸冰的生长率降低。

　　(三)岸冰形成和生长的极限

　　在米歇尔等看来,如果岸冰边缘的水流速度超过 1.2 m/s,那么岸冰将不再生长;另外,由纽伯里获得的资料表明:即使当断面平均流速为 3 m/s 时,岸冰仍在生长(尽管速率缓慢)。这似乎存在矛盾。米歇尔等虽然没有用仪器精确测量岸冰边缘的水流速度,只是根据水中漂浮物目测岸冰边缘处的流速,但是他们认为当岸冰边缘的水流速度超过 1.2 m/s

时,St. Anne 河岸冰不再生长是合理的。对于后一种情况,很可能是因为纳尔逊河位于曼尼托巴省北部,过快的水流速度对岸冰生长的抑制作用,被由极低气温导致的在水体与大气之间的强烈热量交换对岸冰生长的促进作用所克服。

(四)岸冰的垂直生长

文献中对岸冰的垂直生长(变厚)记载的较少。这很可能是因为岸冰在垂直方向的生长与静水中冰盖的形成相类似,主要受水体和大气之间的热量交换控制。岸冰形成过程中,由于热量交换和流凌堆积的影响,使岸冰向河道中心延伸。岸冰的垂直生长和侧向延伸,使岸冰的形状类似于楔形体,其中最厚部分紧靠岸边,最薄部分位于岸冰侧向生长的最活跃区域,岸冰生长示意图如图 2-19 所示。

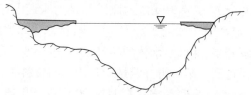

图 2-19　岸冰生长示意图

Miles 1993 年在文献中记载:河冰原形观测的成果显示,上游河道产生的流冰,在向下游漂流过程中,可能在正在生长的薄层岸冰下面产生沉积。河道封冰以后产生的二次流既能在开阔的水面条件下出现,也能在岸冰形成的活跃区域产生。二次流可以解释为什么能观察到大量的浮冰能沉积在某些河段岸冰下面的原因。

五、岸冰形成的几个经验公式

到目前为止,在参考文献中已查阅到 4 个有关岸冰形成的经验公式。下面,根据它们提出的先后顺序作简要介绍。

(一)Nowbury 公式

在 1968 年,纽伯里根据他对纳尔逊河的观察,提出了关于岸冰生长的下列经验公式:

$$W = \frac{mn}{2} \sum q \tag{2-31}$$

式中:W 为累计岸冰宽度,ft,1 ft = 0.304 8 m;n 为形成岸冰的边界数目; $\sum q$ 为与岸冰边界相毗邻的单位面积的岸冰释放的热量,英国热量单位/ ft^2。

变量 m 是附着力参数,表示把河道边界作为岸冰时在其相邻的水域上形成的岸冰数量,参数 m 应用下式来计算:

$$m = \frac{b_1}{(AS_W)^{b_2}} \qquad (2\text{-}32)$$

式中:A 为河道过水断面面积,ft^2,1 ft^2 = 0.092 903 04 m^2;S_W 为水面坡降;b_1 和 b_2 是经验系数,对于纳尔逊河,其值分别为 10 和 2.7。

上述方程很好地表示了纳尔逊河岸冰的形成。但是,由于在其他河流应用上述公式时,必须要率定公式中的所有系数,需要知道河段的平均断面面积和水面坡降,因此上述公式的推广应用受到了一定程度的限制。

（二）Michel 公式

Michel 等假定岸冰的生长率是水面热通量、与岸冰相邻的水流表面流速和淌凌密度的函数,使用量纲分析的方法,找出了三个无量纲数之间的关系。其结果可用下列方程表示:

$$\Delta W = \frac{R_0 \Delta \varphi}{\rho L} \qquad (2\text{-}33)$$

式中:ΔW 为在一个较短时间内岸冰宽度的增长量,m;R_0 为在给定的热通量条件下,表示岸冰生长速度特征的无量纲数;$\Delta \varphi$ 为与 ΔW、R_0 的时间因素相对应的单位面积的水表面释放的热量,$kcal/m^2$,1 cal = 4.187 J;ρ 为水体的密度,ρ = 1 000 kg/m^3;L 为水的熔化潜热,L = 80 $kcal/kg$ = 3.34×10^5 J/kg。

为了方便起见,热交换量 φ 改写为

$$\Delta \varphi = k \Delta S \qquad (2\text{-}34)$$

式中:k 为热交换系数;ΔS 为计算期结冰天数内的温度累积值,℃·d。

通过对无量纲数 R_0 和由 Michel 等提出的另外两个无量纲数之间的回归分析,可以得出:

$$R_0 = \frac{14.1 N^{1.08}}{\left(\dfrac{V_s}{V_c}\right)^{0.92}} \qquad (2\text{-}35)$$

式中:N 为水体表面的淌凌密度(例如,0 代表水面没有冰,1 表示水面被冰完全覆盖);V_s 为与岸冰相邻的无冰水面的水流速度,m/s;V_c 为流冰与岸冰黏合在一起的水流速度的最大值,Michel 认为 $V_c = 1.2$ m/s。

由于公式中包含着淌凌密度项 N,而文献中关于淌凌密度的相关资料较少,因此用其他的资料来评估这个方程还是比较困难的。

(三)Miles 公式

Miles 在他的硕士论文中试图应用上面提到的每一种方法来模拟 Burntwood 河岸冰的生长过程。由于水面坡降的不确定性,Miles 建议使用被他称作"改进的纽伯里模型"(Modified Newbury Model)来进行上述课题的研究。他改进的纽伯里模型为

$$W = \frac{b_3}{V_{avg}^{b_4}} S \qquad (2\text{-}36)$$

式中:W 为岸冰宽度,m;V_{avg} 为水流平均流速,m/s;S 为结冰天数的累积温度值;b_3、b_4 为系数。

Miles(1993)为了说明当岸冰向着使整个河道被封闭的过程发展时,其生长率降低的原因,他还提出了河道水面上被岸冰覆盖部分之间存在的关系。

$$\Delta W = \frac{z_0 (1 - PI)^{z_1} \Delta S}{V_{avg}^{z_2}} \qquad (2\text{-}37)$$

式中:PI 为在计算期开始的时刻被岸冰覆盖的河宽;z_0、z_1、z_2 为系数。

用他获得的观测资料验证上述公式时,Miles 发现河道断面水流速度与岸冰生长率的增量并没有很好的相关性,因此在应用式(2-37)时设定 $z_2 = 0$。

这个发现似乎与纽伯里的研究成果(见图 2-15)相矛盾,这可能是研究期间水流速度的变化范围较小(0.64 m/s $< V_{avg} < 0.77$ m/s)所致。

以上几个经验公式中的参数都有不同的使用范围,其中有些还有待于做进一步的验证,这就阻碍了应用文献中记载的所有原型观测资料对各个公式直接进行比较。Haresign 等除使用上述研究中记载的资料对这几个简单的岸冰计算公式进行评估外,他们还根据自己获得的资料对这几个公式的性能进行了总结,对公式中的系数进行了校正且指出了进一步研究的方向。

（四）徐国宾公式

徐国宾认为影响岸冰产生及发展过程的五个基本因素分别是局部热交换,岸边边缘的流速,冰花生成率,河段的几何形状以及水深。当断面平均流速 V 小于水面浮冰黏附到岸冰上的最大允许流速 V_0 时,就开始形成初生岸冰,即

$$V < V_0 = \frac{\sum S}{1\,130(-1.1 - T_W)} - \frac{15V_f}{1\,130} \tag{2-38}$$

式中:$\sum S$ 为单位时间单位水面的热损失量,MJ／（m²·d）;T_W 为断面平均水温,℃;V_f 为风速,m/s。

初生岸冰形成之后,由于水面浮冰积聚,将沿横向发展。岸冰宽度的增长率取决于浮冰块与岸冰接触时的稳定性,并与浮冰疏密度成正比。

$$\Delta B = \frac{14.1 \sum S}{\rho L_i} \left(\frac{V}{V_0}\right)^{-0.93} C_a^{1.08} \tag{2-39}$$

式中:ΔB 为给定时段内岸冰宽度增长率;V_0 为水面浮冰黏附到岸冰上的最大允许流速,m/s,其值随流动条件而变,取决于浮冰块与岸冰接触时的稳定情况,可用式（2-38）计算;C_a 为浮冰密度。当 $V > V_0$ 时,表示水面浮冰不能黏附到岸冰上,岸冰的发展可忽略不计;ρ 为水的密度;L_i 为结冰潜热。

六、岸冰对动水阻力的影响

Ashton. G. D 在其出版的《河湖冰工程》一书中,对完全被冰盖覆盖的河道动水阻力进行了全面详细的论述。对于典型的河道断面,完整冰盖使河道的湿周增加大约一倍,从而增加了河道的阻力。动水阻力随着冰盖下表面粗糙度的增加而增加。对许多河道来说,封河稳定期在冰盖下的水流使其下表面变得光滑的过程中,其水流阻力也随着粗糙度的逐渐变小而减小;当开河来临时,河道中水温升高,在其冰盖下形成的波纹又导致了粗糙度增加,河道水流阻力也随之增加。当冰盖下面体积较大、参差不齐状的冰层全部被冰盖下面的水流淹没时,冰盖的粗糙度及其河道对水流的阻力会急剧增加。

岸冰增长对动水阻力影响的含义就是:当岸冰增长对河道水面覆盖

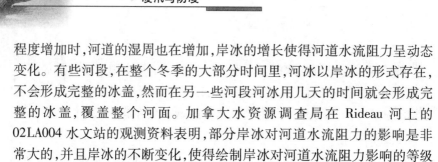

程度增加时,河道的湿周也在增加,岸冰的增长使得河道水流阻力呈动态变化。有些河段,在整个冬季的大部分时间里,河冰以岸冰的形式存在,不会形成完整的冰盖,然而在另一些河段河冰用几天的时间就会形成完整的冰盖,覆盖整个河面。加拿大水资源调查局在 Rideau 河上的02LA004 水文站的观测资料表明,部分岸冰对河道水流阻力的影响是非常大的,并且岸冰的不断变化,使得绘制岸冰对河道水流阻力影响的等级曲线变得非常困难。

Miles 在其硕士论文中介绍了岸冰冰盖下水流速度的分布。为此,Miles 等在 Burntwood 河上布设了三个测站,每个测站的测点从滩岸向河道中心延伸,整个冬季连续不断地测量每个测点 20% 和 80% 水深处的点流速,并根据测得的点流速计算平均水深处的水流速度。其变化如图 2-20 所示。测量结果表明由岸冰形成的边界会使其下的水流速度降低,其影响程度随着与岸边距离的延长而减小。研究者在无冰的水面上没有进行上述测量,测站的流量通过水文模型计算得到。Miles 把下列方程组合在一起,成功地对平均水深处的水流速度进行了预报:有关冰绝对粗糙高度的 Larsen 方程;将粗糙度转化成曼宁相当值的 Manning – Strickler 方程;分别估计河道左岸岸冰段、中间无冰段和右岸岸冰段复合曼宁值的 Belokon – Sabaneer 方程;最后应用由 Krishnamurthy 和 Christensen 提出的方法计算全断面综合曼宁值。

通过本节的介绍,我们了解到在流速缓慢的水流表面形成初生冰的原因是由于缓慢流动的水体的紊动强度不足以将冰粒子分散到整个水体中。初生冰形成的速度很快,通常在一夜之间生成。与河道的几何形态、流量以及风速相关的几个经验公式可以用来预报几种典型河冰的形成。

另外,在流速较快的水体中,在水流与堤岸接触面上形成岸冰。在堤岸上形成的岸冰在向着河道中心侧向生长的同时也会向下垂直生长。侧向生长的原因是流凌的堆积和河道中水体的热量释放。由于岸冰形成的复杂性和文献中记载的有关岸冰的研究的局限性,使得建立一个准确和全面的岸冰形成公式比较困难。由于不同的研究有不同的流量、几何条件和气象参数,因此不可能使用所有的资料验证这些模型。然而,通过对现有的资料分析显示,下面参数对岸冰的形成起着至关重要的作用:结冰天数的累积温度值,水流速度,河道的几何形态及淌凌浓度。就水力学效果而言,岸冰会使流体湿周增加,由此增加流体的阻力,这种阻力在上下游之间会产生某种程度的差别。在整个河道完全封冻前,这种影响会一直增加。

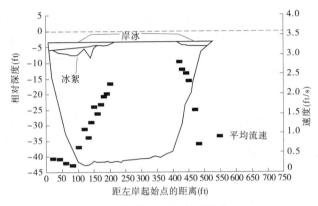

注:1 ft = 0.304 8 m;1 ft/s = 0.304 8 m/s。

图 2-20　Miles 等在 Burntwood 河上实测的水流速度、岸冰厚度、河道几何形态关系图

第七节　冰盖的形成及凌汛成因

一、引言

冰盖既能在静止的水面上形成,也可以在流动的水面上形成。在静止水面上形成的冰盖主要受水体的热效应控制,在流动的水面上形成的冰盖主要受水面上漂流的浮冰和水流或风等的相互作用控制。这种相互作用在形成冰塞或冰坝时达到最大。冰桥出现后,随着"松散"堆积体内孔隙水的结冰而最终全部或部分地形成坚硬的冰层。结冰期冰塞或冰坝的形成过程是灾害性河冰形成的关键过程。结冰期的冰塞或冰坝可能引起凌洪,造成基础设施和生命财产的破坏。本节主要讨论动水冰盖的形成,重点为冰塞或冰坝的特征及其对水位及流量的影响。

本节在内容安排上首先简要概述结冰过程,接下来介绍浮冰到达障碍物(冰桥或已形成的冰盖)时的淹没条件,并对各种要素对其影响进行了定量描述;然后介绍冰盖下浮冰的运动,重点说明潜没浮冰的迁移过

程,这一过程可能会导致冰盖下"沉积"大量的水内冰;对由漂浮在水面上并排冻结(平封)或在冰盖下淹没"沉积"形成的初始冰盖的演化进行了讨论;对可能形成的冰塞或冰坝的类型进行了划分;对冰盖所受外力、冰盖强度和当时的天气条件在冰盖形成过程中的作用作了阐述,其重点放在由大规模冰絮体和由冰盖融化或水鼓冰开形成的可能引起凌汛灾害的严重冰塞上;对结冰期冰塞的水流阻力特性和冰盖应力的最新研究成果进行了介绍,对早期提出的相关概念的局限性作了说明;最后说明了由于冰盖的形成和发展对河道过流能力影响的计算公式,定性描述了由于结冰使河道在小流量下运行对环境所产生的现实的和潜在的影响。

二、封冻过程概述

水面上的冰以岸冰、冰花、冰盘以及各种大小和形状的浮冰集合体等形式存在。在未完全封冻的河段上,岸冰除向河道中心方向发展外,并不随水流运动,而冰花和浮冰则顺流而下,形成流冰。在流速较小的河段,岸冰可能覆盖整个河宽,形成连续光滑的冰盖。按 St. Lawrences 河工程师联合会的观点(1927),其形成的条件是水流平均速度不大于 0.4 m/s,而有的学者(Pariset 和 Hausser ,1961)提出的上限是 0.3 m/s。一般地,这种连续光滑的冰盖出现在河流的河口地区和水库上,因为那里的流速较低,结冰条件与湖泊类似。河道的急弯、浅滩等天然卡口或由岸冰生长形成的卡口是冰桥形成的潜在场所。在这些地点,当流凌密度达到一定程度,超过某一条件下河道的输冰能力时,就会引起上游来冰的阻塞、聚集,形成冰桥。

在冰桥形成的地方或在已经形成的冰盖的前沿处,上游漂来的浮冰,有的在冰盖前沿处停留下来形成向上游河道发展的封冻冰盖,有的被水流带到冰盖下"沉积"下来,还有的在冰盖下继续向下游漂流。在定量介绍相关原理和有关研究成果之前,首先介绍 Pariset 和 Hausser 在该领域所做的具有重要意义的开创性工作。

上游的浮冰在封冻的冰盖或冰桥前沿受阻停止后,它们可能停留在水面上,形成向上游方向发展的冰盖(见图 2-21)或沉没在水中。这些新形成的冰盖最终会因其中的"孔隙水"冻结而形成坚硬的冰层,或在外力的作用下破碎形成大小不一的冰块。这些冰块在水流动力等作用下上爬下插、重叠形成较厚的冰层。

图 2-21　冰盘组成的平封形式冰盖

沉没的浮冰在水中上浮,有的在冰桥或冰盖下"沉积"下来,有的漂流到冰桥或冰盖下游河段。通常,沉积的浮冰会因随意排列、重叠而构成比单块浮冰厚得多的冰盖。冰盖开始形成时,其稳定性取决于其所处位置的水流条件;当它向上游方向延伸发展时,可能破碎形成大小不一的冰块,这些冰块在水流动力等作用下堆积、重叠形成较厚的冰层堆积体。冰盖下的浮冰在较高速度的水流推动下也可能顺流而下。如前所述,这个过程类似于河道中泥沙的运动,只不过浮力扮演了重力的角色,浮冰的"落脚点"是冰盖而不是河床。

Pariset 和 Hausser 通过新建或修正已有的数学模型对这个过程进行了量化处理。后来他们和其他学者(Pariset,Hausser 和 Gagnon)对这个过程进行了较细致系统的研究。他们的成果为从更高的层次上研究河冰和开发更复杂的河冰过程数学模型奠定了基础。

进入流冰期后,河流在形成稳定的冰盖之前的一个重要特征就是水面上漂流着不同大小、类型的浮冰。除了冰盘或由冰盘等"凝聚"组成的浮冰块外,还可能有坚硬的浮冰,例如从岸冰上脱离下来的冰块、冰花等各种形式的水内冰。因此,在这一时期的某一时刻同时出现以上所描述的各种或某几种冰凌现象是可能的,其中较大的浮冰在水面上形成冰盖,潜入水体中的较小浮冰或者立即在冰盖下"沉积"下来或在冰盖下顺流而下。对于后者,它们或者出现在冰盖下游的开敞水面上,或者在水流速度较低的河段上"沉积"下来。

三、浮冰的淹没

Michel 提出:水流在静止浮冰上产生的向下的作用力(见图2-22)$F_D = \frac{1}{2} C_L \rho A_f V_u^2$,浮冰全部淹没时所受力为

$$F_B = (\rho - \rho_i)g(1 - p_f)At_f \tag{2-40}$$

式中:C_L 为与浮冰形状有关的系数;ρ、ρ_i 为水和淡水冰的密度,分别为1 000 kg/m³ 和916 kg/m³;g 为重力加速度,9.81 m/s²;A_f 为浮冰块的面积在水平面上的投影值;V_u 为冰盖下平均水流速度;p_f 为浮冰孔隙率;t_f 为浮冰平均厚度;A 为冰块的面积。

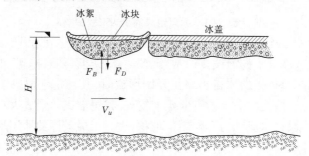

图2-22 冰盖前沿静止浮冰受力图

令 F_D 等于 F_B,或者对浮冰作力矩平衡分析。结果表明:当冰盖下面的平均水流速度 V_u 超过某一临界值 V_{subm} 时,浮冰就会潜入水中。这个临界值由式(2-41)给出:

$$\frac{V_{subm}}{\sqrt{2(1 - s_i)(1 - p_f)gt_f}} = f_s(S_1, S_2, \cdots) \tag{2-41}$$

式中:s_i 为淡水冰的比重,$s_i \approx 0.92$;f_s 为 $S_1, S_2, \cdots$ 的函数,$S_1, S_2, \cdots$ 是无量纲变量,用来说明浮冰的形状。

由于缺乏江河结冰期浮冰形状的观察成果和资料,因此许多国外研究者在实验室里借助于坚硬的冰块或固体塑料块,通过模拟与结冰相关的过程而获得了这方面的许多实验室成果。通常,实验对象的平面或剖面形状为矩形。根据实验对象的参数值 l_f/t_f 和 l_f/b_f(l_f 为模型冰块的长

度,b_f 为宽度,t_f 为平均厚度)及实验成果,研究者得出了以 l_f/b_f 为参变数的 f_s 与 l_f/t_f 的关系图,如图 2-23 所示。

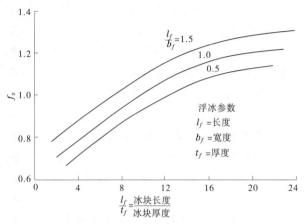

注:根据实验室模拟冰块和野外观测站观测的结果整理,
该曲线代表观测点离散数据的平均值。

图 2-23　函数 f_s 随模拟冰块形状参数变化曲线

河道中的浮冰形状很明显不是矩形。冰盘大致是圆形,而冰絮和冰花是非晶体且无固定形状。为了利用图 2-23 中所表示的结果判断天然河流中浮冰是否淹没,可以用冰盘的直径代替长方形的长和宽。假设初生冰团为球形,因此有 $l_f \approx b_f \approx t_f$。对于孔隙率为 0.8,直径为 0.1 m 的冰团,由方程式(2-41)和图 2-23 可得其临界速度 V_{subm} 约为 0.1 m/s。一般情况下,天然河流中的水流速度都大于此值。对于厚度为 0.3 m 的较大的方形浮冰,V_{subm} 将增大到 0.9 m/s。对于厚度为 0.6 m,直径为 2 m(假设 $l_f = b_f = 2$ m),平均孔隙率为 0.6 的冰盘,f_s 约为 0.82,V_{subm} 约为 0.55 m/s。在天然河流中,冰盘的厚度可能小于 0.1 m,也可能大于 1 m,它的直径可能会超过 2 m。

早期的研究者对 St. Lawrence 河的观测显示,当平均流速达到 0.7 m/s 时,上游来的浮冰能在已封河段冰盖的前端形成稳定的冰盖,浮冰不会潜入到冰盖下面。研究者将该值与由方程式(2-41)的计算值进行比较后认为,St. Lawrence 河上游来的浮冰的面积、厚度均较大,而孔隙率相对较小。

根据 Pariset 和 Hausser 早期的研究,有关学者后来又对坚硬冰块的潜没机理进行了研究,所得成果使我们在以下两个方面加深了对浮冰潜没尤其是对 f_s 的认识:一方面,浮冰潜没时通常伴随着翻转,它受控于作用在冰块上的力所产生的旋转力矩和扶正力矩之间的相互作用的结果。另一方面,对于较厚($t_f/l_f > 0.8$)或较薄($t_f/l_f < 0.1$)的冰块,其淹没条件是冰块在垂直方向产生位移或在水中下沉。产生的原因分别为由于冰块下面的水流速度加快和其上游端处水流和冰盖的分离而导致的浮冰下的水压力降低。Ashton 等研究表明,t_f/H 的值(H 为冰盖前的水深)对函数 f_s 也有影响。不过当 $t_f/H < 0.2$ 时这种影响很小,正如自然河流中的情形,其影响效果可以忽略不计。为进一步研究浮冰底面的动水压力分布,Coutermarsh 等对浮冰底部的水压力进行了测量。这使得对浮冰漂浮、沉没机理的研究更加完善。

当浮冰到达冰桥或障碍物前沿时,冰盖形成处的河道水流速度比冰盖形成处上游流凌密度中等情况下的水流速度要高,而水位降低。水位降低导致的单块浮冰降落趋势随着水面形成连续拥挤的流凌而明显降低。对这种情况,目前只能凭直接观察看出端倪,还不能用方程式(2-41)进行评判。

四、冰盖下水内冰的输移

目前,虽然在实验室里用方形的塑料模拟冰块进行了大量的结冰过程试验,但是仍然没有得到冰盘在冰盖下输移的实验研究成果(通常冰盘的下层为多孔的冰絮体,上层为坚硬的冰层)。理论分析(类似于推导方程式(2-41))得出的浮冰在冰盖下"沉积"的临界速度(平均值)V_{transp} 为

$$\frac{V_{transp}}{\sqrt{(1 - s_i)(1 - p_f)}} = f_T(\frac{l_f}{t_f}, r_i, r_b, 浮冰形状,浮冰运动方向)$$

$$(2\text{-}42)$$

式中:r_i,r_b 分别为冰盖和河床的无因次粗糙度特征值。

上述方程已被有关学者(Tatinclaux 等)在实验室中(模拟冰块的孔隙率 $p_f = 0$)证实;函数 f_T 随着冰块的相对长度($\frac{l_f}{t_f}$)的增加而增加。当相对长度 $l_f/t_f < 3$ 时,f_T 几乎趋于一个定值。在冰盖和河床均凸凹不平,

相对粗糙的情况下,这个定值约为 1.5;而在假设河床粗糙,冰盖完全光滑的情况下,这个定值约为 1.3。对于较长的浮冰 $\left(\dfrac{l_f}{t_f} = 10 \right)$,对应于上述条件的定值分别为 3.3 和 2.1。虽然在实验室里得到的数值并不一定完全适用于河流的结冰,但是这些值对于冰盘在冰盖下输移的研究和现场观测仍具有指导意义。对于孔隙率为 0.6,厚度分别为 0.1 m、0.3 m、0.5 m 的浮冰,$f_T = 1.5$ 意味着 V_{transp} 分别为 0.27 m/s、0.47 m/s 和 0.60 m/s。

由方程式(2-42)很容易地看出孔隙率较大、厚度较小的浮冰比形状相同孔隙率小、厚度较大的浮冰更容易在冰盖下向下游输移。为了解水流速度超过 V_{transp} 的河段上的浮冰的输送能力,Pariset 等对床沙推移质输送公式(Meyer – Peter 方程)进行了修正,通过用浮冰的厚度代替泥沙颗粒的直径计算浮冰的输送能力。这个假设仅仅停在科学假设的阶段,还需要研究成果和资料来证实它。当冰盘在冰盖下向下游输移时,由于冰盘的翻滚碰撞等原因,会破碎成许多较小的冰块。

对于处于悬浮状态移动的体积较小的冰晶体及冰絮的运动,Pariset 等通过对描述浮悬体系的方程进行修正导出的运动过程为

$$u \frac{\partial C_{susp}}{\partial x} = \frac{\partial}{\partial y} \left(\varepsilon \frac{\partial C_{susp}}{\partial y} + w C_{susp} \right) \qquad (2\text{-}43)$$

式中:C_{susp} 为处于悬浮状态冰的体积浓度(无因次数);y 为垂直坐标;x 为沿河流方向的坐标(距离);u 为流速;ε 为紊流涡黏度;w 为冰粒子的上升速率。

如果将 $\dfrac{\partial C_{susp}}{\partial t}$($t$ 为时间变量)项从方程式(2-43)的左边省略,即暗含着假设时间梯度相对其他因素对 C_{susp} 的影响非常小,可以忽略不计,那么就可以计算出冰盖底部单位面积上浮冰的沉积速率。为了对方程式(2-43)积分,需进一步假设"沉积"在冰盖底部的浮冰与冰盖牢固地结合在一起,不能被水流带走。积分之后,Pariset 等计算出了 Beauharnois 运河絮冰在纵向上的"沉积"厚度,并将计算结果与该运河的实测成果进行了比较,由此得出了絮冰"沉积"的速度为 0.15 mm/s 且与直径为 0.75 mm 的球形颗粒的沉积速度相当的结论。这种球形颗粒的直径仅仅是一

种名义尺寸,因为实际冰晶的形状一般为圆盘形。理论分析显示冰的沉积厚度在冰塞的上游端最大,随着向下游距离的增加而减少。而实测的水内冰堆积体剖面图没有表现出这种特性(见图 2-28 和图 2-29)。实测的水内冰堆积剖面图显示在冰塞上游端絮冰堆积厚度最小,冰层最薄。因此,由方程式(2-43)表示的简化的悬浮沉积理论并不能完全表达处于悬浮状态移动的浮冰的输移沉积过程。

沈洪道等认为悬浮的冰从冰盖的前缘开始上升,经过一个较短的距离到达冰盖。浮冰到达冰盖后在冰盖下的输移类似于河流泥沙运动推移质在河床上的运动。这个假设与实际观察到的冰盖下输移的水内冰大部分是由较粗的通常与砾石的大小相当的结果是一致的。沈洪道等提出的水内冰的输移公式如下:

$$\Phi_i = 5.49(\Theta_i - 0.041)^{1.5} \quad \left\{\Phi_i = \frac{q_i}{Fd_i\sqrt{(1-s_i)gd_i}}; \Theta_i = \frac{\tau_i}{\rho F^2(1-s_i)gd_i}\right\}$$

$$(2-44)$$

式中:q_i 为河冰的单宽输送能力;τ_i 为作用在冰盖底面的水流剪应力;d_i 为水内冰的公称直径;F 为水内冰的无因次上升速率,定义为无量纲数 $w/[(1-s_i)gd_i]^{1/2}$;s_i 为淡水冰比重,约为 0.92;ρ 为水的密度,1 000 kg/m^3;g 为重力加速度,9.8 m/s^2。

对于直径 5~15 mm 的水内冰,$F = 1 \pm 0.03$(由沈洪道等提供的资料计算所得)相当于水内冰上升的速度为 6~11 cm/s。式(2-44)主要是根据实测的黄河结冰厚度的资料分析得到的。沈洪道等还根据上述成果计算了冰凌的输移速率,并将那些无因次冰凌流量与多种推移质方程的计算结果进行了比较。沈洪道等连续两年实测的黄河冰晶 d_i 的平均值为 7~11 mm,冰晶颗粒的尺寸分布具有明显的不连续性,其跳跃跨度要超过一个数量级。

需要着重指出的是,式(2-44)中单宽河冰的输送能力代表着在一定的剪应力下河道中可能输送冰的最大能力。因此,q_i 并不总是与实际输送冰的数量相等。如果某一断面上游来冰的流量小于 q_i,那么来冰就会顺利通过该断面,不会发生"沉积"。另外,当上游来冰的冰量超过 q_i 时,上游来冰与 q_i 相等部分将通过该断面,而超过 q_i 部分将会"沉积"在该断面处,"沉积"就会发生。

五、河道窄冰塞的形成及特性

根据国际水利学会河冰学分会的定义:冰塞是由对水流起约束作用的碎冰或冰片组成的静止不动的堆积体。这一定义包含着在河底堆积的锚冰。本节只讨论顶部的冰塞(即冰盖下的冰塞)而不讨论河床底部和水流侧边界上形成的冰塞。

从冰塞的定义可以看出,在浮冰间的孔隙水被冻结连成整体后,形成的单层冰盖也适用于冰塞的定义,并被河冰学分会称为表面冰塞。像任何其他的冰盖一样,表面冰塞引起流体阻力增加。在没有水量调度的河段,相同流量下水位会因为水流阻力的增加和浮冰漂流水深的要求(约为冰厚的9/10)而升高。在水流条件受约束的河段,水位受到约束将会产生对流量减少的补偿(即河道的流量比相同水位的流量要大)。除非另有规定,本节的其余部分都假设水流条件处于自然状态,而不受其他条件控制。

表面冰塞对水位的影响与另一类冰塞(国际水利学会河冰学分会称为厚冰塞)对水位的影响相比要弱得多。厚冰塞主要是由那些到达冰盖前沿潜入水中但又不能被冰盖下的水流带走因而"沉积"下来的浮冰形成。这种情况发生在浮冰潜入水中的速率(q_{subm})超过河道输冰能力的河段上。

冰塞的主要特征是其厚度。冰塞厚度是引起水位升高的主要因素。冰塞厚度引起的水位升高由两部分组成,其一是由于冰塞占据了河流中水体的部分空间而引起的水位壅高;其二是冰塞厚度使水流阻力增加,引起水位升高。Beltaos(2001)等研究表明,在冰塞厚度增加过程中,冰塞绝对粗糙度的增加是导致河流水位上升的主要原因。在天然河流中,冰塞是由不同尺寸和运动方向的浮冰组成的,不同位置和部位的冰塞,其厚度变化相当大,难以准确预测,因此要定量描述冰塞厚度的空间变化是非常困难的。尽管如此,我们研究冰塞厚度在横向的平均值,即冰塞厚度沿河宽方向的平均值还是能获得非常有意义和实用价值成果的,因此在以下的讨论中,如果没有特别说明,冰塞的厚度应理解为其横向平均值。

由河道上游浮冰潜没和"沉积"形成的冰塞厚度可由下式计算(Michel,1971):

$$F_{R.\,appr} = \frac{V_{appr}}{\sqrt{gH}} = \sqrt{2(1 - s_i)(1 - p_J)}\left(1 - \frac{t_J}{H}\right) \qquad (2\text{-}45)$$

式中：$F_{R.\,appr}$ 为行近水流的弗劳德数；V_{appr} 为行近水流的平均流速；H 为冰盖处的总水深，约等于行近水深；t_J 为冰塞厚度；p_J 为冰塞孔隙率，其值大于单块浮冰的孔隙率。

冰塞形成后，或者能够保持稳定并向上游延伸相当远的距离（稳定冰塞），或者如果外部的作用力超过了冰塞本身的强度，它就会崩溃（不稳定冰塞）。不稳定冰塞崩溃后形成的单块冰体紧接着相互重叠、嵌入而形成长度比原来冰塞短而厚度比原来大的冰塞。Pariset 等称这种不稳定的冰塞为河道窄冰塞，而把稳定冰塞称为河道宽冰塞。我们现在讨论的冰塞就是河道窄冰塞。

式（2-45）成立的条件是水流不会在冰盖上面漫溢。虽然 Pariset 等和 Michel 曾使用过这个评判准则，但是方程的建立者起初提出的方程的右边并没有孔隙率项。Pariset 等和 Michel 的文献中都包含着支持式（2-45）的实验数据，但没有解释这两者之间差异的原因。Spyros Beltaos 对每一个公式的起源进行了较为深入的研究，并且得出了从理论上解释哪一个公式更正确是很困难的，且 Michel 的公式在解释野外观测成果时似乎是更合理些的结论。

分析式（2-45）可以看出，冰盖前的行近水流存在一个极限弗劳德数。当行近水流的弗劳德数超过这个极限时，行近水流会漫过已形成的冰盖。这个极限弗劳德数发生在 $t_J/H = 1/3$ 处，并且（对于淡水冰 $s_i = 0.92$）

$$F_{R\max} = 0.154\sqrt{1 - p_J} \qquad (2\text{-}46)$$

Kivisild 进行的早期观察表明 $F_{R\max}$ 为 $0.06 \sim 0.09$，这相当于冰塞的孔隙率为 $0.85 \sim 0.65$。上述结果是根据平均水深、流速和冰塞厚度计算得到的。沈洪道等认为如果随着河宽的变化，上述计算要素采用不同的值，计算结果将更合乎实际情况，并且由此计算出 St. Lawrence 河上的极限弗劳德数 $F_{R\max} = 0.09$。

Tatinclaux 于 1977 年提出了窄冰塞厚度形成的不同观点，即最大潜没理论。其基本概念的建立涉及浮冰在水中潜入的深度和在实验室中对公式中的未知系数的测定。实验室用坚硬的冰块或塑料模拟冰块对公式中的未知系数进行了测定。实验表明：潜入水中冰块的厚度对其潜入水

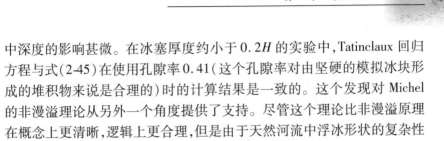

中深度的影响甚微。在冰塞厚度约小于 $0.2H$ 的实验中，Tatinclaux 回归方程与式（2-45）在使用孔隙率 0.41（这个孔隙率对由坚硬的模拟冰块形成的堆积物来说是合理的）时的计算结果是一致的。这个发现对 Michel 的非漫溢理论从另外一个角度提供了支持。尽管这个理论比非漫溢原理在概念上更清晰，逻辑上更合理，但是由于天然河流中浮冰形状的复杂性和模拟冰块的孔隙率不能完全真实反映天然河流中浮冰的孔隙率，因此 Tatinclaux 的窄冰塞形成理论难以在天然河流的实际结冰过程中得到应用。

非漫溢理论和最大潜没理论都构成了冰塞形成的数学表达式，但当行近水流的弗劳德数超过最大弗劳德数 F_{Rmax} 时，上述方程没有实数解。对于非漫溢理论，这仅仅意味着不论冰塞有多厚，水流仅在冰盖的前端漫溢。但是在实际情况下，当 $F_{R,appr}$ 超过 F_{Rmax} 时，所发生的状况比上述情况要复杂得多。按照 Pariset 等论述：这种条件是不稳定的，所有浮冰沉浸在冰盖下，堆积成堆，……，在冰塞产生的水头损失使上述水位抬高，水流速度降低，形成新的冰盖以后，这个过程才结束。同时，Tatinclaux 记载：在水槽中观察到冰塞上游漂来的浮冰被水流带到冰塞下部，在冰塞下游端又重新漂浮到水面（类似的现象在野外也观测到）。

注意到 $V_u \approx V[H/(H-t_J)]$，式（2-45）可被写为

$$\frac{V_u}{\sqrt{gt_J}} = \sqrt{2(1-s_i)(1-p_J)} \tag{2-47}$$

即使是冰塞的厚度只有 0.6 m（大约为较小冰盘厚度的 2 倍），冰盖下水流的速度约为 0.5 m/s（$p_J \approx 0.75$），那么由前面的讨论可知，这个速度也足以使一些浮冰得到搬运。因此，Ashton（1978）的研究认为，窄冰塞的厚度可能是由浮冰的搬移固结所致，而不可能受非漫溢条件所限。

为进一步说明这种可能性，我们同时考虑形成窄冰塞的三种控制条件：上游浮冰的淹没，水内浮冰的"沉积"和冰盖前端的非漫溢。上述三个条件用行近水流的密度弗劳德数 F_{Rd} 来衡量。它受浮力和孔隙率的影响如下。

浮冰淹没：

$$F_{Rd} = \frac{V}{\sqrt{(1-s_i)(1-p_J)gH}} \geqslant \sqrt{\frac{2t_f}{H(1-p_v)}}f_s \tag{2-48}$$

水内浮冰沉积：

$$F_{Rd} = \frac{V}{\sqrt{(1-s_i)(1-p_J)gH}} \leqslant \left(1 - \frac{t_J}{H}\right)\sqrt{\frac{t_f}{H(1-p_v)}}f_T \quad (2\text{-}49)$$

非漫溢：

$$F_{Rd} = \frac{V}{\sqrt{(1-s_i)(1-p_J)gH}} = \left(1 - \frac{t_J}{H}\right)\sqrt{\frac{2t_J}{H}} \quad (2\text{-}50)$$

式中：p_v 为冰塞堆积体的孔隙率，它与冰塞内浮冰块之间的孔隙相关。它与 p_f 和 p_J 的关系为 $1 - p_J = (1-p_v)(1-p_f)$。取式(2-48)至式(2-50)中各个参数的可取值便可得出弗劳德数 F_{Rd} 与冰塞厚度的关系如图 2-24 所示。当形成的冰塞孔隙率 $p_v = 0.4$ 时，外力对冰塞的作用可能使冰塞解体，分解成组成冰塞的浮冰块。在结冰过程中 p_v 可能较小。因为在这个过程中，至少有些浮冰可能破碎成更小的冰块，充填在冰塞内，使其缝隙减小，因此假设 $p_v = 0.3$。这只是便于分析所作出的比较符合实际情况的一种假设，因为截至目前还没有结冰期冰塞孔隙率的实测资料。

冰盖下浮冰输送能力小的河段，仅在 A、B 点之间形成窄冰塞。对应的 t_J/H 值为 0.08 ~ 0.23，F_{Rd} 值为 0.36 ~ 0.52。在图 2-24 中，点 B 位于冰盖非淹没曲线最大值 M 点的左边。这表示冰塞的最大厚度和相应的弗劳德数比由非漫溢方程计算出的最大厚度和相应的弗劳德数要小。因此，在有些文献中记载的形成冰塞时弗劳德数的最大值比由非漫溢方程计算出的相应弗劳德数值要小的原因可能是该弗劳德数值是由冰塞下浮冰输移沉积的临界值控制，而不是由冰盖的非漫溢临界值控制。在冰塞下浮冰输移能力大的河段，如果浮冰的淹没速率足够大，那么在该河段仍然可以形成窄冰塞。在这种情况下，图 2-24 中的点 B 受浮冰的淹没速率影响而跨越 M 点到达 M 点右边。

六、河道宽冰塞形成及水力特性

Pariset 等假设冰塞由水中漂浮的颗粒状冰体组成，计算出了作用在其上的内力和外力。结果表明，河道窄冰塞是不稳定的，在外力作用下容易坍塌。像前面提到的那样，窄冰塞崩溃后接下来便开始冰块之间的堆撞、叠嵌而形成河道宽冰塞。假设河道宽冰塞的厚度刚好承受住作用在

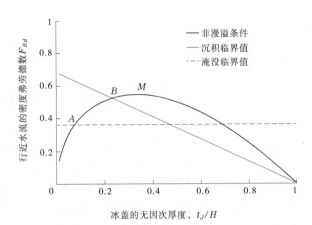

注：其范围为被浮冰在冰塞下"沉积"线和浮冰淹没线所截取的冰盖
前沿非漫溢部分线段，即 AB 弧，各种曲线（临界值）对应
的参数值为 $t_f/H = 0.1$；$f_s = 0.75$；$p_v = 0.3$；$f_T = 1.8$。

图 2-24　窄冰塞密度弗劳德数与冰塞厚度关系曲线

其上的外力，这个条件可用下面的差分方程表示：

$$\frac{\mathrm{d}(\sigma_x t_J)}{\mathrm{d}x} + \frac{2(C_{frict} + C_i)t_J}{B_i} = s_i \rho g S_w t_J + C_i \qquad (2\text{-}51)$$

式中：σ_x 为作用在冰盖上 x 方向的有效应力（不包括孔隙水压力）；C_{frict} 和 C_i 分别为冰塞端部和河道边界之间产生的摩擦力和凝聚力；B_i 为冰盖底部处相对应的河道宽度；S_w 为水面坡降；$s_i \rho g S_w t_J$ 代表单位水平面积上冰塞自身重量在水面坡降方向上的分量。

式（2-51）即为冰塞的外部作用力和内部应力在纵向（x 方向）平衡的表达式。

由于河道侧向的约束作用，冰塞在横向（z 方向）的应变等于零（平面应力状态）。根据莫尔库仑强度理论，应力 σ_x 和摩擦力 τ_{frict} 与浮力在冰塞平均厚度上产生的有效应力 σ_y 成正比，并且受此应力制约。

$$\sigma_y = \gamma_e t_J \qquad (2\text{-}52)$$

γ_e 具有单位重量的量纲，定义为

$$\gamma_e = s_i(1 - s_i)(1 - p_J)\rho g/2 \qquad (2\text{-}53)$$

相应的有

$$\sigma_x = K_x \sigma_y = K_x \gamma_e t_J \ \text{和} \ \tau_{frict} = C_0 \sigma_y = C_0 \gamma_e t_J \qquad (2\text{-}54)$$

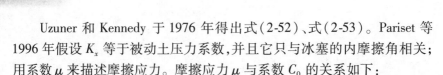

Uzuner 和 Kennedy 于 1976 年得出式（2-52）、式（2-53）。Pariset 等 1996 年假设 K_x 等于被动土压力系数，并且它只与冰塞的内摩擦角相关；用系数 μ 来描述摩擦应力。摩擦应力 μ 与系数 C_0 的关系如下：

$$\mu = (1 - p_J) C_0 \tag{2-55}$$

就棱柱体河道而言，目前有的学者已经证明式（2-51）连同水流阻力方程所描述的冰塞形状如图 2-25 所示，其中冰塞厚度和水深都基本不变的冰塞段将水深向上下游方向增加的两个较短的过渡段分离开来。中间的冰塞段又称平衡段，它可能顺河道延伸数千米长，也可能不存在。这主要取决于能形成冰塞的上游来冰的数量。在平衡段内水面线的比降近似等于河道的比降。一旦平衡段形成，如果上游的来冰量进一步增加，那么仅仅导致平衡段的延伸，最大水深和过渡段的长度不会改变。包含平衡段的冰塞又称为平衡冰塞。目前已能用数学的方法证明如图 2-25 所示的冰塞平衡段的水深是一定流量下由河道宽冰塞产生的可能最大水深。

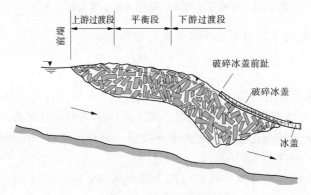

图 2-25 冰塞示意图

从严格意义上讲，平衡的概念仅仅适用于棱柱体河道。但是，如果假设：①所考虑的河段足够长，使之具有河道特性的一般意义；②在所考虑的河段中没有河道控制工程，水流不受干扰，那么在用天然河道的水面坡降代替棱柱体河床坡降后，平衡的概念也可以推广到天然河流中去。这样的假设认为水流的运动要素相对来说是不随流程变化的，即假设河道中的水流流态为近似均匀流。这一假设既符合河道的一般特性，又避免了处理天然河流中所遇到的复杂过程。

在平衡段内,梯度项 $d(\sigma_x t_J)/dx$ 从式(2-51)中消失(即 $d(\sigma_x t_J)/dx = 0$)。解方程式(2-51)可得到平衡段冰塞厚度。将方程式(2-51)的解和平衡段冰塞的测量成果作比较就能得到 C_0(或 μ)和 C_i 的值。系数 k_x 由于和梯度项 $d(\sigma_x t_J)/dx$ 相关,因而在 $d(\sigma_x t_J)/dx$ 不等于零的条件下,不可能确定系数 k_x 的值。

Pariset 等使用 Beauharnois 运河上冰塞资料对前面的公式进行了验证,结果非常理想,得出的 μ 值为 1.3。将冰塞的孔隙率值代入 p_J,由方程式(2-55)便可得出 C_0 值。当冰塞变得不稳定处于解体状态时,C_0 值取 0.4。结冰期,由于浮冰上冻结着大量的孔隙率较高的絮冰、冰花等形式的水内冰而使得 C_0 值有可能高于 0.4。但是这种不确定性不会妨碍计算冰塞平衡段的厚度,因为冰塞平衡段的厚度只与 μ 值相关。

Pariset 等的研究显示,乘积 $C_i t_J$ 为近似于 1.1 ~ 1.3 kN/m 的常数。这个结果表明冰塞的凝聚力与其厚度成反比例变化。如果冰塞厚度的变化范围为 0.5 ~ 4 m,那么 C_i 值的变化范围为 0.3 ~ 20 kPa,跨越两个数量级。这令人产生了怀疑,也由此产生了凭经验得到的 $C_i t_J$ 值是否真实地反映了冰塞凝聚力的疑问。1978 年,米歇尔认为冰塞开始形成时,其坚硬冰层内除了具有内摩擦力和可能存在凝聚力外,还会产生相当大的抗剪阻力。他用坚硬的小冰块堆积起来进行的实验室实验表明,凝聚力的值为 0.1 kPa 或更小。对于开河时形成的冰塞,Beltaos(1995)在文献中记载:使用系数 $C_i = 0$ 和 $\mu = 1.2$(平均值)计算的成果与实测值吻合得较好。

在引入描述冰塞下流体阻力的方程后,宽冰塞的纵剖面可以通过由方程式(2-51)建立的数学模型计算得到。利用这个模型计算解冻期的冰塞,其结果表明 k_x 等于 10 ~ 12,内摩擦角的范围为 56° ~ 59°。由于目前仍没有封冻期冰塞的 k_x 值,而这个参数仅影响冰塞的过渡段,因此封冻期冰塞的 k_x 值取 10 ~ 12 也是合理的。

要编制估算宽冰塞潜在洪灾的简单应用程序,可以通过求解方程式(2-49)(不计左边的第一项)求得 t_J,然后乘以 s_i,再加上宽冰塞下的水深作为冰塞平衡段的水深。为求宽冰塞下的水深,首先要确定两边界流的边界粗糙度特征值,然后通过水流之间的阻力关系求得。对于非黏结性的宽冰塞(形成洪灾冰塞的保守假设),通过理论和野外观测资料分析,得出了具有普遍意义的关于无量纲水深和流量的关系,如图 2-26 所示。从图中看出,影响宽冰塞前水位的主要因素有流量、河道宽度和水面比降,这三个参变量都肯定与水深 h 有关,因此 Q、B_i 或 S_w 的增加都会导致水位升高。以两条虚线为边界的野外观测资料散点图,一方面反映了观测存在着误差,另一方面也反映了不同河流和不同冰塞所产生的流体阻力具有可变性。

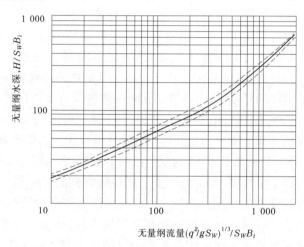

图 2-26　开河期实测宽冰塞平衡段无量纲水深和流量(平均值)关系曲线

七、初始冰盖形成的条件

如果不考虑冰塞的黏结力(凝聚力),Beltaos(1995)应用 Pariset 等的研究成果证明了窄冰塞除在非常小的河流(B/H 约小于 7)外都是不稳定的。这个结论首先在开河期形成的冰塞上得到了证明。开河期冰塞的凝聚力(如果凝聚力存在)在冰塞的形成过程中起的作用极小,因而开河期的冰塞是不稳定的;而封冻期由于非摩擦力对冰塞的稳定性起着较大的作用,因而冰塞较稳定。Pariset 等认为这种非摩擦力属于冰塞的凝聚力。由于非摩擦力是由冰层内的孔隙水冻结产生的(Michel,1978),因此这种作用力是随着时间和沿着冰塞的长度在变化的;由于在冰塞的前沿处孔隙水还未冻结,因而其值为零,随着冰塞向下游方向距离的增加其值也在增加,冰塞不同部位的强度因其暴露于结冰温度以下的时间不同而不同。

固体冰层厚度的增长速率由下式给出(Ashton,1986):

$$\frac{\partial \eta}{\partial t} = \frac{1}{p_J \rho L_i} \frac{T_m - T_a}{\eta/k_i + \eta_s/k_s + 1/h_a} \quad (2\text{-}56)$$

式中:t 为时间;η 为固体冰层的厚度;η_s 为当固体冰层上有积雪时的积雪厚度;L_i 为冰的熔化潜热,3.34×10^5 J/kg;k_i、k_s 分别为冰和雪的导热系数,$k_i = 2.2$ W/(m·℃),当雪的密度为 200 ~ 500 kg/m^3 时,$k_s = 0.1 \sim 0.5$ W/(m·℃);T_a 为大气温度;T_m 为冰水分界面的温度,对于淡水,$T_m = 0$;h_a 为传热系数,用来说明冰或雪的表面和空气之间的热阻,当风速为 0 ~ 4 m/s 时,$h_a = 10 \sim 25$ W/(m^2·℃)。

出现在方程式(2-56)右边分母中的项 p_J 是为了说明冰塞形成过程中冰塞的前端始终有一冰水混合区这一事实。虽然冰盖孔隙水的结冰过程难以定量描述,但是认为结冰过程中冰盖内部的孔隙产生空间变异是合理的。因此,方程式(2-56)可被认为是计算冰盖厚度的表达式,这一厚度为水平面积足够大的范围内冰块厚度的平均值。

假定 η_s、k_i、k_s 和 h_a 为常数,通过对方程式(2-56)积分可得到:

$$\eta = \left(\frac{k_i}{k_s} \eta_s + \frac{k_i}{h_a} \right) \left(\sqrt{1 + \frac{2(86\,400)\theta}{\rho L_i k_i p_J (\eta_s/k_s + 1/h_a)^2}} - 1 \right) \quad (2\text{-}57)$$

式中,θ 代表 $(T_m - T_a)\mathrm{d}t$ 从 0 到 t 的积分,即 $\theta = \int_0^t (T_m - T_a)\mathrm{d}t$,其单位为"℃·d"而不是"℃·s"(因此有换算系数 86 400,即 1 d = 86 400 s)。计算结果表明,当 θ 值较小时(即 $\theta < \rho L_i k_i p_J (\eta_s/k_s + 1/h_a)^2 /2(86\,400)$),$\eta$ 与 θ 有如下近似线性关系:

$$\eta \approx \frac{0.92(86\,400)\theta}{\rho L_i p_J (\eta_s/k_s + 1/h_a)} \quad (\theta < \rho L_i k_i p_J (\eta_s/k_s + 1/h_a)^2 /2(86\,400))$$

$$(2\text{-}58)$$

p_J 和 h_a 分别取 0.6、20 W/(m^2·℃),在没有雪覆盖的冰盖上,θ 的限值是 6.4 ℃·d(η 约等于 5 cm)。在这个 θ 值之外的范围,式(2-58)计算的 η 值偏高。

对于大气温度恒定和无雪覆盖的情况,式(2-58)简化为

$$\eta \approx \frac{0.92 h_a |T_a| x_E}{\rho L_i p_J V_E} \quad [\theta < \rho L_i k_i p_J (\eta_s/k_s + 1/h_a)^2 /2(86\,400)] \quad (2\text{-}59)$$

式(2-59)中 θ 值被 T_m 替换,结冰的时间表示为 x_E/V_E。x_E 是从冰塞前缘算起的距离,V_E 是冰盖前缘向上游推进的速度。观测发现,冰盖前缘向上游推进的速度可达每天数十千米。在人工调度的河流上,V_E 平均值的变化范围为 $0.02 \sim 0.67$ m/s。如图 2-27 所示,V_E 的大小主要依赖于当时的气候(温度)条件。观测的数据点之所以出现离散,部分原因是由于研究对象(冰盖的类型)存在差异,有的冰盖是由于河流中漂浮的浮冰形成的,有的是由于河流中水流条件等的变化而使初生冰层破碎堆积形成的。因此,可以认为图 2-27 中 V_E 的较高值对应着平封封河形式。

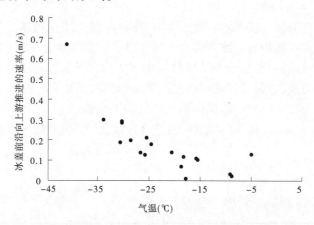

图 2-27 加拿大 Peace 河 Dunvegan 至 TPR 河段冰盖前沿向上游推进的速度(实测值)与气温之间的关系散点图

Andres 认为当冰盖向上游方向延伸时,作用在它上面的外力 F_E 也会向上游方向发展,且

$$F_E = \rho g S_W (R_i + s_i t_J) B x_E \qquad (2-60)$$

冰盖的强度部分受坚固冰层厚度的影响。坚固冰层厚度在气温较低时变得较厚,在冰盖发展较快时形成的坚固冰层厚度相对较薄。

对于冰盘在水面堆积形成的冰盖,Andres(1999)认为其稳定性取决于外力的增长速度和抵抗力增长速度的对比程度。研究表明,冰盖的强度是由固体冰层的正应力 σ_N 提供的,正应力 σ_N 与冰盖的抗压强度或者是抗弯强度相对应。忽略内摩擦力在堆积体边缘上产生的抗剪应力,作进一步简化后,Andres(1999)得到了下列的稳定条件:

$$\frac{|T_a|k_i}{s_i\rho L_i qS_W} \geqslant \beta \qquad (冰盖稳定) \qquad (2-61)$$

式中:q 为单宽流量;β 为安全系数,是与以下因素有关的无量纲数:河道和冰盖的粗糙度特征值,新形成的坚硬冰层的强度,冰盖和单块浮冰的厚度和孔隙率,冰盖向上游发展的速度 V_E,冰盖表面的热能传递系数 h_a。

加拿大的 Peace 河由于人工调节而使河流在一个结冰期频繁地开河、封河。与此相对应,冰盖频繁地崩溃、形成。Andres 用该河流有关河段的实测资料,推导出的 β 值为 0.000 3。将 $\beta = 0.000\ 3$ 以及冰和水的属性值($k_i = 2.2\ \mathrm{W/(m \cdot ℃)}$,$L_i = 3.34 \times 10^5\ \mathrm{J/kg}$,$s_i = 0.92$,$\rho = 1\ 000\ \mathrm{kg/m^3}$)代入式(2-61)可得:

$$\frac{|T_a|}{qS_W} \geqslant 0.42 \times 10^5 \qquad (2-62)$$

虽然安全系数 β 起源于几个简单的假定,但是它的物理结构还是很有意义的。气温较低时能够提高其稳定性,而较大的水面坡降、流速和水深会降低其稳定性(注意:单宽流量 q = 流速 × 水深)。下面举一个用系数 β 来判断冰盖稳定性的例子:假设一个河段的水面坡降为 0.1 m/km,冰盖下的水流速度和水深分别为 0.6 m/s 和 5 m,那么其单宽流量为 $q = 3\ \mathrm{m^2/s}$。将以上值代入式(2-62)得:$|T_a| \geqslant 0.42 \times 10^5 \times 3 \times 0.1 \times 10^{-3} = 12.6\ ℃$,即只要 $|T_a|$ 超过 12.6 ℃,冰盖就是稳定的。因此,在上述动力条件下冰盖稳定的条件是气温小于 − 12.6 ℃或更低。

八、冰盖下水内冰堆积体的特性

(一)堆积体的空间特征

在冰盖下运动的浮冰(水内冰)是由各种大小的冰盘、冰絮或冰花等组成的。当它们在冰盖下运动时,体积较大的冰盘因碰撞而破碎成较小的冰块。同样地,附属于坚硬冰层底部孔隙率较大的疏松冰层也因撞击和坚硬冰层分离,形成形状不定的水内冰。浮冰(水内冰)的这种碰撞分裂极大地提高了其在冰盖下远距离输送的能力。在任何情况下,运动的

浮冰(水内冰)要么沉积在河道断面流速较低的冰盖下,要么在冰盖下游开阔的水面上重新浮出。由于河道几何条件的不同,浮冰(水内冰)在冰盖下的沉积可能产生体积相当大的堆积体。

资料显示:在源源不断产生水内冰的河段,例如在整个冬季持续长时间不封河的急流河段,其下游河段水内冰的"淤积"厚度有的可达数米。有关文献在1686年就对Ottawa河水内冰的"沉积"有过记载。加拿大西部的艾伯塔省的Smoky河流,每年都有大量的水内冰"沉积"在坚硬的冰盖下。1975年3月,实测的水内冰沉积如图2-28所示。在河床局部深坑处的冰盖下沉积的水内冰,形成了300 m长的水内冰堆积体。高程测量成果显示该河段几乎不存在水面比降。此外,图2-29所示的水内冰堆积体的长度为16 km,在该范围内水内冰几乎完全充满了两个急流河段之间的宽阔水域。Michel(1978)认为,在102~113 km水流速度较低的河段能形成光滑的冰盖层。对于113 km以上河段约5 m落差的急流区,当102~113 km冰盖下的水内冰堆积体体积增加时,受水内冰堆积体影响的河道水位也会升高,当水位升高到一定程度时,该急流河段被淹没变为缓流,冰盖继续往上游延伸,随后水内冰沉积继续向上游发展,到118 km处。在这个位置,由于水流速度太高,致使冰盖不能再向上游推进。此外,整个冬季不封河的急流区的尾部也能形成长度较小的水内冰堆积体。

水内冰在冰盖下逐渐堆积,会使冰盖下过水面积减小,水流速度增加。由于水流速度和河床的材料特性不同,在水内冰"淤积"严重的河段,可能会导致河床冲刷。

河流河口段和水库的入口处通常也是容易发生水内冰"淤积"的地方。加拿大Moira河河口就是一个典型的例子。这条河的河口处河床陡,其上游的河道结冰后很长一段时间,河口处仍然不会封河。尽管在该河流上采取了许多工程措施,但是由于水内冰的"淤积"而产生的洪灾仍然时常发生。1977年1月,由于Saugeen河水内冰的严重堆积而在安大略湖的Durham镇产生了严重的洪灾。

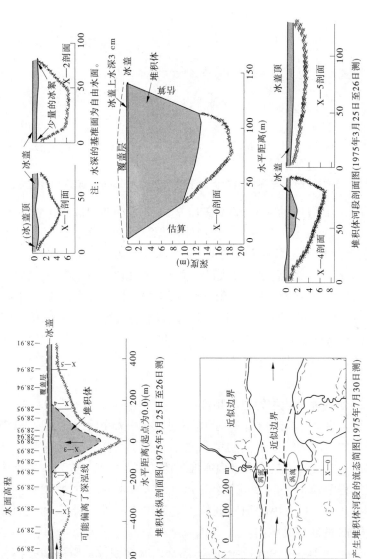

图2-28 加拿大艾伯塔省Smoky河冰盖下水内冰结构形态

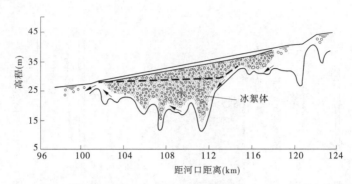

图 2-29　1972～1973 年冬季加拿大昆士兰西部的 La Grande 河水内冰沉积图

水内冰堆积体的潜在破坏在加拿大安大略湖 Thunder 湾附近的 Kaministiquia河上也时有出现。该河流的尾部地势平坦,其水位受 Superior 湖的水位控制。当冬季来临时,水内冰开始堆积的最初地点发生在水位受 Superior 湖水位影响较大的、河道水面比降从正常值突然降到接近零的河段内。在水内冰的堆积过程中,水内冰堆积体在垂直方向变厚、在水平方向向上下游延伸的同时,河道水位开始上升,局部水面坡降变陡。在 Kaministiquia 河上,这种堆积体的厚度虽然不是很大,但是由于水流气候条件和河道几何形态的不同,其壅高的水位也足以引起较严重的洪灾。

(二)水内冰沉积物的材料特性

一般来讲,水内冰堆积体可能由不同形状和大小的浮冰组成,其中包括相当大的浮冰块。浮冰块的堆积通常要先于絮状冰的"沉积"。这种絮状冰体通常被认为是构成水内冰堆积体的主要材料。在水内冰堆积体的形成过程中,典型的冰盘或针状冰因在水体中的碰撞、摩擦而逐渐变成直径只有几个毫米大小的细冰颗粒。图 2-30 为一个冬季末沉积的堆积物(水内冰)的纹理结构图。

Beltaos 和 Dean(1981)在 Smoky 河水内冰堆积体的野外调查报告中指出,该堆积体颗粒大小组成为:直径 1.1～2.4 mm 的冰颗粒的重量占 60%,2.4～4.8 mm 的占 35%,4.8～6 mm 的占 5%。堆积体的"干密度"随着其底部以上的高度 h_f 的增加而增加。当 $h_f = 2$ m 时,其"干密度"约为 450 kg/m^3(孔隙率为 0.51);当 $h_f = 10$ m 时,"干密度"为 600 kg/m^3

注:左图为冰絮完全填满了冰盖与河床之间的过水断面;右图为特写镜头。

图 2-30 2006 年 4 月拍摄的 Kam 河当年冬季末的冰絮体

(孔隙率为 0.35)。堆积体的抗剪强度和承载力具有明显的空间变异性质,并且其强度增加的方向与 h_f 值增加的方向一致。在年际之间其强度值也有差别。一般情况下,抗剪强度和承载力的大小范围分别为 10 ~ 30 kPa 和 100 ~ 300 kPa。堆积体孔隙介质的渗透率 K_p 约为 16×10^{-6} cm^2,此值在粗砂和细砾石的渗透率之间。通过该堆积体的流量 Q_p 可由下式估算:

$$Q_p = K_p A_p g S_W / \nu \tag{2-63}$$

式中:A_p 为水内冰堆积体的过水断面面积;ν 为流体的动力黏滞性系数(在 0 ℃时水的动力黏滞性系数为 1.79×10^{-6} m^2/s)。

假设堆积体里的平均水流速度和水面比降分别为 0.5 m/s 和 0.5 m/km,那么 Q_p 所代表的流量约为 $10^{-5} [A_p / (A_p + A_{flow})]$。即使 A_p 比畅通无阻的过水面积(A_{flow})大 100 倍,那么通过堆积体的渗流量也仅占河道总流量的 1/1 000。

注:渗透系数又称为水力传导系数。在各向同性介质中,它定义为单位水力梯度下的单位流量,表示流体通过孔隙骨架的难易程度,表达式为 $K = K_i \rho g / \nu$。K_i 为孔隙介质的渗透率,它只与固体骨架的性质有关:$K_i = C d^2$,C 为无量纲的常数,d 为孔隙的平均直径。K_i 的量纲为 L^2(L 为长度量纲),ρ 为液体的密度(g/cm^3),g 为重力加速度($g = 9.806\ 65$ m/s^2),ν 为水流动力黏滞性系数,单位为泊(1 泊 = 0.01 g/(cm·s))。

(三)冰盖下水内冰堆积体的数值计算

传统上,定量描述冰盖下水内冰堆积体的演变过程是依据其"沉积"

的临界速度(或极限速度)V_{hd},即当水流速度小于堆积体"沉积"的临界速度时,运动着的水内冰将会"沉积"下来;反之水内冰将会随着水流向下游移动。有的学者研究认为,这个临界速度值的变化范围为 0.3 ~ 1.5 m/s。Michel(1971)认为,这个临界速度值由水内冰的物理形态决定,并且随着水内冰的大小不同而有明显的变化。

图 2-31 是对加拿大安大略湖 Kaministiquia 河河口段水内冰堆积体演变过程的模拟结果。模型计算的结果除重现了河道当时的实测水位外,还计算出了堆积体的厚度可达 4 m。这与 Beltaos 等实地测量的结果非常相吻合。在 VARY – ICE(堆积体厚度测报程序)程序中设定:当河道中的断面平均流速大于堆积体沉积的临界速度 V_{hd} 时,冰盖下的水内冰被水流挟带着一直向下游输移,直到在某一断面其平均流速小于 V_{hd} 时,水内冰才沉积下来发生淤积。如果某一断面上游的水内冰全部发生淤积导致其断面平均流速超过 V_{hd},那么沉积的冰量将会减少,以满足断面平均速度等于 V_{hd} 的条件。继续向下游输移的水内冰,在断面平均流速小于 V_{hd} 的断面上沉积下来,再次循环沉积、冲刷、沉积、冲刷的过程。

注意:图 2-31 中图(a)和图(b)的水内冰厚度在纵向和横向的异同。这两幅图所表示的冰盖下的水深和水面坡降几乎是相同的,而它们沿着水内冰淤积的长度方向(冰塞长度方向)显示出了微小的改变。这不是巧合:在水内冰堆积体下面的水流速度达到 V_{hd} 的河段,其水深和水面坡降也会做出适当的调整,以满足质量和动量守恒。应用连续方程和曼宁系数来表示水流阻力,则有:

$$h_{hd} = \frac{q}{V_{hd}} \tag{2-64}$$

$$S_{hd} = 2^{4/3}\frac{n_c^2 V_{hd}^{10/3}}{q^{4/3}} \tag{2-65}$$

式中:h_{hd} 和 S_{hd} 分别为与临界流速 V_{hd} 相对应的冰盖下的水深和水面坡降;n_c 为综合曼宁粗糙度系数值。

水内冰堆积体的演变过程在本质上是堆积体的厚度和其下的河道水位之间连续不断的调整过程。在这一过程中,河道的断面平均水流流速、水深和水面坡降要分别保持着水内冰沉积时的临界速度及其相应的水深和水面坡降,以使堆积体的前段"平滑"向前发展。因此,如果有持续的

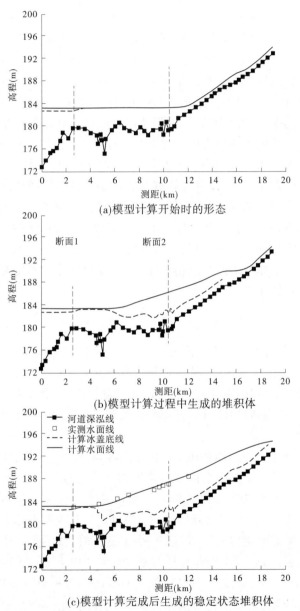

(a)模型计算开始时的形态

(b)模型计算过程中生成的堆积体

(c)模型计算完成后生成的稳定状态堆积体

图 2-31　由一维动模型 VARY – ICE 计算生成的水内冰堆积体，$V_{hd} = 0.75$ m/s

水内冰供给,除水内冰到达的末端为一开敞水面这一条件外(在此条件下,冰盖下的水内冰将浮出水面,被水流挟带着向下游继续推进),那么堆积体会因水内冰的"沉积"而在长度和厚度上继续发生着变化。在封冰的湖泊、海洋、较大水库和河道尾闾三角洲地区,上游的水内冰会在以上区域扩散开来,水内冰在冰盖下沉积的范围要远远大于河道的宽度,堆积体的发展速率将会急剧降低,堆积体厚度的增加和由此产生的水位升高几乎停止。类似的结果也可能发生在具有类似条件的上游河源段。

上述讨论给出了定量确定冰盖下水内冰堆积体的最大可能尺度和相应的河道水位的条件,但没有回答这一条件是在什么样的情况下形成或以多快的速度形成的问题。为了解决这个问题,必须考虑冰盖下水内冰复杂的运动机理和逐日气候条件。由于紊流中水内冰的产生过程已在前面进行了较为详细的讨论,因此下面只对水内冰的输移机理进行说明。

如果不考虑冰盖下的水流相变,沈洪道(1999)等学者将河道中输移的冰质量守恒转化为

$$(1 - P_a) \frac{\partial A_{slush}}{\partial t} + \frac{\partial (B_i q_i)}{\partial x} = B_i w_i \tag{2-66}$$

式中:A_{slush} 为水内冰堆积体的横截面面积;x,t 分别为距离和时间变量;P_a 为堆积体的孔隙率;w_i 为悬浮状态的水内冰净沉积速率。

一般情况下,冰的单宽流量(q_i)由两部分组成:一部分为水中悬浮的水内冰,称为水内冰悬移质;另一部分为沿着冰盖运动的水内冰,称为水内冰推移质。

由"四、冰盖下水内冰的输移"的讨论可知,沈洪道等已经证明了冰盖下水内冰的运动主要以水内冰推移质的模式进行。在这种情况下,方程式(2-66)右边项为零。冰的单宽流量 q_i 主要是作用在冰盖底部的剪应力 τ_i 的函数,其关系式由方程式(2-44)确定。这说明在冰盖的底部也存在着一个临界剪应力 $\tau_{i,crit}$ 值,当 τ_i 小于 $\tau_{i,crit}$ 时,就不会产生水内冰在冰盖下的输移。这个临界值通过假设 $\Phi_i = 0$ 由方程式(2-44)得到,$\tau_{i,crit} = 0.041 \rho F^2 (1 - s_i) g d_i$。当 F 约等于 1 和 d_i 约等于 10 mm 时,通过计算可得 $\tau_{i,crit}$ 约等于 0.3 Pa。当堆积体的底面相对较光滑时(曼宁粗糙度系数为 0.03),此剪应力值与 0.2 m/s 的平均水流速度产生的剪应力相当。在大多数的河流中,水流的速度都可能超过此流速值。

为了进一步说明结冰河流冰盖下水内冰推移质的运动和便于编程处理,我们从水内冰单宽流量 q_i 梯度的角度对表示冰盖下水内冰推移质的运动方程(设方程式(2-66)的右边为零)进行说明。此方程显示水内冰的"沉积"发生在河道下游方向 q_i 减少处。除非中断水内冰的供给或水内冰的单宽流量 q_i 的梯度变为正值或零,水内冰的堆积不会停止。水内冰的单宽流量 q_i 的梯度保持正值意味着水内冰堆积物产生了"冲刷"。这种情况一般发生在结冰后期气温开始回升的季节。在冰盖开始形成的季节这种情况是不会发生的。水内冰单宽流量 q_i 的梯度为零,意味着水内冰堆积物既不会产生"冲刷",也不会产生水内冰的"堆积"。一直向下游方向运动的水内冰在遇到高剪应力区域时,就会沉积下来。沉积的水内冰引起河道局部水力条件发生变化,这又引起上游河段的水力条件产生变化,引起水内冰新的沉积。诸如此类,依靠这种方式水内冰堆积体延伸变厚。这种演变可以通过由沈洪道等学者提出的方程式(2-66)或用较简易的方法进行数学模拟。

最后,重点介绍一下如何用方程式(2-44)来计算水内冰沉积的临界速度 V_{hd}。首先,对于给定的 Φ_i(和 q_i),通过解方程式(2-44)得出 Θ_i(和 τ_i)。接下来将 τ_i 用水面坡降和水力半径表示出来。然后把这些量通过方程式(2-64)和式(2-65)以 V_{hd} 的形式表示出来。最后,解上述方程求得 V_{hd}:

$$V_{hd} = \left[\frac{F^2(1-s_i)}{2^{4/3}m}\right]^{3/7} \frac{q^{1/7}d_i^{3/7}}{n_c^{6/7}}[0.041 + (\Phi_i/5.49)^{2/3}]^{3/7}$$

$$\Phi_i = \frac{q_i}{Fd_i\sqrt{(1-s_i)gd_i}} \tag{2-67}$$

式中,$m = R_i/h$(R_i 为堆积体底部相对应的水力半径,h 为冰盖底部的水深)。Φ_i 的定义见方程式(2-44)。目前只得到了解冻期冰塞的 m 值的分布范围为 $0.5 \sim 0.6$。由于水内冰堆积体在其形成过程中的粗糙度要小于开河期形成的冰坝(冰塞)的粗糙度,因此 Spyros Beltaos 假定水内冰堆积体在封冻过程中的 m 值的变化范围更小,约等于 0.5。当由方程式(2-67)计算出 V_{hd} 后,那么 h_{hd} 和 S_{hd} 的值也就可以通过方程式(2-64)和式(2-65)计算出来。

方程式(2-67)表明水内冰沉积的临界速度不仅取决于由 Michel

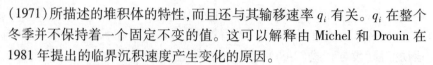

（1971）所描述的堆积体的特性，而且还与其输移速率 q_i 有关。q_i 在整个冬季并不保持着一个固定不变的值。这可以解释由 Michel 和 Drouin 在1981 年提出的临界沉积速度产生变化的原因。

　　图 2-32 表明临界沉积速度 V_{hd} 随着水内冰流量和水流量的增加而增加。图 2-33 显示临界水面坡降（与 V_{hd} 对应的水面坡降）随水内冰流量的增加而增加，但随水流量的增加而减少。

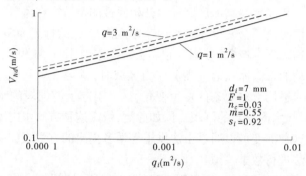

图 2-32　水内冰的临界沉积速度与单宽冰流量变化关系曲线，中间线 $q = 2 \ \mathrm{m^2/s}$

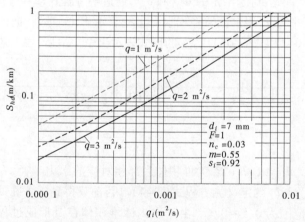

图 2-33　临界水力坡降（与 V_{hd} 对应）随单宽冰流量变化的关系曲线

九、冰盖的水流阻力特性

（一）冰盖对河道水位和流量的影响

江河水面流凌结冰将会引起河道水位抬高。水位抬高的程度要和流体阻力的增加和冰盖漂流所需的水深要求相适应。在恒定流或渐变非恒定流条件下,结冰引起的水位抬升在结冰河段相对来说是比较均匀一致的。因此,可以认为河道在封冰时的水面坡降和非封冰时的水面坡降是一致的。

冰盖对河道水位的影响可以用同流量下河道封冰时的水深(H)和非封冰时的水深(h_{open})的比值来表示,即

$$\frac{H}{h_{open}} = \frac{h}{h_{open}} + \frac{t_s}{h_{open}} \qquad (2\text{-}68)$$

式中:h 为冰盖下的水深;t_s 为冰盖浸没在水中的深度。

比率 H/h_{open} 随着冰盖粗糙度的增加而增加。当冰盖和河床粗糙度相同时,H/h_{open} 约为 1.3。此条件代表了大多数冰盖在封河稳定期和开河前的水流阻力特征。开河期或结冰期形成的冰坝(冰塞)由于其粗糙度大,冰坝(冰塞)堆积体厚,这个比值 h/h_{open} 约等于 2,比值 t_s/h_{open} 约等于 1。因而其总的水深 H 约为同流量下未封河水深 h_{open} 的 3 倍。

方程式(2-68)没有在水位和流量受河道控制工程影响的河流上应用。河道控制工程,例如与河道连通的水库、湖泊对河道水面坡降的影响,通常是使其随着河流水位和流量的增加而增加。这种影响会导致比值 H/h_{open} 小于方程式(2-68)的计算值。在河段上下游均有控制工程的河段,像河段上下游均有大型湖泊与河道连通,冰盖对河道水位的影响会明显降低。例如在 Saint Clair 河上产生的严重冰坝,虽然河道的流量明显减小,但由于湖泊的调蓄作用,而使水位变化不明显。

(二)复合流的水流阻力

理论分析和实验表明,明渠中的水流阻力方程,例如曼宁、谢才方程也可以计算冰盖下的水深 h。要计算冰盖下的水深 h,目前缺乏的是用来较准确地反映冰盖下水流阻力的系数值。在过去的几十年中,通过许多学者的努力,已经形成了冰盖下复合流的概念和理论。这一理论在本质上仍然假定冰盖底部和河床之间的流速分布近似为众所周知的明渠流中的半对数函数形式;每一流层的形态由对应的边界粗糙度控制;最大速度层与零剪应力层相对应。

然而实验室证明后面的假设并不完全正确。有的学者在实验室中发现,对于不对称的水流,例如河床的粗糙度和冰盖的粗糙度不同的流态,

速度最大层与零剪应力层发生的位置与上述假定有微小偏差。在这个实验中，速度最大层与零剪应力层均与光滑的边界靠得较近，然而零剪应力层与光滑边界靠得更近。两平面之间的距离偏差不大。对于由极端粗糙和极端光滑的边界条件形成的复合流，当其弗劳德数与自然河流的弗劳德数数值相当时，这种偏差距离大约为 $0.06h$（h 为冰盖下的水深）。由于这个距离偏差较小，所以简单地省略掉这个间隔值可能是一种合理的近似处理方法。类似的结论也可以由冰盖下紊流 $k—\varepsilon$ 模型的计算结果得到。

根据以上的假设，采用双层流的概念，建立实际河道横断面的水流阻力关系式（见图2-34）。河床的湿周 P_b 近似等于冰盖的湿周 B_i。各自的水力半径 R_i 和 R_b 分别表示为 A_i/B_i 和 A_b/P_b。在下列方程中，下标 i、b 和 c 分别表示冰盖控制的流层、河床控制的流层及复合流层。

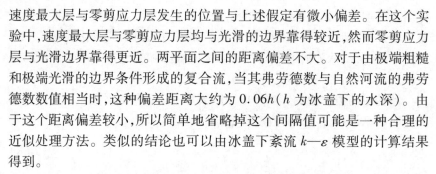

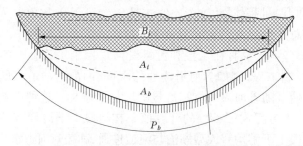

零剪应力线

图2-34　封冰河道双层流概念示意图

A_i、B_i，A_b、P_b 分别为上边界（冰盖）和下边界（河床）控制的过水面积和湿周：

$$V_i \approx V_b \approx V_c \qquad (2-69)$$

$$f_c = (f_i + f_b)/2 \, ; R_i + R_b = 2R_c = h ; \frac{f_i}{f_b} = \frac{R_i}{R_b} \qquad (2-70)$$

$$n_c = \left(\frac{n_i^{3/2} + n_b^{3/2}}{2} \right)^{2/3} \left(\frac{n_i}{n_b} \right)^{3/2} = \frac{R_i}{R_b} \qquad (2-71)$$

式中，f 和 n 分别为达西—维斯巴哈摩擦系数和曼宁粗糙度系数，它们之间的关系为

$$n = (8g)^{-\frac{1}{2}} R^{1/6} \sqrt{f} \quad （国际单位制） \qquad (2-72)$$

　　方程式(2-68)成立的条件是河道的纵横比相当大,$h \approx 2R_c = R_i + R_b$。方程式(2-71)的第一部分通常称为 Sabaneev 或 Belokon – Sabaneev 方程,这是以一位苏联科学家的名字命名的。在 20 世纪 30 年代至 40 年代期间,他对该方程的建立做出了贡献。

　　此外,边界绝对粗糙度产生的达西—维斯巴哈摩擦系数为

$$f = \left[1.16 + 2\lg\left(\frac{R}{D}\right) \right]^{-2} \tag{2-73}$$

式中,D 为粗糙高度的第 84 百分位数值。上述方程是由 Limerinos 根据砂砾石河床提出的。后来证明该公式也适用于河床粗糙度相当大的其他河流及开河期的冰塞(冰坝)。如果砂粒的当量粗糙度取 3.16d,那么方程式(2-73)也可以用来计算天然河流中充分发展的紊流的摩擦系数。该方程已经在 Nikuradse 和后来的研究者的许多实验中得到了应用。

　　方程式(2-73)表明,相对粗糙度 D/R 控制着水流阻力参数,例如 f 和 n(见方程式(2-72))。方程式(2-73)所示的 f 随 R/D 的变化如图 2-35 所示。

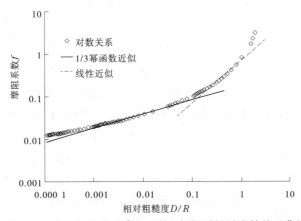

图 2-35　充分发展的紊流摩阻系数 f 与相对粗糙度的关系曲线

　　在大多数天然河流的相对粗糙度范围内(如图 2-35 中的实直线,$D/R = 0.001 \sim 0.07$),方程式(2-73)可近似由方程 $f \approx 0.18(D/R)^{1/3}$ 表示。因此,方程式(2-72)表示为

　　　　$n \approx 0.05D^{1/6}$　(国际单位制,$D/R = 0.001 \sim 0.07$)　(2-74)

这与 Strickler 公式是等价的。这个公式说明了天然河流中 n 值变化

的局限性:如果 d 值改变 10 倍,n 值仅仅改变 1.5 倍。

当相对粗糙度大于 0.1 时,曼宁系数的大小将主要受水力半径以及边界粗糙度的制约。当河流中形成冰塞(坝)时,D/R 的变化范围为 0.14～1.2。由图 2-35 可知,$f \approx 0.70(D/R)$(图 2-35 中的虚线),因此方程式(2-72)近似表示为

$$n \approx 0.095D^{1/2}R^{-1/3} \quad (\text{国际单位制 } D/R \approx 0.14 ～ 1.2) \quad (2\text{-}75)$$

(三)冰盖的极值粗糙度对河床视阻力的影响

从方程式(2-70)看出河床和冰盖产生的水流阻力占总的水流阻力 ($\rho gh S_W$)的量值分别与各自的水力半径相关,并且有:

$$\tau_i = \rho g R_i S_W = \left(\frac{R_i}{h}\right)\rho gh S_W; \tau_b = \rho g R_b S_W = \left(\frac{R_b}{h}\right)\rho gh S_W \quad (2\text{-}76)$$

因此,研究复合流的关键就是如何把水深 h 正确地分为 R_i 和 R_b 两部分。目前确定 R_i 和 R_b 的通常做法是假定冰盖控制层和河床控制层中的流速分布均为对数分布形式,同时在距冰盖底部 R_i 处和河床底部 R_b 处的流速值相同。通过反复实验发现,R_i/h(R_b/h)是以 h/D_i 为参变数的冰盖和河床粗糙度比率的函数,R_i/h 与 D_i/D_b 的关系如图 2-36 中的连续曲线所示。图 2-36 中所标注的方形和三角形数据点为应用紊流的 $k\sim\varepsilon$ 模型计算的结果。该模型计算的冰盖下的流速分布与实测的流速分布吻合得相当好。当以不同的 h/D_i 值作参变数时,用沙粒的当量粗糙度 k_s 模拟冰盖的当量粗糙度会使数值计算和分析更加便利。因为 $h/k_s=1$、2、10 等,是与 $h/D_i=3.16$、6.3、31.6 等相当的。

在图 2-36 中看到,中等粗糙度冰盖($h/D_i>30$)的紊流 $k\sim\varepsilon$ 模型计算结果与双层流理论计算的结果吻合得相当好。对于非常粗糙的冰盖($h/D_i<10$ 和 $D_i/D_b>5$),按双层流理论计算的结果和紊流的 $k—\varepsilon$ 模型计算的 R_i/h 都远远大于 0.6。例如,当 $D_i=1$ m,$D_b=0.05$ m,且水深 $h=3$ m(在形成冰塞时取上述值是合理的),则 $D_i/D_b=20$ 和 $h/D_i=3$。由图 2-36 可知 $R_i/h=0.73$,R_b 仅仅约为水深的 1/4。然而经验表明,开河期形成冰塞(冰坝)时,R_i/h 的比率很少超过 0.6。因此,在复合流的上部边界是由粗糙度非常大的冰盖组成的情况下,河床的视粗糙度很明显被放大。

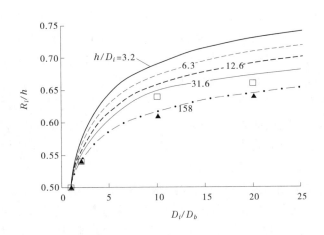

注：h/D_i 为参变数，方形为 $h/D_i = 31.6$，三角形为 $h/D_i = 158$。

图 2-36　冰盖阻力控制的水深与冰盖和河床粗糙度比值关系曲线
（曲线表示双层流理论计算结果，数据点为 $k \sim \varepsilon$ 模型计算结果）

　　Gerard 和 Andres（1982）用加拿大亚伯达省 North Saskatchewan 河结冰期形成的冰塞下的水流速度垂直分量分布的实测资料证明了上述河床的视粗糙度确实得到了放大。R_i/h 的变化范围为 $0.42 \sim 0.67$，平均值为 0.50。Beltaos 认为 n_b 值的变化范围为 $0.05 \sim 0.07$，与 D_b 值的变化范围 $0.27 \sim 0.73$ m 相对应。而该河段未结冰时，其水文资料显示 n_b 约为 0.022，D_b 的变化范围为 $0.006 \sim 0.02$ m。这些数值显示在结冰期形成冰塞的河段上，n_b 和 D_b 分别包含着约为 3 和 40 的放大系数。

　　目前，对产生这种放大系数的原因还不完全清楚，Beltaos 认为在河床的水力半径 R_b 较小的情况下，可能使河床产生的水流阻力得到放大，因而提高了其视粗糙度。Alcoa 于 2004 年用精度较高的较粗糙的冰塞紊流模型计算成果对此原因进行了解释和补充。与前面的分析和模拟方法不同，该模型的水流上边界不是用冰塞的平均厚度表示（这种冰塞底面的当量粗糙度由人工形成的凸凹面代替）的，而是由实测冰塞厚度空间变化的统计结果所得到的复杂几何形状组成的。这种具有极值粗糙度的模拟外形轮廓更加符合实际，其特点是边界绝对粗糙度伸入流体中的高度可与水深本身相当。模拟结果显示由于上边界使流体向河床方向流动

而使河床的剪应力得到显著放大。由于 Alcoa 在 2004 年的研究中没有提供河床剪应力增加的具体量值,因此 Alcoa 的成果还不能确定河道中形成冰塞时河床粗糙度 n_b 的放大倍数。Savant 等提出的二层流理论分析方法根据对数流速分布,建立了紊流从较粗糙的上边界(冰盖)向河床流动而在河床上产生附加剪应力的显示方程式。这个附加剪应力随着冰盖和河床粗糙度比值的增加而增加。虽然这个剪应力没有大到能解释是什么导致了河槽形成冰塞时其粗糙度 n_b 有 3 和 40 的扩大倍数,但它预测的发展趋势还是正确的。

(四)结冰期冰塞及冰(盖)块的水流阻力

当某一河段的河床和冰盖的水流阻力特性已知时,应用方程式(2-70)~式(2-75)可以确定该河段复合流的水流阻力特性。传统的方法是假设 $n_b = n_{b,open}$($n_{b,open}$ 为未封河时河道的曼宁值),根据经验值估算 n_i,然后由方程式(2-71)计算出 n_c。在相对平静的水面上,冰盖以光滑连续的形式存在(例如岸冰,水库冰盖),冰盖底部也相对较光滑,因此 n_i 取 0.01~0.015 是合适的。

当结冰期形成冰塞时,即冰盖是由形状不规则的体积较小的冰花和冰盘所组成的散状浮冰堆积体所构成时,其水流阻力特性就变得较为复杂。由前面的分析可知,由于冰塞的粗糙度较大,因而使得河床的视粗糙度也大增。苏联学者 Nezhikhovskiy 根据苏联封冻河道冰塞出现后的流量资料,提出了结冰期冰塞粗糙度 n_i 的综合资料报告。该报告把河冰堆积物划分为三种类型:疏松浮冰堆积体、具有坚硬外壳的浮冰堆积体和浮冰块形成的片层结构堆积体。对于新形成的冰塞的粗糙度 n_i,根据其类型也进行了相应的分类,并建立了 n_i 和河冰堆积物平均厚度之间的关系,如表 2-4 所示。

2001 年 Beltaos 通过分析大量的冰塞厚度遥测资料发现,开河期冰塞厚度平均值和 D_i(冰塞粗糙度第 84 百分数对应值)之间有线性关系。由方程式(2-73)可知,水力半径及其水深也会影响冰塞的曼宁系数值。然而使用 Nezhikhovskiy 的资料说明这种影响是困难的,因为在 Nezhikhovskiy 的资料里面,水深 h 均为 2~3 m。

表 2-4 结冰开始时不同类型河冰堆积体的曼宁系数值

堆积体厚度（m）	堆积体类型		
	1	2	3
0.1	—	—	0.015
0.3	0.01	0.013	0.04
0.5	0.01	0.02	0.05
0.7	0.02	0.03	0.06
1.0	0.03	0.04	0.07
1.5	0.04	0.06	0.08
2.0	0.04	0.07	0.09
3.0	0.05	0.08	0.10
5.0	0.06	0.09	—

注:本表由 Nezhikhovskiy 于 1964 年提供。

类型1:疏松浮冰堆积体。由松散的浮冰形成。

类型2:具有坚硬外壳的浮冰堆积体。浮冰较密实,其表面具有较硬的厚冰壳。

类型3:浮冰块形成的片层状结构堆积体。

此外,在计算 n_i 时,还要考虑:①以浮冰堆积体河段的测验断面流速代替其实际平均流速计算 n_i 产生的误差;②利用总过水断面面积代替冰盖和河床控制的过水断面面积(A_i、A_b)计算 n_i 产生的误差。正如 Nezhikhovskiy 所指出的,浮冰堆积体河段的平均流速是用测验断面的流速代替的,而实际平均流速等于流量除堆积体之间河段的当量过水面积。然而要确定这两者之间的误差是很困难的,因为在不同的河段,其河道和冰盖的性质不同,因而这个误差也会相应的变化。Beltaos 对加拿大亚伯达省 Peace 河一特定河段的研究表明,两者之间通常存在 20% 的误差。此外在计算 n_i 时,并不是根据实测的分别由冰盖和河床控制的过水断面面积 A_i 和 A_b(见图 2-34),而是由方程式(2-71)得到:即使用总的过水断面面积计算出 n_c 后,再用小流量未封时的资料计算得到 n_b,然后代入方程式(2-71)计算出 n_i。如前所述,河床粗糙度被放大的效果可能会使 n_i 的计算值偏高。例如,当 $n_{b,open} = 0.03$,类型 3 的堆积体厚度超过 1.5 m 时,

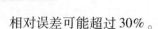
相对误差可能超过 30%。

下面是 n_i、n_b、n_c 的一种实用计算方法：

（1）假设 R_i/h 取某一定值。经验表明 R_i/h 值的变化范围为 $0.5 \sim 0.6$。

（2）用最大粗糙度值逼近 f_i。由图 2-35 知，河流中形成冰塞时，$\dfrac{D}{R} \approx 0.14 \sim 1.2$，$f \approx 0.70\left(\dfrac{D}{R}\right)$（见图 2-35 中的虚线），因此 $f_i \propto \dfrac{D_i}{R_i}$。根据冰塞实测资料分析（见表 2-4），其绝对粗糙度 D_i 与其厚度 t_J 相当，即 $D_i \propto t_J$。

（3）由 $n \approx 0.095 D^{1/2} R^{-1/3}$ 知，$n_i \propto D_i^{1/2} R_i^{-1/3}$，令 $n_i = a_i D_i^{1/2} R_i^{-1/3}$，由式（2-70）、式（2-71）得

$$n_c \approx a_c t_J^{1/2} h^{-1/3}, n_i \approx a_i t_J^{1/2} h^{-1/3}, n_b \approx a_b t_J^{1/2} h^{-1/3} \qquad (2\text{-}77)$$

系数 a_c、a_i 和 a_b 的单位为 $\text{s/m}^{1/2}$。三者有以下关系：

$$a_i = a_c (2R_i/h)^{2/3} \approx 1.07 a_c; a_b = a_c (2R_b/h)^{2/3} \approx 0.93 a_c \qquad (2\text{-}78)$$

式（2-78）中的常数与 R_i/h（$= 0.55$）的中间值相对应。这个公式与开河期冰塞（冰坝）的观测资料相一致。开河期冰塞（冰坝）a_c 的分布范围为 $0.061 \sim 0.074$。此范围也适用于类型 3 河冰堆积体。对于类型 1 和类型 2 河冰堆积体，由于冰盖的实际极值粗糙度值比表 2-4 中的极值粗糙度值要小，因此 a_c 的值也应适当降低。

方程式（2-77）和式（2-78）说明了极其粗糙的河冰堆积体下水流的阻力特征和河床粗糙度增加（$n_b > n_{b,open}$）的相关原因。如果 n_b 的计算值（方程式（2-77））小于 $n_{b,open}$，那么就不能认为冰盖很粗糙，而采用 Nezhikhovskiy 的方法进行计算。这种方法首先从表 2-4 中选择 n_i，然后设 $n_b = n_{b,open}$，并由方程式（2-71）计算 n_c。Nezhikhovskiy 法计算的 R_i/h 值应当等于 $0.5(n_i/n_c)^{1.5}$。如果河床的粗糙度大于冰盖的粗糙度，R_i/h 的值应小于 $0.5(n_i/n_c)^{1.5}$。

如上所述，当计算具有最大粗糙度的河冰堆积体时，读者可能会想到其粗糙度值 n_i 可通过方程式（2-77）计算或由表 2-4 查得。表 2-4 中的 n_i 是 Nezhikhovskiy 通过实测的冰盖的绝对粗糙度和实测的冰盖厚度的正相关关系得到的，其中实测冰盖厚度的最大值是 5 m。然而目前还不知道当冰盖厚度超过建立上述相关关系的最大值（5 m）时，这种相关性是

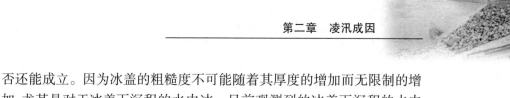

否还能成立。因为冰盖的粗糙度不可能随着其厚度的增加而无限制的增加,尤其是对于冰盖下沉积的水内冰。目前观测到的冰盖下沉积的水内冰厚度最大值有数十米,因此 n_i 的上限值取 0.1 是合理的,此值也是目前所知道的 n_i 的最大值。

由于结冰过程的复杂性和影响因素的不确定性,因此最好把定量的凌洪预报建立在曼宁系数标定值的基础之上。在标定了实测水位的河段上,就可能确定复合流量的粗糙系数 n_c。n_i 和 n_b 的近似值可以通过假设 $R_i/h = 0.55$ 得到,此值为凭经验所得的 R_i/h 变化范围的中间值。已知此比值后,就可应用公式(2-76)估算冰盖和河床的剪应力。对于研究结冰引起的河床冲刷,需求解剪应力精确值的河段,在确定 R_i/h 时要有满足研究精度要求的垂向流度测量成果剖面图或高精度的紊流模型。

十、槽蓄水量

冬季河流结冰所产生的严重后果之一是河冰在河道内形成冰塞而产生洪灾。此外,河冰还会使河道流量减小。河流在小流量下运行往往会增加水质降低的可能性或因水量减小而不能满足用户需水的要求。

对于大多数结冰河流而言,河道中出现结冰时的流量通常较小。因为在这个季节,大气中的降水通常以雪的形式存在,形不成地表径流。因此,河道中的流量在整个冬季会持续减少或由于上游河道和地下水的补给而基本保持一个定值。从结冰期末到春季开河期来临水位又开始回升。然而,由于河冰所产生的水流阻力的复杂性,深冬季节并不是河道流量最小的时候。河冰对河道水量的影响大体可分为下面三种类型:第一种类型:河道全断面结冰,后续来水被河冰完全切断。最典型的情况发生在宽浅的小型河流中。持续的后续来水在结冰体的表面冻结形成"积冰"。积冰的规模相当大,在春季开河期到来之前不会对下游河道中的水量产生影响,春季融化后产生的水量对下游河道影响较大。河道全断面结冰通常发生在高纬度地区,并且对下游河道的水量有较大的影响。第二种类型:槽蓄冰量形成,其影响作用与积冰基本相同。在河流封冻期,因为冰盖不断变厚使结冰速率降低,所以槽蓄冰量的形成在结冰之初表现得最明显。第三种类型为槽蓄水量的形成:冰盖的存在引起河道水位抬高,以满足水流阻力增加和浮冰漂流所需的水深要求。因此,只要冰

盖向上游方向发展,就需一定的水量冲填由于冰盖产生、流动而使水位抬高所产生的空间。

槽蓄水量形成的物理机理如图 2-37 所示。这里假设由于河道上游持续不断的浮冰到达冰盖前沿堆积而使冰盖不断向上游方向推进,冰盖前缘及其下游的水深要比距冰盖前缘较远未封河处且水深不受冰盖影响的上游 0—0 断面的水深大得多。在这里我们把这两个水位差称为结冰引起的回水。对于 0—0 断面和 1—1 断面之间不同的位置,河道流量是不同的:在 0—0 断面处,由于没有回水的影响,因此其回水量等于零,在 1—1 断面处回水量达到最大值。在 1—1 断面以下,回水量不再发生变化而基本保持一个常量。上述回水模型建立的条件是冰盖和河道特性在空间上存在均一性,冰盖以均匀的速率向上游方向发展。

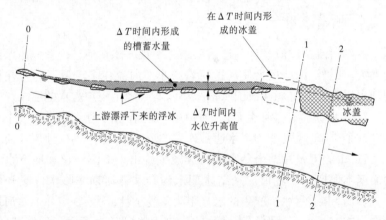

注:其中 0—0 断面处的水深未受到冰盖发展的影响。
在 ΔT 时段内通过 2—2 断面的水量比 0—0 断面的水量要少,
在 ΔT 时间内形成槽蓄水量,从而造成冰盖前沿水位上升。

图 2-37　结冰产生的槽蓄水量示意图

图 2-38 说明了实际的槽蓄水量对河道流量的影响。在这个例子中由于槽蓄水量的产生使河道在该断面产生了当年的最小流量。根据实测的水位流量关系曲线,河道流量最大降幅(河道流量最小值)出现在当年的 11 月 24 日,最大降幅约为 60 m^3/s,为相应测验断面未结冰时同一时间点相应流量的 60% 左右。应该注意的是,这个流量值是根据实测的水

位推算出来的,而不是实际测验值。Prowse 和 Carter(2002)对马更些河(Mackenzie River)上的实测资料分析后得出,由于河道结冰所引起的流量减少值能达到未封河时相应流量的 50%,见图 2-39。

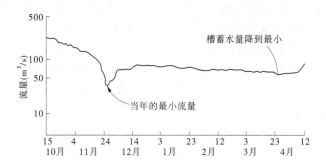

图 2-38　加拿大克利尔沃特河(Clearwater River)某断面冬季流量过程曲线

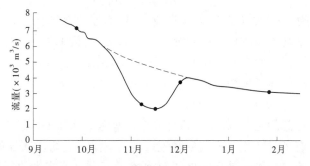

图 2-39　马更些河某断面的流量变化过程曲线(图中圆点为实测值)

　　河冰的阻水效果(河道结冰后所通过的流量与其未结冰时所通过的流量差),最好采用冰盖不断向上游发展的非恒定流数学模型来确定。对于河宽变化相对较小,需要快速评估河冰阻水效果的情形,Beltaos 根据河冰和水流的连续性,提出了一个简化计算方法。为了简单起见,他还假设冰盖向上游发展的速度为一常数,水面线平移抬高、延伸。在时间增量 ΔT 内,由于水位升高所形成的槽蓄水量由图 2-37 的阴影面积表示。根据 0—0 断面和 2—2 断面之间的水量守恒,计算出 2—2 断面的单宽流量比 0—0 断面的单宽流量的减小值 Δq 为

$$\Delta q = q_0 - q_2 = V_E \big[h_2 + s_i t_c - h_0 - s_i (1 - p_c) t_c + s_i N_{f0} t_{f0} (1 - p_{f0}) \big]$$

$$(2\text{-}79)$$

式中,具有下标 0 和 2 的量分别对应 0—0 断面和 2—2 断面;V_E 为冰盖前端向上游推进的速率;h_2 为 2—2 断面冰盖下的水深;t_c、p_c 分别为冰盖的厚度和孔隙率;h_0 为 0—0 断面的未封河水深,并且此处的水深 h_0 未受封河产生的槽蓄水量的影响;N_{f0} 为 0—0 断面处浮冰浓度(淌凌密度);t_{f0}、p_{f0} 分别为 0—0 断面处浮冰的平均厚度和孔隙率。$(h_2 + s_i t_c - h_0)$ 为由冰盖产生的全部壅水高度。

假设 0—0 断面和 2—2 断面之间的河宽不会有明显改变,根据流水的连续方程(体积守恒),可导出持续向下游漂浮的流冰堆积形成的冰盖的发展速率为

$$V_E = \frac{q_{i0}}{t_c(1 - p_c) - N_{f0}t_{f0}(1 - p_{f0})} \qquad (2\text{-}80)$$

式中:q_{i0} 为流冰在 0—0 断面处的单宽流量。

$$q_{i0} = N_{f0}t_{f0}(1 - p_{f0})V_{s0} \qquad (2\text{-}81)$$

式中:V_{s0} 为 0—0 断面处的表面水流速度,对于未结冰的河段,其表面流速和断面平均流速的比率(α_s)接近一个常数,约为 1.1(也可以从河道流速分布的近似对数方程导出)。方程式(2-79)和式(2-81)也可以通过对水流和流冰的连续偏微分方程积分导出,只不过要注意在假设近似恒定流的条件下 $\partial/\partial t \approx V_E(\partial/\partial x)$。

值得注意的是,上面的分析计算中没有考虑冰盖下冰的单宽流量,因此也就没有考虑冰盖下冰的单宽流量对上游浮冰运动及冰盖发展和槽蓄水量的影响。为更正确深入地了解河冰对河道过流能力的影响,就要研究在冰盖前沿停留堆积的浮冰和在冰盖前沿附近水域淹没沉积下来的浮冰。下面将 q_{i0}、N_{f0}、t_{f0} 和 p_{f0} 理解为在冰盖前沿和其底部下缘处不被水流带走而沉积下来的浮冰的对应值。换言之,具有 q_{i0}、N_{f0}、t_{f0} 和 p_{f0} 参数值的浮冰或堆积在冰盖的前沿或"沉积"在冰盖的下缘,成为冰盖的组成部分。

应用方程式(2-79)~式(2-81),可以证明比值 $\varepsilon = \Delta q/q_0$ 主要受 c_i(定义为 q_{i0}/q_0)和冰盖的相对厚度(t_c/h_0)的影响。相关的参数包括冰的比重 s_i、冰盖的孔隙率 p_c、冰盖和河床的摩擦系数比值 f_c/f_b。对于 $s_i =$ 0.92 及 f_c/f_b 和 p_c 分别取 2.0 和 0.7 的情形,ε 和 c_i 的关系如图 2-40 所示。

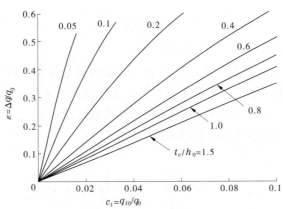

图 2-40　以 t_c/h_0 为参变数的 ε 和 c_i 的关系图($f_c/f_b = 2.0$；$p_c = 0.7$)

图 2-40 表明 ε 随着冰流量的增加而增加,随 t_c/h_0 的增加而减少。ε 随 t_c/h_0 的变化趋势表明河冰使河道流量的减小值 Δq 随上游未封河段的水深 h_0 的增加而增加,随着冰盖厚度的增加而减小。后一种效果与我们在直观感觉上可能相反。因为可能感觉到较厚的冰盖产生较多的回水,因而槽蓄水量也较大,河道流量的减小值 Δq 也增大。然而河冰导致的河道流量减小值 Δq 还与槽蓄水体发展的速度 V_E 有关。当冰盖较厚时,V_E 会降低。这个效果(方程式(2-80))足以抵消冰盖变厚使槽蓄水体体积增加的效果。

应用方程式(2-81)可把河冰的相对流量 c_i 表示为

$$c_i = \alpha_s N_{f0}(1 - p_{f0})\frac{t_{f0}}{h_0} \qquad (2\text{-}82)$$

当 α_s、N_{f0}、p_{f0} 和 t_{f0}/h_0 分别取 1.1、0.3、0.6 和 0.2 时,计算出来的 c_i 值约为 0.03,其对应的 ε 值的变化范围为 0.1 ~ 0.35。当 ε 取上限时,封冰河段以平封的形式封河。对于以平封形式形成的冰盖,$t_c \approx t_{f0}$。当流凌密度达到 0.6 时,c_i 的值会增加一倍,达到 0.06,ε 的变化范围为 0.2 ~ 0.6。

实际工作中,测量和估计冰流量并由此计算 c_i 值是非常困难的。而冰盖向上游推进的速率 V_E 可以通过地面观测和空中摄影测量很容易地确定。应用方程式(2-80)、式(2-81)可得到:

$$c_i = \frac{(1 - p_c)(t_c/h_0)V_E}{1 + (V_E/\alpha_s V_0)V_0} \tag{2-83}$$

式中：V_0 为 0—0 断面的平均流速。

图 2-41 为加拿大亚伯达省阿萨巴斯卡河某水文站在河道结冰时的流量和河道未结冰时的流量差值的年际变化情况。从图中看出，在 2002 年和 2005 年，ε 持续的时间较短，而且表现的比较平缓（$\varepsilon < 0.25$），然而在 2001 年出现了 $\varepsilon \approx 0.5$ 的峰值，其持续时间近 4 周。

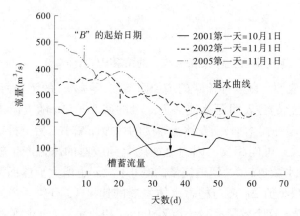

注："B"表示由河冰产生的槽蓄水量。

图 2-41 阿萨巴斯卡河某水文站结冰期流量过程线

如图 2-39 所示，冰盖形成过程中形成的槽蓄水量等于该图中实线和虚线所围成的面积。进入封河稳定期冰盖底部因水流摩擦和水温变化而变得光滑时，部分槽蓄水量会逐渐释放出来，水位也相应降低。而当临近开河、水温升高使冰盖底部变得较粗糙时，槽蓄水量又会增加。当开河期来临，随着冰盖融化、冰质变弱、流量加大，冰盖的范围逐渐缩小，槽蓄水量也在逐渐得到释放，最后在开河时槽蓄水量全部释放出来。由方程式（2-80）可得出由于释放河道槽蓄水量而引起的河道流量增加值的计算式：

$$\frac{\Delta q^*}{q_0} \approx \frac{C_E}{V_0}\left(\frac{h_2}{h_0} - 1\right) \tag{2-84}$$

式中：Δq^* 为由河道槽蓄水量释放产生的河道单宽流量的增加值。C_E 为

冰盖前缘因融化向河道下游蚀退的速率。

方程式(2-84)成立的条件是假定冰盖是完全密实的,其孔隙率 $p_c = 0$;开河时,这些冰全部融化形成槽蓄水量。

这个条件对由浮冰块堆积冻结形成的极厚冰盖层或絮冰是不适用的,因为它们在开河期不能完全融化。对于开河时存在未完全融化的极厚冰层或絮冰的情况,$\Delta q^*/q_0$ 的确定需要更复杂的计算方程。

经验表明,开河前不久坚固冰盖的曼宁系数与河床的曼宁系数相当(如果设定 $n_i = n_b$,那么 $h_2/h_0 \approx 1.3$)。冰盖融化蚀退的速率 C_E 随着当地条件(水力、气温、地形等)的不同而产生变化,可能表现为与冰塞融化释放槽蓄水量相关的水波速度峰值。对于 Mackenzie 河下游结冰河段,具有代表性的冰盖融化蚀退速率为每天十几千米,即 $C_E \approx 0.5$ m/s。而开河期 0—0 断面处的水流速度 V_0 可能达到 1.5 m/s 左右。因此,开河期按方程式(2-84)计算的由槽蓄水量释放而导致的河道流量增加值 $\Delta q^*/q_0$ 可能达到 0.1 左右。这个值相当于 Prowse 和 Carter 对一个特定"案例"研究所得出的 $\Delta q^*/q_0 = 0.15 \sim 0.19$ 的范围。上述研究人员计算出了图 2-39 中的实线和虚线所围成的面积,即槽蓄水量。同时在没有考虑粗糙度影响的条件下,计算出了当年凌汛开河期槽蓄水量释放所产生的河道流量增加值。这项研究表明不考虑开河期河道槽蓄水量释放将会导致由降雨和融雪所产生的春季径流水文计算成果严重失真。

这一节介绍了不同类型的冰塞形成过程,重点为它们形成的物理过程和对其物理过程的数学模拟。河道中的浮冰受到"障碍"物的阻挡会形成疏松的初始河冰冰盖。这种初始冰盖在水流条件、所受的外力、内部抵抗力和气候条件的共同作用下可能会形成冰塞:河道窄冰塞和河道宽冰塞。河道宽冰塞对河道过水断面堵塞严重,对河道过流能力影响大,会引起河道水位较高的抬升。初始冰盖形成后,因其表层孔隙水结冰而成为坚硬的冰盖层。在极其寒冷的条件下,坚硬冰盖层会贯穿包括冰塞体在内的整个冰层。

当水内冰在冰盖下沉积时,形成的堆积体作为冰盖的组成部分,其水流阻力特性与初始冰盖明显不同。当初始冰盖形成后,由于这种堆积体首先在静止的湖泊或流速较慢的河段上形成,因此可以推断河道中的水内冰堆积体是在河道坡降突然减小的河道断面处首先出现的。该断面上

游河段因坡降陡而在较长的时间内保持着开敞水面,产生大量的水内冰。而其下游的河道坡降平缓的河段可能形成冰盖。根据河道的几何形态和上游水内冰的供给量的不同,继而可能形成较厚的河冰堆积体,即形成冰塞,壅高水位。水内冰堆积体的演变受水内冰沉积的临界速度控制,当水流速度大于临界值时就不会形成水内冰堆积体。

结冰期形成的冰塞具有粗糙的底面。文献中记载其最大曼宁值是0.1,其绝对粗糙度可与其下的水深相当。这使得利用双层流的概念来描述复合流的水流阻力特征及确定冰盖和河床产生的剪应力都相当复杂。野外测量成果表明在冰盖的粗糙度相当大时(封、开河时形成的厚度较大的冰塞),河床在封河时的粗糙度要大于其在开敞时的粗糙度。目前虽然对这种现象还没有做出彻底的解释,但是由于较厚冰塞凸起高度可与冰盖下的水深相当,因此可以推断这种现象似乎与水流运动和紊流结构的改变有关。

由河冰引起的槽蓄水量会引起结冰河道下游的流量减小。实测结果和理论分析都表明河冰引起的河道流量减小值要占河道流量相当大的份额,在特殊情况下要占到50%以上。当结冰期的流量较小时,槽蓄水量将会导致河道出现当年的最小流量值,并由此对水质、工业和生态用水产生影响。在开河期冰盖融化释放槽蓄水量时,会产生相反的结果。

河道上下游河段,因所在位置(纬度不同)产生温差,在开河期上游河段气温高、先行开河,释放槽蓄水量,冰水齐下,水鼓冰开;下游河段气温低或突遇寒潮,仍封河未开,易形成冰塞、冰坝,水位急剧(快速)上涨,造成凌汛决溢灾害等极大威胁。这是下游凌汛主要成因之一。

第三章 冰凌观测及预报

第一节 冰凌观测的必要性、内容及要求

一、冰凌观测的必要性

冰凌观测是为了掌握河流结冰情况,为研究冰凌发展变化规律提供准确、翔实的资料而进行的一项重要工作。全面准确的冰凌观测可以为科学防凌提供可靠的依据,也是制订防凌措施的重要环节。

在水利工程建设中,设计水工建筑物计算冰压力时,需要冰厚、流冰速度、凌块大小等资料;在考虑导流方案和围堰设计、水库排冰措施、渠道布置、施工和工程运用等方面,也都需要冰流量、冰厚等资料。

河流结冰时要停止通航,但较厚的封冻冰层又起着桥梁、公路的作用。在考虑航运、木材流放、冰上运输等问题时,需要了解封冻及解冻日期和冰厚等资料。

在流冰期,一些河段流冰堆积会形成冰坝,使水位上涨,威胁堤防安全。在防御凌汛时,需要及时掌握冰情,并根据其变化规律采取措施。

二、冰凌观测预报现状

1952 年,水利电力部颁布《冰凌观测规范》。此后国家在重要江河上组建冰凌观测队伍,布设冰凌观测站网,开始进行系统的冰凌观测和预报工作,为凌汛研究提供了大量资料。20 世纪 50 年代,相关国际机构开始对不同工程问题的冰情现象进行模拟,开展了冰凌力学研究,这在一定程度上推动了冰凌预报工作的发展。1978 年由黄河水利委员会水文局牵头,黑龙江省、内蒙古水文总站、东北水电勘测设计院参加,组成了全国冰情协调组,通过对多个年份有关江河冰情观测成果的整理,在 1990 年编制并出版了《中国江河冰图》,为冰情观测研究提供了依据。目前,由于

遥感技术能够较准确地绘制冰情图,测出江河的冰厚和冰下主河槽的精确位置,因此利用卫星遥感或航空遥感技术观测预报冰情的研究在近期得到了较快发展。

同一期间,黄河水利委员会冰情预报研究也取得了很大的发展。1956年,黄河水利委员会水情科正式开展了黄河的冰情预报工作。最初预报的方法主要采用指标法,即根据观测资料,选出与冰情相关的1~3个指标,根据相关指标的变化,预报冰情发生的日期;随后预报方法有所改进,研究出有冰凌物理成因基础的经验相关法,并逐步建立了大量的冰情预报相关图和关系式。1989年,黄河水利委员会水文局李若宏等主编了《黄河流域实用水文预报方案》,其中的冰凌预报方案一直在黄河防凌工作中应用,并在防凌预报中发挥了很大的作用;20世纪90年代以来,黄河水利委员会在学习国外冰情模拟技术的基础上,建立了黄河冰情预报数学模型,并与芬兰 Atri – Reiter 公司合作,在芬兰研制的冰情预报数学模型的基础上进行了改进,建立了黄河下游冰情预报数学模型。但是这两个模型要求河道大断面间距为200~300 m,而黄河下游大断面测量一方面断面间距太大,通常在几千米以上;另一方面精度也不够,仅在每年汛前(一般5月)和汛后(一般10月)测两次;再者,自20世纪90年代以来,冬季黄河下游流量比较小,利津站有时每秒仅有几十甚至十几立方米的流量,以及黄河下游复杂的河道形态等因素,限制了预报模型的使用。有鉴于此,黄河水利委员会水文局陈赞廷等于1994年建立了黄河下游实用冰情预报数学模型,可素娟等于1998年建立了黄河上游实用冰情预报数学模型。这两个冰情预报数学模型采用经验与理论相结合的方法,结合黄河的实际情况,经运用证明精度较高,且应用方便,至今仍在黄河防凌中发挥作用。

三、冰凌观测预报的内容

影响凌汛的因素是不断变化的。在目前尚无把握确保凌汛安全的条件下,要充分发挥现有各种防凌措施的作用,就需搞好凌汛期的各项预报工作,对各种可能发生的有利或不利的情况预先估计,以便及早采取措施,防止冰凌危害的发生。要做好凌情预报工作,首先要做好凌情观测工作。从目前的需要来看,凌汛期预报工作的内容有三类,即气象预报、水

情预报和冰情预报,与之相对应的冰凌观测则分为冰情观测和水文、气象观测三类。

(1)冰情观测:①结冰流冰期,观测结冰面积、冰厚、冰量、淌凌密度、冰块面积、凌速等;②封冻期,观测封冻地点、位置、长度、宽度、段数、封冻形势、平封、插封、冰厚等;③解冻开河期,观测冰色冰质变化、岸冰脱边滑动、解冻开河的位置、长度、速度,冰凌插塞、堆积、冰堆形成的位置、发展变化情况、堤防出险情况等;④冰情普查,主要普查封冻河段的冰厚、冰量、冰质、冰下过水面积、水流畅通情况等。冰情普查工作于封冻后冰上能行人作业时,由相关部门组织人员统一时间进行普查。

(2)水文、气象观测:水文、气象直接影响河道冰情变化。水文观测由水文站按规范要求进行。黄河结冰期气象观测由沿黄水文站及沿黄各市、县相关单位按气象观测规范要求进行。

第二节　水情观测

水位是指水面在该河道断面处的水尺读数加水尺基点高程所得的水面标高,是河道水流自由水面升降幅度及变化过程的标志,单位为 m,一般记至小数点后两位。河道水位按其作用和表现形式分设计水位、校核水位、枯水位、洪水位、警戒水位、保证水位等。在黄河下游,所谓警戒水位,是指和当年的平滩流量相对应的水位,而保证水位则是指当年的设防水位,它是防洪任务的重要指标。

一、水位观测的基本要求

观测水位必须在规定的观测时间之前携带观测器具、记载簿、铅笔等到达水尺处,到达后先要进行全部观测设备的检查,并根据发现的情况,作必要的处理,以保证观测结果的准确。读数时应使视线尽量接近水面,并靠近水尺。如因风浪或其他原因使水面起伏较大,应对波峰和波谷各读数 2～3 次,取其平均值。在洪水期,务必测得洪峰水位和完整的洪水水位变化过程。如因某种原因漏测最高水位,发现后应立即在断面附近找出两处以上的可靠洪水痕迹,以水文四等测量测出高程,取其平均值作为峰顶水位,并大致判断出现时间,记入记载簿,并在备注栏说明情况。

凌汛期的最高水位也应如此,具体观测内容有:

(1)起涨阶段的水位及出现时间。

(2)涨水过程中均匀分布的水位及相应的时间。

(3)洪峰水位及出现时间。

(4)落水过程中均匀分布的水位及相应的时间。

(5)落平阶段的水位及相应的时间。

发生连续的或重迭的洪峰时,还应观测各次洪峰间转折点的水位。在进行观测时,为了便于掌握测次,观测人员可随时将观测记录点绘成水位过程线,按照上述五项要求,检查测次是否合理,以避免漏测或观测点分布不适当。

在凌汛期,观测人员必须按要求观测河流结冰情况及其对水位的影响,要特别注意对特殊冰情现象的水位观测,必要时要适当增加测次,以测得完整的水位变化过程。在封冻期观测水位时,需将水尺周围的冰层打开,捞除碎冰后读记自由水面的读数。如自由水面低于冰层底面,应在记载簿中注明。若水尺处冻结不能观测,需在河心方向另打冰孔,找出流水位置,增设水尺进行观测。若打开冰孔后,水从孔中冒出向四面溢流,则应待水面回落或平稳后进行观测。若观测断面上发生局部冰上流水且时间较长,则应避开流水地点,另设新水尺进行观测;若全断面冰上流水,则需将原水位观测处的冰孔打开观测水位。发生以上情况时,仍按规定的观测时间进行观测,不得提前或推迟,这也是水位观测人员必须提前到达观测水尺位置的重要原因。在平时还必须注意校测水尺基点高程,以防止基点高程发生变化而产生水位的系统误差。

二、水位观测的时间和次数

水位的观测次数,应视水位涨落变化情况合理确定,以能测得完整的水位变化过程,满足日平均水位计算和水情报送的要求为原则,具体要求如下:

(1)水位变化平稳或在封冻期间没有冰塞现象发生时,每日可在08:00观测一次。

(2)水位变化缓慢时,每日08:00、20:00观测两次。

(3)水位变化较大或出现缓慢的峰、谷时,应于每日的02:00、08:00、

14:00、20:00 观测 4 次。如每日的水位变幅为 0.1 ~ 0.4 m,也应每日观测 4 次;如每日水位变幅在 0.4 m 以上,但每小时变幅不超过 0.05 m,每日观测 6 次;如水位变幅超过 0.05 m/h,应逐时观测。

(4)结冰、流冰、出现冰堆或冰塞时,应适当增加测次,以测出完整的水位变化过程。

(5)对于两个水位站间距过大的河段,当发生冰凌堵塞、水位剧烈升降时,应当加设临时水尺进行观测;在特殊情况下,如发生严重冰塞、冰桥和冰坝,汛情紧张时,应按上级下达的要求进行观测,并固定专人守候水尺,务必保证所测资料准确完整。

三、水位观测资料的整理计算

观测人员应根据观测结果,计算出每次所测水位,求得每次水位后,再计算日平均水位。日平均水位的计算方法有以下几种:

(1)一日内水位变化缓慢,或水位变化虽较大但系等时距观测,采用算术平均法。

(2)一日内水位变化较大,且不等时距观测时,利用面积包围法。也就是利用 00:00 ~ 24:00 水位过程线包围的面积除以一天的时间所得,如图 3-1 所示。

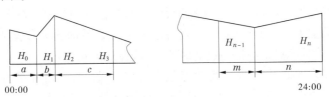

图 3-1 面积包围法示意图

(3)水位变化比较均匀,逐时水位过程线的纵坐标比例尺较大时,可采用图解法。即用透明尺置于水位过程线图上,使直尺 $C \sim C'$ 边与水位过程线上下所包围的面积基本相等,尺边所在的位置就是平均水位的位置,如图 3-2 所示。

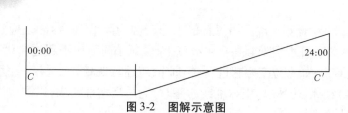

图 3-2　图解示意图

第三节　气象观测

气象资料是研究冰凌发展变化规律,分析气象要素与冰情要素之间关系的重要资料。为做好防凌工作,必须认真做好气象观测工作。

一、气温观测

气温观测包括定时观测和最高、最低气温观测两项内容。平时每日 02:00、08:00、14:00、20:00 时观测四次,并以这四次气温的算术平均值作为当日平均气温。计算日平均气温以 24:00 为日分界。最高、最低气温以 08:00 为日分界,每日 08:00 从最高、最低气温计或自记气温计上读出前 24 h 内的最高、最低气温。如发生冰桥、冰塞、冰坝等特殊冰情现象,在观测水位、冰情的同时,应加测气温。

在温度计上读数时,应尽量使视线与水银柱表面相平,以减小由眼睛所处高低位置不同所产生的读数误差,并应注意及时排除仪器发生的故障,做到随时读数、随时记录、随时检查,确保观测精度。

温度表的安设,要求温度表必须安放在通风良好的百叶箱内,以避免测出小环境大气温度。另外,温度表必须放在统一高度上。规范规定:温度表的球部离地 1.5 m。每日 08:00 观测完最高、最低气温后要对温度表进行调整,使之能感应出次日的最高、最低气温。调整方法为:最高温度表的球部向下,甩动几次,最低温度表的球部向上,让游标下滑。

二、水温观测

水温观测的目的在于掌握水温变化过程,为分析和研究冰凌的形成与消融规律和冰情预报、制订水工建筑物的防冰措施、研究水量平衡、分析水面蒸发因素、有关工厂冷却设备的设计、防止热污染以及水产养殖、农田灌溉、工业和城市给水等方面提供所需要的水温资料。

（1）水温观测地点：一般要求在基本水尺断面上或靠近岸边水流畅通处，使所测水温有一定代表性。

（2）观测时间和次数：黄河下游一般每日08：00观测一次，遇特殊情况应根据上级要求进行。

（3）水温观测注意事项：①水温观测应使用刻度不大于0.2℃的水温计。②水温读数一般应准确到0.1～0.2℃，使用的水温计应定期进行检查。③当水深大于1m时，水温计放在水面以下0.5m处；水深小于1m时，可放至半水深处；水深太浅时，应斜放入水中，但应注意不能触及河底。水温计放入水中时间不应少于5min。

（4）水温计的站上检定：为保证水温观测资料准确，水温计应经常进行检定。检定应在恒温箱中进行。没有恒温箱设备时，可将水温计与标准温度表（应和水温计的精度相对应）一同放在百叶箱中进行比测。没有百叶箱的，可以同时放在水中比测（这种比测也可以起检定作用）。检定或比测的结果应记入观测记载簿。

三、风向、风速观测

凡规定观测风向、风速的测站，一般情况每日08：00观测一次。如遇寒潮侵袭、风速变化较大或配合特殊冰情研究，应根据要求观测，并同时观测风况、风历时等项目。风力等级划分可参照蒲福氏风级表。水尺附近风向观测应按与水流方向关系记载，岸上测站风向则应按方位记载。有风速、风向仪设备的测站，亦尽可能对该项目进行观测，以便及时掌握情况。

四、天气现象观测

观测天气现象主要按雾、雪、雨夹雪、雨、阴、晴等天气情况进行，一般于每日8：00观测水位时同时观测并记载，如有天气变化则须随时记载。

五、日照和辐射观测

日照和辐射是冰凌变化的重要热力因素，在相同气温条件下，有日照、辐射和没有日照、辐射，凌情变化差异悬殊；研究冰凌的热力因素也必

须考虑日照和辐射的作用。因此,开展日照和辐射观测对研究冰凌演变规律和进行冰情预报具有非常重要的意义。根据现有设备条件,凡有日照和辐射仪的测站均要进行日照和辐射观测。

第四节　冰凌观测

一、冰情目测

　　冰情目测是为了形象地了解冰情变化,在基本水尺断面及其附近的可见范围内进行的观测。目测应选择在适宜观察并有足够长度的代表性河段上进行,要求视野开阔、便于观测、水面宽度均匀、观测位置较高且便于观测冰凌密度,以便使观测的冰情具有良好的代表性。一般情况下,观测河段长度小河应不小于 200 m,较宽河流则可达 1 000 ~ 2 000 m;到了夜间,正常情况下,应依靠耳听的方式对冰凌情况进行检测。冰情目测的程序一般按照先远后近、先面后点、先岸边后河心、先重点后局部再到特殊冰情的次序观测。测量项目一般为岸冰的宽度和厚度,棉冰、冰块和冰花等流冰现象及冰堆、冰塞、冰坝等特殊冰情发生的时间、地点(桩号)、范围(长度)及生消情况。在冰情变化急剧复杂时,要适当增加冰情目测次数。

二、固定点冰厚测量

　　在固定点测量冰厚的目的,是随时掌握冰厚的变化过程。冰厚的测量工作一般从河段封冻后冰上能安全行走时开始,至解冻时终止。一般情况下每 5 日测量一次,即每月 1 日、6 日、11 日、16 日、21 日、26 日进行观测。在封冻初期及解冻前,冰厚变化较显著时,每日观测一次。固定点的冰厚测量一般结合当日 08:00 水位观测同时进行。如遇断面封冻很不稳定,按上述时间改测岸冰厚度。

　　固定冰厚测量的地点应能代表河段的一般情况,要离清沟、岸边、浅滩和冰上道路有足够远的距离,并尽可能避开特殊冰情地点,如冰堆、冰塞、冰坝、冰上冒水、冰上积水的地点等。冰厚测量孔应尽可能选在基本水尺断面上。如水尺断面上没有代表性的观测孔,或选孔有特殊困难则

应在原断面附近另选断面并标定其测量位置。

冰厚测量在同一断面上分两处进行。一处在河心,另一处离水边 5~10 m。封冻初期,河心冰厚的测量应在位于边长为 5~10 m 的等边三角形顶点的孔中进行,并使其中一个孔固定在断面上。每次测量后,皆计算三孔冰厚平均值,并与中间(即断面上的冰孔)冰厚相比,若相差不超过 10%~15%,或不超过 2~3 cm,即可只测中间冰孔。若观测数天后,两者相差仍大于上述规定值,则应同时观测三孔,直到解冻。岸边冰厚测量只在一个冰孔中进行。当河道没有全部封冻,无法按上述规定进行测量时,可只测岸冰中间一个孔的冰厚。测量冰厚的冰孔,原则上固定不变,以使前后测量成果具有可比性。测量过程中,要注意冰孔因与空气接触时间较长使冰厚发生畸形、失去代表性的情况。如测得的冰厚度相差过大,与实际情况明显不符,则需更换测点,重新测量。

冰厚测量操作程序一般是:如有积雪,先量取冰上积雪深度,然后开凿冰孔,量取冰絮厚、水浸冰厚与冰厚,将测量结果记入记载表内,并计算河心三孔的冰厚平均值。

当用普通直尺或轻便量雪尺测量冰上雪深时,测点应选在距冰孔 2~5 步(1.5~2.5 m)处。在每一测点上测量 3~4 处未受扰动的雪深,取其算术平均值作为该测点的雪深。测量时把尺子垂直插入雪中,触到冰面,读取雪面读数(记至 0.01 m)。如雪深等于或小于 0.5 cm,则记"0"。在测量的同时应在冰上观察封冻冰层的表面特征如平整、不平整、有无冰堆等,一并记入记载表内。

用普通量冰尺测量冰厚时,要读取冰厚和水面即水浸冰厚的读数。如果发生冰上冒水,须待水面静止后,再测量冰厚和水浸冰厚,此时水浸冰厚可大于冰厚。量测时,冰厚及水浸冰厚都要左、右读二个数,记入记载表内。如冰悬在水面以上,冰厚测量与上述一样,但水浸冰厚填负数,负数即为冰孔中水面与冰底的距离。如冰中有薄的水层,此水层的厚度小于其上下两层冰厚之和的 1/10 时,则将水层厚一并计入总冰厚内;如水层厚度大于其上下两冰层和的 1/10,则须分别测量上层冰厚、水层厚及下层冰厚;如冰上冒水或上游来水在冰上又冻结成新冰层,使冰厚加大或发生连底冻等情况,那么均应将上述情况作为特殊冰凌现象在备注栏内注明。冰盖下有冰花时,应先量冰花厚,然后量冰盖厚。

　　测量冰下冰花厚也可用普通量冰尺,建议最好使用专用的量冰花尺。量冰花尺有道布兰斯基式及折叠式等几种。测量时将量冰花尺放入冰孔,将其横钩或叉脚穿过冰花层,再小心将尺左右转动,同时慢慢上提,如再转动感到费力,且有时能听到接触冰花的"沙沙"声,此时扶正量冰尺读取水面在直尺上的读数,减去水浸冰厚即为"冰花厚"。如此测两次取其平均值,记至 0.01 m。在测冰花厚时,要同时记录冰花现象。如果冰花很少,转动量冰尺非常容易,则在记载表的"冰花现象"栏内记作"稀少";如看得见冰花流动,则记作"流动";没有冰花时记作"无";冰花密集时记作"密集"。

　　观测后,要对冰厚资料进行整理,主要是为了分析冰厚变化的条件、原因,探求冰厚变化规律和检查冰厚资料的合理性。冰厚资料的整理包括以下内容:

　　(1)绘制冰厚、冰上雪深、冰花厚、水位、水温及气温的综合过程线,并绘累积负气温、累积正气温与冰厚的关系曲线。

　　(2)利用综合过程线及关系曲线图,分析测量成果。将冰厚、水浸冰厚、冰上雪深与水位、气温、水温联系作比较,分析其相关合理性,并按下式推求冰厚系数 A。

$$h_t = A \sqrt{\sum (-t)} \tag{3-1}$$

式中:h_t 为冰厚,cm;$\sum (-t)$ 为自日平均气温转负之日起计算的累积日平均气温,℃;A 为系数。

　　封冻初期,冷暖气温交替出现,封冻解冻交错进行,累积负气温与冰厚没有明显的对应关系。因此,日平均气温转负之日应自最后一次封冻时的气温算起。

　　(3)以累积封冻日数为横坐标,相应的冰厚为纵坐标,绘制累积封冻日数与冰厚增长关系图,分析冰厚的变化规律。

三、冰流量测验

　　测验冰花和冰块的流量,统称为冰流量测验,其目的是了解河道的流冰密度和流动冰的输送能力,为研究凌汛和防凌工作提供依据。因此,有条件的测点要努力做好冰流量的测验工作。

冰流量的测验时间为自流冰开始至封冻和自解冻至流冰终了这两段时间。冰流量的测次要与流冰疏密度（淌凌密度）的观测相配合，并能反映出冰流量的变化过程，以满足正确推求逐日及整个流冰期的总冰流量的要求。流凌期间，稀疏流冰（疏密度 0.3 以下）时，每 2～3 d 施测一次；中度流冰（疏密度 0.4～0.6）每日测 2 次；如系阵性流冰，在疏密度最大时增加测次；全面流冰（疏密度 0.7 以上），要根据需要适当加密测次。解冻后刚开始流冰时，凌情变化快，测次应加多，一般 3 h 一次或更多；当河流流冰期较短时，应根据实际情况，适当加密测次。测量冰流量和流冰疏密度，必要时还加测冰块或冰花团厚度及敞露河面宽度。开河后期流冰稀疏时，每日 8∶00、20∶00 观测 2 次；流冰很密，特别是春季开河大量流冰，情况变化急剧时，应及时增加测次，充分掌握流冰量变化，以利于准确分析凌情变化。

冰流量测验河段应顺直，河宽大体一致；在岸冰出现后的河段上测量冰流量时，岸冰间敞露水面宽度亦要求大体一致，且水流平稳。流量测验河段如符合上述要求，最好用它兼作冰流量测验河段。冰流量测验前，应设置一个中断面，有时根据需要还在中断面的上、下布设测速断面。上、下断面的间距应不小于 20 m。用交会法测定冰块流经中断面的起点距时，应设基线。基线的长度应使断面上最远一点的仪器视线与断面的夹角不小于 150°。使用垂直交会法或极坐标法交会测定冰块位置时，应在中断面线上河岸较高处设置高程基点，测出其高程，安置经纬仪。基点高出水面应满足在施测中任一视线的俯角都大于 20°的要求。河岸较低不能满足上述条件时，须建造观测架，以满足仪器需要的高度。中断面最好与测流断面重合，如不能重合，要在断面上设立水尺并在两岸设立标志。上、下断面的两岸也应设置明显标志，如流量测验设置的基线或高程基点能满足冰流量测验的要求，可以兼用。

冰流量测验包括实测流冰量和观测冰流量，内容有开敞河面宽；流冰或流冰花的疏密度；冰块或冰花团的流速、厚度与冰花容重，水位与河段冰情等。测验方法分为精测法与简测法两种。简测法用目估测定疏密度，且测速时不测定起点距，工作比较简单，但精度较低。精测法用统计法测定疏密度，测速时需同时测定冰块流经中断面的起点距，工作比较复杂，精度较高。对冰流量测验的精度要求较高且条件允许的测站，应以精

测法为主,辅以简测法。简测法一般只在冰流量小、冰流量变化迅速,或一日内测次很多时使用。对冰流量测验精度要求较低,或限于人力、设备,不能用精测法的站,可全部使用简测法。

(一)敞露河面宽的测量

敞露河面宽是指两岸固定岸冰间敞露的自由水面宽度。可用垂直交会法施测或直接度量,也可利用断面索度量。

垂直交会法为在河岸的高程基点上安置经纬仪,照准两岸岸冰边缘(无岸冰时,照准水边),测得垂直角 α_1、α_2,按下式计算敞露河面宽:

$$B = Z(\cot\alpha_1 - \cot\alpha_2) \tag{3-2}$$

$$Z = H_\beta + Z_1 - G \tag{3-3}$$

式中:B 为敞露的河面宽,m;Z 为仪器横轴中心至水面高,m;H_β 为基点高程,m;Z_1 为仪器横轴中心与高程基点的高差,m;G 为水位,m。

直接度量法:自两岸断面桩量至岸冰边,测得距离 L_1、L_2,按下式计算敞露河面宽:

$$B = L - (L_1 + L_2) \tag{3-4}$$

式中:L 为断面桩间距离,m。

没有岸冰时,河面宽度可按水位在断面图上量取。断面上设有拦河索时,可在索上等距拴上若干带有重物的绳索,垂到接近水面(离水面 $5 \sim 10$ cm),标志起点距,在断面的上下游直接估读岸冰边的起点距,算出敞露河面宽。

(二)流冰或流冰花疏密度的测量

疏密度是漂流冰花团、冰块的平面面积与敞露河面面积的比值。测量方法分目估法、统计法和摄影法三种。目估法在经常观测与简测法时使用,统计法只用于精测法。

目估法测定疏密度时,可站在观测基点上,综览全河,估计漂流冰块或冰花团面积占敞露河面面积的比数,疏密度值记至小数后一位。河道流凌时,观测河段的河面并不全面流冰,有时仅在部分河宽处成一带状,有时也散于河面的各个部分,河面各部分的冰凌疏密度相差很大。此情形下计算冰凌疏密度时,可先将敞露河宽分成几部分,分别测出各部分的疏密度作为权重,将每部分疏密度与该部分河宽相乘,加在一起,然后除以敞露河宽,即得按权重计算的平均疏密度。为使目估结果准确,观测时最好参照测站事先已精确计算标定的各种疏密度的流冰照片,作为目估的"标本"。

　　用统计法计算流凌疏密度时,要先测定垂线疏密度,然后经过计算求出断面平均疏密度。垂线疏密度可用经纬仪测量或用垂索目测。用经纬仪测量时,应根据当时流冰块或冰花团的疏密分布情况,首先在中断面上选定施测垂线,垂线安设自流冰范围的边缘开始,流冰稀疏处及流速较小处垂线较少,流冰稠密处及流速较大处垂线应较多;当河面宽小于 50 m 时,布设 5 条垂线;河面宽 50~100 m 时,布设 5~6 条垂线;河面宽 100~300 m 时,布设 6~8 条垂线;河面宽超过 300 m 时,布设 8~10 条垂线。然后将经纬仪置于高程基点上安好,照准所选垂线处的水面,测垂直角,计算起点距:

$$D = Z\cot\alpha \tag{3-5}$$

式中:D 为垂线起点距,m;Z 为仪器轴中心至水面之高差,m;α 为俯角。

　　计量垂线上的流冰密度有两种方法:第一种方法是按一定时距,统计流冰的出现次数。一般取 200 s 为一个观测时段、每 2 s 为一个单位时段,观测由 2 人进行,一人司镜,从经纬仪的十字丝上,观察有无流冰通过,一人用秒表掌握时间兼记录,每 2 s 统计有或无,直至 200 s。为提高效率,可用记数器记录冰凌通过的情况。若采用每 2 s 一响的记时钟,可省去人工,一人就能施测。冰的出现次数与总次数百分比,即为疏密度,记至小数点后两位。第二种方法是通过统计流冰通过断面的累计时间,计算疏密度。观测开始开动普通秒表,当每个冰块(或冰花团)开始接触十字线交点时,开动累积秒表,等冰块离开十字线交点时,停止累积秒表。这样一直持续到 200 s,两只秒表同时停止,累积秒表与普通秒表读数之比,即为疏密度,记至小数点后两位。本法一般适用于流冰块较大的情形。当冰块很大、冰流速很小时,每一点施测的总历时,应以连续测得 5~7 个冰块为准。垂索目测法,与上述方法基本相同,一般适用于河宽小于 30 m,如用望远镜观测,适用范围可适当扩大。绳索上的下垂重物不宜过大,否则对精度有很大影响。

　　摄影法适用于河宽小于 150 m 的河流,其优点是能对流冰疏密度的过程进行观测。用摄影法测量疏密度时,照相机距水面高度应不小于河宽的 1/10。拍摄时应将河面流冰情况及上、中、下各断面的标志拍摄下

来。计算疏密度时,应进行投影校正。

(三)冰块或冰花团流速的测量

冰块或冰花团流速(简称冰速)的测量方法与水面浮标法测流基本类似,即以冰块或冰花团作为浮标,每次测若干点,断面上有效测点数视河面宽而定,河面宽小于 50 m,有效测点应不少于 5 点;河面宽在 50 ~ 100 m,有效测点取 5 ~ 6 点;河面宽 100 ~ 300 m,有效测点取 6 ~ 8 点;河面宽大于 300 m,取 8 ~ 10 点。各测点应在流冰(冰花)范围内分布均匀。冰速的测定有简测法和精测法两种,前者不测冰块(或冰花团)流经中断面的起点距,后者则测定起点距。测起点距可用交会法、垂直交会法或垂索目测法。精测法分固定断面与不固定断面两种。固定断面指上下断面都固定,其施测方法与浮标测流相同;不固定断面是指上下断面有一个不固定或两个都不固定,所以冰块(或冰花团)的漂流距离就不是固定的常数。施测时将仪器置于断面上的高程基点,先对准上游某一点,读记垂直角 α_1、水平角 β_1,当有明显特征的冰块(或冰花团)通过十字丝时,即启动秒表,并使照准仪器随冰块(或冰花团)转动,当冰流至中断面,读记照准仪器的垂直角 α,流至断面以下一定距离时,固定仪器,同时停止秒表,读记垂直角 α_2、水平角 β_2。用下式计算冰块(或冰花团)的漂流距离 L:

$$L = Z(\cot\alpha_1 \sin\beta_1 + \cot\alpha_2 \sin\beta_2) \tag{3-6}$$

式中:Z 为仪器横轴中心至水面之高差,m;L 除以历时即得冰速,流经中断面的起点距仍按 $D = Z\cot\alpha$ 计算。

为了简化工作,也可从冰流至中断面,即 $\beta_1 = 0$ 时,开动秒表测量。

(四)冰花团、冰块的厚度与冰花容重的测量

流动冰块的厚度应在岸边测量,或用普通冰尺、活动冰尺量取流经岸边的冰厚,或将冰块打捞到岸上,用直尺测量。每次测 5 ~ 10 块。所测量的冰块,应大小兼有。大小冰块的比例应与流动冰块的比例相当。在测量冰块厚度的同时,要通过冰花采样器的采样测定冰花团样品的厚度及冰花样品的容重。冰花采样器系用 1 ~ 1.5 mm 厚的薄铁皮制成,长度视冰花厚度而定,一般 60 ~ 100 cm,横断面为边长 7 ~ 20 cm 的正方形,离仪器底部 0.5 m 处,有一用金属片制成的阀门,上有直径 2 mm 的小孔,孔间距离 2 ~ 3 mm,在阀门绞链处安有弹簧,阀门可自动关闭。在阀门关闭位置处,筒壁四周钉有 4~8 个钉,可挡住阀门不使其压下。采样时采样器垂直放入水中,水及冰花将阀门顶开进入容器内,当器身下端到冰花以下 0.3 m 时,即将筒提起,阀门因弹簧弹力而关闭,冰花留在容器内。采样后,将平底尺从采样器上端放入,量取冰花厚度,并用秤称得冰花重,另外观测冰花颗粒组成情况及一般颗粒大小,记入记载表的备注栏内。冰花的容重用下式计算:

$$\gamma_{sg} = 9.8 \times 10^3 \overline{w_{sg}}/Ah_{sg} \tag{3-7}$$

式中:γ_{sg} 为冰花容重,kN/m^3;$\overline{w_{sg}}$ 为冰花质量,kg;A 为采样器截面面积,m^2;h_{sg} 为冰花厚,m。

每次测验,在断面上选 3~5 条垂线,共取不少于 15 个冰样,可用船、缆车或利用桥梁在各垂线位置取样。如无过河设备或流冰很密,不能驶船到达河心,可在岸边取样,但数目应适当加多。冰花团很薄时,可将几个冰样合并称重,求平均容重。

施测冰流量时,要同时观测基本水尺与中断面水位以及河道的冰情。

(五) 冰流量的计算

简测法用下列公式计算冰块流量与冰花流量:

$$Q_1 = B \overline{h_1} \, \overline{V_1} \, \overline{\eta} \tag{3-8}$$

$$\overline{h_1} = h_{sg}\beta \tag{3-9}$$

$$\beta = \frac{\overline{\gamma_{sg}}}{0.91} \tag{3-10}$$

式中:Q_1 为冰块流量或经过折实的冰花流量,m^3/s;B 为敞露河面宽,m;$\overline{h_1}$ 为平均冰块厚度或折实冰花厚,m;$\overline{V_1}$ 为平均冰速,m/s;$\overline{\eta}$ 为流冰平均疏密度;h_{sg} 为平均冰花厚;β 为冰花折算系数;$\overline{\gamma_{sg}}$ 为平均冰花容重;0.91 为密实冰块容重。

如河面上流冰疏密度很不均匀,在观测疏密度与冰速时应将河面分成几部分分别观测,按下列公式计算冰流量:

$$Q_1 = \overline{h_1}(b_1 V_{11} \eta_1 + b_2 V_{12} \eta_2 + b_3 V_{13} \eta_3 + \cdots + b_n V_{1n} \eta_n) \tag{3-11}$$

式中:b 为部分河宽;V_{1i} 为部分平均冰速($i = 1, 2, \cdots, n$);η_i 为部分平均疏密度($i = 1, 2, \cdots, n$)。

用下式计算平均疏密度 $\overline{\eta}$ 与平均冰速 $\overline{V_1}$：

$$\overline{\eta} = \frac{1}{B}(b_1\eta_1 + b_2\eta_2 + \cdots + b_n\eta_n) \tag{3-12}$$

$$\overline{V_1} = \frac{Q_1}{B\,\overline{h_1}\,\overline{n}} = \frac{Q_1}{B\,\overline{h_{sg}}\beta\,\overline{n}} \tag{3-13}$$

用精测法测冰流量,计算步骤如下:

根据计算的敞露河面宽,测量各测点冰速、起点距、疏密度、冰花容重、冰块与冰花团平均厚度、平均冰花容重及折算系数,并绘制疏密度及冰速分布曲线。该曲线的横坐标为 B,纵坐标分别为 V、η,其比例尺应使最大冰速及最大疏密度的纵坐标在 $5\sim10$ cm 处。通过各冰速和疏密度测点(个别突出点可不考虑)连一平滑曲线和折线,分别得到冰速和疏密度分布曲线。河中部分流冰时,不流冰部分为空白。根据上述两组曲线,分别查取对应疏密度的相应冰速,填入记载表,计算部分单厚冰流量。

$$q_{\Phi_i} = \frac{1}{2}(V_{1i}\eta_i + V_{1(i+1)}\eta_{i+1})b_i \tag{3-14}$$

式中:q_{Φ_i} 为第 i 部分的单厚冰流量;η_i 为实测疏密度,取两位小数;V_{1i} 为相应测点冰速;b_i 为两实测疏密度测点间的部分河宽。

计算总单厚冰流量 Q_Φ:

$$Q_\Phi = \sum q_\Phi = q_{\Phi_1} + q_{\Phi_2} + \cdots + q_{\Phi_{(n-1)}} \tag{3-15}$$

计算冰流量:

$$Q = \overline{h_1}Q_\Phi = \beta\,\overline{h_{sg}}Q_\Phi \tag{3-16}$$

计算相应的平均疏密度(取两位小数):

$$\eta = \frac{1}{B}\left[\frac{1}{2}(\eta_2 + \eta_1)b_1 + \frac{1}{2}(\eta_2 + \eta_3)b_2 + \cdots + \frac{1}{2}(\eta_{n-1} + \eta_n)b_{n-1}\right]$$

$$\tag{3-17}$$

计算平均冰速:

$$V_1 = \frac{Q_\Phi}{\eta B} \tag{3-18}$$

冰流量测验项目较多,记载表格式也较多,可参考测验规范,表式从略。

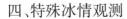

四、特殊冰情观测

特殊冰情通常是指清沟、冰塞、冰坝、冰桥等。其中冰塞、冰坝易阻塞河道,壅高水位,形成凌汛威胁,甚至造成漫溢溃堤,决口成灾。为防止冰塞、冰坝形成或减轻凌汛灾害,就冰凌观测而言,首先把易形成冰塞冰坝的河段作为凌汛观测的重点,加强观测;其次,当形成冰塞、冰坝后,要组织专门力量,加密测点测次,其主要观测方法和要求有如下几点。

(一)加密水位观测

当河道发生严重冰塞或冰坝时,除原设水尺应按规定增加测次外,在冰坝段的上下游还应增设部分水尺。注意在冰坝头部要多设,冰坝尾部可少设,水尺位置要能及时反映冰坝(冰塞)水位及水面比降沿河道水流方向的变化,观测次数应根据冰坝(冰塞)阻水情况及发展趋势适当增加。加密的水尺和增加的测次要以完整地反映出冰坝的变化趋势为原则。

(二)增加封冻断面观测

在出现冰坝(或严重冰塞)的河段,除按"冰凌普查"要求测量封冻断面外,还应在断面间沿主泓溜道布设 3～5 条纵断面线,线间距离一般可取 50～100 m,在每条纵断面线上每隔 30～50 m 打一冰孔,从中找出卡阻最严重处,据以加测横断面,以便尽早测得冰坝卡塞情况,并随即绘出纵、横断面图。

(三)测绘冰情图

在施测纵、横断面的基础上,将各冰孔的冰厚、冰花厚点绘及标注于较大比尺的河势图上(底图可据 1∶50 000 河道图放大成 1∶5 000 局部河道图),并用不同颜色勾绘出不同冰厚及冰花厚的分布状况,再到实地对照加以补充,同时将冰貌、冰质情况描述于图上,作为分析研究和采取防凌措施的依据。

(四)冰量计算

按照前述冰量计算方法,在冰坝发展变化阶段每日或每两日估算一次冰坝冰量。如冰坝封冻已较稳定时可每 5 日计算一次冰量。遇开河前或冰坝有活动象征时应及时掌握冰量变化并向上级报告。冰坝冰量依据

河道冰量守恒计算:即冰坝本身冰量等于上游来冰量减去下游排走的冰量。

对于其他特殊冰情的观测,除观测次数应适当加密外,其观测方法与一般冰情观测方法基本相同。

五、新技术在冰凌观测中的应用

近几十年来,随着卫星遥感监测、计算机数据通信、传感器与电子信息处理等技术的飞速发展,一些实时性强、直观准确的冰凌遥测方法已成为冰情监测的主要技术手段。

由于遥感技术具有宏观性、连续性等特点,可以提供大范围的地面观测信息,因此采用遥感技术监测凌汛,可以使防汛部门及时获得大范围的河道封冻情况,及时发现在封河、开河时期可能出现的险情,及时对已出现的险情进行评估,采取各种防护措施。遥感技术高光谱分辨率、高空间分辨率和高时间分辨率决定了它在地球资源观测中具有绝对的优势。黄河水利委员会自 2002 年启用遥感技术对黄河冰凌进行监测以来,遥感信息作为主要数据资源已在黄河防凌中发挥了重要作用。

目前,对黄河河道冰凌进行实时监测的方法主要有以下几种:

(1)卫星遥感监测技术。首先利用卫星的高分辨率成像光谱仪对黄河河道冰凌情况进行成像,然后通过计算机技术将实时凌情传送给有关防凌指挥机构。

(2)地球物理法。地球物理法即地电冰凌测试法,该方法通过测试地电阻率反演地层岩性及其变化。

上述方法克服了普通目测法观测面小,信息不连续,缺乏对整个河道凌情信息了解的缺点,具有遥感监测范围大,可以获得冰凌的可视化直观图像的优点。

第五节　冰情普查

冰情普查是河道封冻稳定后,为了全面了解河道封冻情况(如封冻河段的冰厚分布、冰花分布、封冻特征、冰质冰貌、冰量、冰下过水面积、水流畅通情况等)而进行的调查研究工作。冰情普查的目的是通过普查,发现封冻河段卡塞重点,并结合气象和冰水条件分析研究凌情严重程度及其发展变化趋势,以便制订出有效的防凌措施。冰情普查在黄河下游的防凌工作中具有重要的作用,历年凌汛的冰塞阻水程度、河槽冰量等大都是通过冰情普查获得的,所以冰情普查是冰情观测的重要任务。冰情普查的内容包括责任段划分,封冻横断面布设,封冻纵横断面测量,资料整理,数据计算和冰情图绘制等。现将冰凌普查的几项主要内容分述如下。

一、观测责任段的划分

由于河道封冻情况复杂,凌汛观测项目较多,因此采取分河段全面进行观测既能了解封冻的全面情况,又便于统一领导,集中使用力量,并可避免重复或遗漏,提高观测效率。根据多年经验,观测任务、责任河段的划分应根据各单位具体情况,按照便于观测工作进行的原则,由上级主管单位统一划分。

二、封冻横断面的布设

冰凌观测责任段确定后,要在责任段范围内布设调查时使用的横断面。布设横断面时,要沿着河道滩地断面桩,自责任段上界桩开始,每隔1 000 m安设一个断面桩,编上桩号,直到责任段下界,同时在桩里侧(靠堤侧)10 m左右处再打一个副桩,供安设对岸桩时作定向使用。需要注意的是:在安设正、副桩位置时,应使正、副桩在河道中泓溜线的垂直线方向上。在断面桩布设过程中,如遇弯道或历年卡凌重点河段,断面桩可适当加密。安设对岸断面桩时,要在本岸已安装好的正、副桩后各竖一根花杆,沿花杆及正、副桩方向瞄准对岸,并在对岸沿瞄准线在滩唇上打桩编号,对岸桩安设完后应及时测量各桩间的间距并作记录以便与本岸桩对照。对岸的断面桩安装完成后,其位置应在本岸正、副桩断面线上。由于河道弯曲两岸纵距可能不相等,故计算冰量时应取两岸间距的平均值。河道断面桩安设完后还应统一测定各桩的高程,以便测量断面时引用。以上外业工作完成后,应将桩的位置绘于1∶50 000河道平面图上,并复制两份上报备查。

三、封冻横断面的测量

(一)观测组织

根据所辖的普查责任段,相关单位要建立适量的专业观测组。凡有测量封冻横断面任务的责任段,一般10 km左右设一观测组;测量封冻断面机遇少的责任段,一般组织一个观测组。观测组每组一般为6人,并配备必需的测量器具和安全设备。每组通常配备的工器具有测绳(或皮尺)一根、冰尺一把、冰花尺一把、测深杆一根、测深锤(也有的用摸水绳绞车)一套、洋镐一把、冰穿一根、水准仪一架(带水准尺),以及记录表格、文具等。冰上作业常用的安全设备有安全绳、安全杆、软爬梯、救生衣、胶手套、胶鞋、冰鞋、棉裤、油布垫肩及暖壶等。

(二)观测内容

封冻横断面外业观测的内容主要包括水位、冰孔位置、水深、冰厚、水浸冰厚、冰花厚、冰上雪深、冰上水深的测量,以及冰貌、封冻冰面特征的观测等;内业工作包括平均冰厚、平均冰花厚、河道断面面积、过水断面面积、冰盖断面面积、冰花断面面积、冰量、冰花量及河段总冰量的计算。为了保证观测资料的连续性及可比性,每个断面两端须安设固定的断面标志,每个冰孔的位置也须做上标记,以便下次能按原来的断面和冰孔施测。

(三)断面间距

封冻横断面间距的大小应根据河道封冻情况及普查时间来考虑。一般在河道弯曲、易卡塞的河段间距应较小,其他河段间距可较大;对插封较严重的河段间距应较小,一般封冻河段可适当放大。第一次普查间距可大些,以后普查视封冻情况逐渐加密。根据以往经验,第一次普查时,在河道弯曲处或冰面高低不平的河段,断面间距以1 km为宜。其他封冻河段可取2 km或稍大。第一次普查时,如发现某一河段冰絮、冰花较多或冰凌卡塞较严重,那么在下次普查时应将该河段的断面适当加密,直至摸清封冻情况。

(四)冰孔间距

封冻断面冰孔间距的大小,要能够反映出断面冰厚变化和冰下冰花厚的变化并具有代表性。布孔测量时,在主溜区间距应小些,边溜区间距大些;冰面起伏不平处间距小些,冰面平整处稍大些;封冻河面宽度小的间距应小些,宽度大的间距可大些。根据以往经验,冰孔间距小者可取 20～30 m,但是若遇到冰厚或冰花厚度变化大的断面,冰孔间距还应进一步加密;冰孔间距大者可取 30～50 m,但最大不宜超过 75 m。

(五)测量方法

封冻横断面测量步骤为量冰孔间距,凿冰孔,测量冰厚、冰花厚及水深和水位等,现将有关各项目的测量方法分述如下:

(1)孔间距测量。测量前在两岸断面桩后各竖一花杆,采用测量瞄距的方法,自本岸至对岸按给定的冰孔间距逐孔标出记号。定孔位时,要使各冰孔位置均在断面线上。为便于下次测量,记号也可标在冰孔上游面 50 cm 处。

(2)凿冰孔。按所标定冰孔位置的冰层厚度差异,可采用斧、镐、冰穿或冰孔机等工具开凿。选择开凿工具时,应以减轻劳动强度和提高工作效率为原则。开凿冰孔直径应不小于 20 cm,冰孔凿完后捞去冰屑并将冰孔四周碎冰扫净,以方便测量。

(3)冰厚测量。将量冰尺插入冰孔并轻微转动,使冰尺的横钩紧贴冰盖底面,从自由水面读出水浸冰厚,再从冰面读出冰厚。水浸冰厚是指从自由水面至冰盖底面的厚度,其值也可在测出水面以上的冰厚以后再从总冰厚中减去此数即得。测量冰厚及水浸冰厚时应顺冰孔断面方向和垂直断面方向各测一次,所得结果分别记入表内。

(4)冰花厚测量。冰花厚是指从冰盖底面以下至冰花底面的距离。测量时将冰花尺从冰孔插入水中至冰花底面以下,使活动拐尺张开,然后徐徐上提,当手感觉到拐尺已与冰花接触时,即略微提紧并从尺把与冰面齐平处读数,再从读数中减去冰厚即为冰花厚度。冰花尺有好几种,若用单向活动拐尺,应顺断面方向和垂直断面方向各测一次并分别记入表内。

(5)水深测量。水深指冰孔内自由水面至河底的深度。在浅水区一般用测深杆量取,深水区用测深锤或摸水绳绞车量测。使用测深杆时应注意使测杆与水面垂直。

(6)水位测量。当冰下水边距断面桩较近且断面桩测有高程时,可用手水准引测;当水边距高程点较远,手水准不能达到精度要求时,则应采用水准仪引测。

（六）封冻横断面测量时间及资料报送

河道封冻后,为了能够及时了解河道封冻情况,当河道封冻冰厚达10 cm 以上,且气温条件能保证冰上安全作业时,即可进行封冻横断面的测量。一般要求 5～10 d 轮测一次,测完后应迅速整理上报,如遇河道封冻段很长且凌情向严重方向发展,应进行全河统一性普查。所有责任段的观测组必须按规定统一行动,同期完成普查任务。

责任段的冰量通常每 5 d 计算一次,在计算五日冰量时,可在每个断面上选择有代表性的冰孔进行冰厚观测,以此作为断面冰厚变化的依据,计算冰量。

测量封冻断面的全部工作应于 1～2 d 内完成。测量应由下游断面开始,逐次向上进行。开凿冰孔后,应立即测量,不可拖到次日。测量过程中,如发现冰厚、冰花的分布情况复杂,原定断面或原定冰孔不能充分反映凌情变化,应根据需要增加辅助断面或辅助测点。施测冰厚的同时,应测定冰下冰花的边界线,否则应补充冰孔测出冰花分布的明确界线,并将测量结果记入记载簿中。

四、冰情图的测绘

测绘冰情图的目的是将内容不易用文字表达的复杂冰情现象用平面图的形式直观地表示出来。冰情图与冰情目测的记录相结合,能较全面地说明冰情变化情况及冰情对河道水位、流量的综合影响。冰情图的测绘时机应根据冰情的目测情况和河道水位情况适当选择,具体测次可参照以下情况来选定:

（1）根据观测条件,一般在结冰期进行 1～2 次,封冰期不少于 2～3次（包括河段冰厚测量和冰情图测绘）,解冻期 1～2 次。

（2）当发生封冻、解冻、重新封冻循环,或出现特殊冰情时,测次应适当增多。

冰情图的河段长度应覆盖全责任段。如时间来不及,可选取典型河段,但应使测绘成果在该河段具有足够的代表性。河段范围也应尽可能包括河流的顺直、弯道、深槽、浅滩等段。对复杂的冰情,其测绘范围应长些,对本段有显著影响的冰情要尽量包罗在内。

冰情图的测绘,应根据河段上布设的封冻断面来进行。在冰情复杂的河段上应增设断面,力求把严重冰情全部测绘在图上。

　　冰情图的底图可用1:50 000的河道地形图。图上应标出测验断面、水尺、水准点等具体位置。底图应复制若干份备用。

　　测绘冰情图应携带观测记载簿、冰情图底图、绘图板及测绘用具、皮尺、望远镜等。测绘时,观测人员先登上观测基点,综览河段冰情全貌,掌握冰情测绘的重点区域,然后沿河进行测绘。在有险工的河段,冰情图可在险工一岸进行测绘;在较宽的平工河段,应视河岸高度及观测范围等具体条件,从一岸或两岸测绘。为确定冰情现象在河流中的位置,应用步测或尺量确定冰情现象至参照点顺河岸的距离。冰情现象沿横断面的距离以河宽的分数表示。如河道很宽,自岸上估测冰情现象沿横断面的距离有困难,也可采用在冰上做记号的办法,例如每隔1/4或1/5河宽在冰面上插小旗、做标志等,解决目测的困难。在沿着一个方向测绘完毕后,应沿原路返回,并逐点校核和补充测绘结果。

　　在冰情图上应绘出各种冰情现象及其范围。一般采用填图法表示冰情现象,即用图例来表示冰情。明显的、看得见的冰情范围线,如清沟、冰上流水边界等,用实线表示;不明显的或看不见的冰情范围线,如不同疏密度的河面流冰之间的分界线、冰盖下冰花分布边界等用虚线表示。野外描绘各种冰情时,最好使用彩色铅笔,图例中的清水部分用浅兰色描绘,其他线条用黑色描绘。如只用铅笔,清水部分可涂成浅灰色,其他线条则重一些,使其在浅灰色的衬底上能分辨清晰。如只用图例来表示冰情,仍嫌不足,可用文字在图上相应位置加注。不能以图例表示的冰情现象如水内冰、冰层浮起、冰变色等,亦可在图上用文字直接说明,并记入冰情观测记载表。

　　此外还有一种写生法,即对某些冰情现象用写生画的形式表达,绘出的冰情图更为形象、生动,但要求绘图者须有一定的写生技艺,故多在指定的测站上应用。一般因时间限制,采用该法的不多。写生法与填图法主要不同之处是,不再用图例表示流冰、流冰花、冰缝、流冰堆积、冰坝等冰情现象,而只用形象写生的方法勾绘河面冰情实况。流冰一般用

　　表示,并且按河面的大致比例绘出冰块在河面上的分布、冰块大小组合、疏密程度等情况。在代表最大、一般、最小三个冰块上注明尺

寸,在岸边标记流冰疏密度。流冰花一般表示为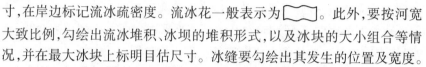。此外,要按河宽大致比例,勾绘出流冰堆积、冰坝的堆积形式,以及冰块的大小组合等情况,并在最大冰块上标明目估尺寸。冰缝要勾绘出其发生的位置及宽度。

野外绘制的草图,在室内要进行加工整理、检查,并和前几次所绘冰情图对照,看冰情变化的描述是否合理,发现问题应及时复查修正。检查后,绘制正式的冰情图,然后进行复制,并及时报送有关部门。冰情图的文字说明,在时间上应根据从上次冰情图测绘以来的冰情资料整理编写,内容上包括这一期间主要的冰情演变概况、冰情发生演变的原因、应加说明的事项等。冰情图上还应注明编号、测绘时间、天气、风向、风力(速)、气温、水位等。

第六节　凌汛观测安全注意事项

做好凌汛观测工作,必须贯彻安全生产的方针,确保生产安全,这是保证凌情观测正常开展和提高劳动生产率的决定性环节。观测期间,必须时刻注意检查安全设施和重视安全操作。现将有关冰凌观测的安全设施和安全操作的有关事项简述如下:

(1)水位观测时,若通向水尺的道路和水尺附近遇有陡岸,或雨雪后路面很滑,应及时清好道路,水尺附近的陡坡或台坎应采取防滑措施,防止失足溺水等意外发生。

(2)封河初期,先佩戴安全工具进行查探,摸清冰层承载能力后,再进行冰上观测,并注意以下各点:

①进行查探时不少于2人,观测过程中应设立负责监视冰凌变化及迹象的岗哨,预筹好随时退回岸上的一切准备。

②参加查探的人员必须穿救生衣并将袖口、裤管、腰身扎紧,人与人之间保持一定距离(2~3 m),且用绳索连起来,同时要避免重量集中。在冰面行走时,应一前一后,顺着断面方向边走边探,直至安全到达彼岸。

③查探前导人员可随身携带一块木板或梯子,作业时踏在木板或梯子上,用镐、斧子等工具沿着前进方向检查冰层强度并进行相关作业。

④后面跟随上冰人员,应手扶梯子、测杆或木板等,防备万一出现危险能及时进行援救。

（3）观测人员上冰前认真检查安全工具是否管用，不能保证安全者，不准使用。上冰时佩戴好安全防护用具，如安全杆、冰鞋、棉手套、救生衣、安全绳等。

（4）上冰人员要听从安全员的指挥，不得擅自活动，要掌握通过观察冰的颜色判别冰质强弱和随时选改行动路线的知识与技能。

（5）当冰面发生较大裂痕或冰层有滑动迹象时，应禁止在冰上进行工作。

（6）进行冰凌普查时，必须分工明确，互相配合，统一指挥，严格纪律，有组织地进行工作。工作中应严格遵守操作规程，加强纪律性，杜绝各行其是及自由行动。每个观测组应选责任心强、有冰上作业经验的同志担任安全员，负责本组的安全检查。在上冰以前，安全员必须认真进行各项安全检查，确保安全。

（7）上冰作业人员要进行体检，不合格的不许上冰。观测中如遇清沟，一般应在清沟边缘 5 m 之外工作，不得接近清沟边缘。

第七节　冰凌预报

凌汛一般是由水流的热力因素、动力因素及特殊的地理位置和河道形态等原因共同作用形成的。冰凌预报是在分析研究冰情形成变化规律的基础上，根据前期有关因素的实时资料，预测未来的冰情。目前，冰凌预报的内容已由最初的封、开河日期，发展到目前的流凌日期、封河长度、开河最大流量以及冰情生消变化的全过程。冰凌预报主要包括气象预报、水情预报和冰情预报三类。

一、气象预报

气象预报是凌汛期预报工作的关键。凌汛期气象预报的主要内容有：冬季各月、旬、候平均气温，以及冷空气活动的时间、轨迹和强度等。

气象预报分短期、中期和长期三种。一般来说，预测未来三天之内的天气变化，称为"短期预报"，10 d 左右的称为"中期预报"，一月、一季以上的称为"长期预报"。对防凌斗争来说，长期预报是制订防凌方案的基础，中期预报和短期预报是实施防凌措施的依据。

二、水情预报

各水文站在进行水情预报时,一方面根据上游来水丰、平、枯情况预报上游的来水量,另一方面还必须进行下游河道的水位预报,为确保下游堤防安全提供水情支持,这就是黄河凌汛期水情预报的主要内容。对于封冰河段,除做好全河段的水情预报外,还应当增加重点河段的水情预报。预报方法可分为本站前后期流量相关法和上下游站流量相关法两种。

(一)本站前后期流量相关法

凌汛期来水量的预报,属于枯水季节的径流预报。该类型的预报是根据退水规律的原理,依据长系列实测资料,建立本站前后期流量的相关关系,用已知的前期流量来预报未来的后期流量。枯季径流主要是由地下水组成的,如果前期流量中包括地面径流量较大,则可以用前期降水量做参数来建立相关关系(见图3-3)。对于相同的前期流量,如前期降水较多,亦即前期流量中包括的地面径流较多,则相应的后期流量要小些。另外,在河流封冻时,有部分水量形成结冰或转化为河槽蓄水,解冻时则相反,因此应取某一参数(如某河段的封冻日期)来考虑这种影响,加入相关图中(见图3-4)。枯水季节,当从河中取水灌溉时,应将灌溉水量与河道流量一并考虑来建立相关关系。对于上游水库的调蓄作用,也应以适当参数(如水库下泄流量)予以反映。

(二)上下游站流量相关法

建立上下游站流量相关关系,可以用上游站前期或同期流量来预报下游站的流量。这类方法包括两种:

(1)邻近上下游站依次相关,以求得上游控制站与需要预报站之间的相关关系,即建立合轴相关图(见图3-5)。

(2)考虑上下游站流量传播时间,建立上游控制站与下游需要预报站间的直接相关,见图3-6。

区间汇流(支流汇入)或分流(灌溉引水)、封冻或解冻等的影响,应以适当参数加入相关图中反映这种影响。

实际工作中,常根据上游控制站已发生的流量过程,考虑洪水传播区间汇流与分流,封冻与解冻的影响,按传播时间依次推求下游站的流量过程。流量的传播时间与流量的大小有关,它可根据实测流量过程线中出

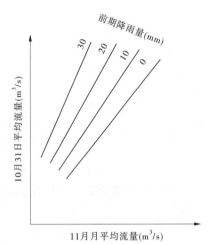

图 3-3　潼关站前后期流量相关示意图（一）

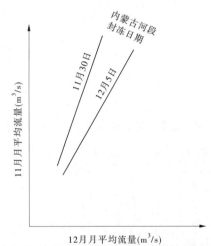

图 3-4　潼关站前后期流量相关示意图（二）

现的洪峰和转折点绘制（见图 3-7）。例如，1974 年黄河凌汛期，曾按表 3-1 所列流量传播时间和区间流量增减值，由兰州站已知流量过程推估潼关站 11 月中旬至 12 月的流量过程。这种方法往往可以取得较满意的结果，但预见期受流程的限制，不可能太长。

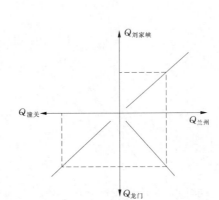

图 3-5　邻近上下游站流量（m³/s）相关示意图

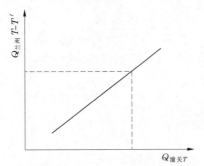

T—T′为兰州至潼关流量传播时间

图 3-6　上下游站流量（m³/s）直接相关示意图

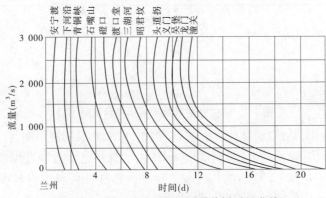

图 3-7　兰州—潼关间各站流量传播时间曲线

（根据实际流量过程线洪峰和转折点计算绘制）

154

表 3-1 黄河兰州至潼关流量传播时间及区间流量增减值参考数据

站名	兰州	青铜峡	石嘴山	头道拐	龙门	潼关
流量传播时间(d)	3		2	7	3	1
流量增(+)减(-)值(m³/s)	-300 ~ -400		+120	-30	+50	+200~250

注:流量增加的原因是支流汇入和灌溉退水;减少的原因是灌溉引水;表中数值仅适用于11月中旬至内蒙古河段封河前。

三、冰情预报

影响冰情变化的因素多且复杂,预报方法可分为三类:一是指标法;二是经验相关法;三是冰情预报数学模型。预报内容可分为两大类:一是冰情特征预报,包括封河形式判别预报、开河形式判别预报、冰情出现日期预报、封河长度预报、凌峰(开河最大流量)预报等;二是冰情生消全过程预报。现将三种预报方法介绍如下。

(一)指标法

用指标法进行冰情预报,20世纪五六十年代在黄河下游逐步被采用。预报项目有流凌日期、封河日期、开河日期和开河凌峰流量。该方法主要是对历年实测资料进行总结、分析、归纳,得到出现某种冰情的热力(气温)、动力(流量)条件。当达到这些条件时,即可出现某种冰情,并以此作为基础进行预测。该方法是一种纯经验统计法,使用比较方便,但存在如下问题:

(1)部分项目预见期短。比如开河日期的预报需要用到开河期瞬时最高水位,如果瞬时最高水位用实测值,则没有预见期,如果瞬时最高水位提前预报出来,则会出现累积预报误差。

(2)考虑因素不全。如开河凌峰流量预报,仅考虑槽蓄水增量的大小,而没有考虑槽蓄水增量释放速度,事实上,槽蓄水增量释放速度对开河凌峰的大小影响很大。由于考虑因素不全,必然造成较大误差,若用上站凌峰预报下站凌峰,则预见期仅有2~3 d,甚至1 d。

(3)每年预报相同项目所用指标和指标大小都一样。由于冰情演变比较复杂,每年情况差别很大,所以指标法会造成一些年份误差较大的现象。

由于指标法存在预见期短、精度差及每年指标固定不变等问题,因此自20世纪60年代后期,该法逐渐被经验相关法代替。

(二)经验相关法

经验相关法主要应用于20世纪60~80年代。由于预报方法和预报项目在逐年的应用中不断修订和完善,因而该法在黄河干支流水文站的冰情预报方案中得到了广泛应用。该预报方法有上下游站预报要素相关和前期要素指标与预报要素指标相关两大类。

本方法基于一定的物理基础,在成因分析的基础上,选择适当的热力和水力因素与被预报因素建立相关图,包括冰情判别预报图,冰情开始出现日期预报图,封冻长度预报图和凌峰预报图等。经验相关法从预报项目到预报精度都较指标法更加完善和精确,预报项目有初始流凌日期、流凌密度、封冻趋势、初始封河日期、封冻长度、冰量、封冻历时、开河趋势、开河日期、开河最大流量及开河最高水位等。

经验相关法仍存在下列问题:

(1)考虑因素不全。从前面各项目的预报情况来看,由于受预报手段以及当时冰凌研究水平的约束,普遍存在预报时因素考虑不全的现象,要么热力因素考虑不全,要么没有考虑水力因素,所以引起一些年份误差较大。

(2)属于静态预报法。经验相关法与指标法类似,都属于静态预报法,即每年都用固定时间内的相关因素值或固定指标进行预报。由于冰情演变比较复杂,每年情况差别很大,处于动态变化之中,所以用这种方法进行预报会出现预见期短、代表因素相关性不好、一些年份误差大等问题。例如预报黄河石嘴山站封河日期时,每年都只考虑开始流凌后10 d的气温累积值和平均流量,由于每年封河日期差别比较大,所以只固定地选这两个因素作预报明显是不科学的。再如预报黄河巴彦高勒站开河最大流量每年仅考虑该站2月中旬的平均流量和2月下旬的平均流量这两个固定指标,而开河最大流量与气温、槽蓄水增量、上游来水量等多种因素有关,所以仅用这两个固定指标预报具有较大的偶然性。其他预报项目也存在这些问题。

(3)应用条件受到限制。这些经验相关法普遍是20世纪80年代中期以前建立的,距现在时间已较长,气候以及河道条件都发生了很大变

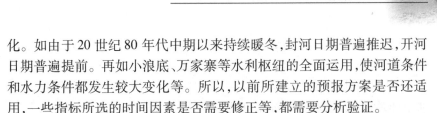

化。如由于 20 世纪 80 年代中期以来持续暖冬,封河日期普遍推迟,开河日期普遍提前。再如小浪底、万家寨等水利枢纽的全面运用,使河道条件和水力条件都发生较大变化等。所以,以前所建立的预报方案是否还适用,一些指标所选的时间因素是否需要修正等,都需要分析验证。

(4)预报方法比较落后,有些预报方案不方便建立关系式,预报时只能查图,这样一方面太慢,另一方面每个人查的可能都不太一样,具有主观性,所以经验相关法也存在一定的局限性。

(三)冰情预报数学模型

冰情预报数学模型,是一种理论与经验相结合的方法,预报项目主要有流凌日期、封河日期、冰盖厚度、开河日期、开河最大流量及最高水位等。该方法一方面是建立在热力学理论与冰水力学的基础上,另一方面又用实测资料率定参数,具有精度较高、预见期长、预报项目全、预报手段先进、快速和可以进行动态预报与实时修正等优点。然而由于冰凌演变的复杂性,目前冰情预报数学模型也存在以下问题:

(1)冰情预报的精度和预见期依赖于气温预报的精度和预见期,所以提高气温预报的精度是提高冰情预报精度的关键。

(2)封河预报研究得比较成熟,开河预报、冰塞壅水计算和冰坝预报还需要进一步完善。

(3)由于缺少风力对结冰影响的观测资料,因此冰情预报数学模型都忽略不计风力因素,其实风力对封河、开河等都有较大影响,忽略风力因素对模型的准确性影响较大。

四、冰凌预报影响因素

在黄河下游历年的防凌过程中,冰凌预报起到了很好的作用。如1966～1967 年度凌汛的封河期间,三门峡水库未控制下泄流量,花园口至利津蓄水量达到 11.2 亿 m^3,下游封河长度 616 km,总冰量 1.4 亿 m^3,是新中国成立以来冰量最大的一年。这年凌汛预报 2 月 2 日开河,可能形成较大的凌峰,为此三门峡水库于 1 月 20 日全关断流,大大削减了凌峰流量,夹河滩开河时流量 696 m^3/s,到利津时流量只有 103 m^3/s,只在局部河段出现卡凌现象,未造成严重凌汛。又如 1979 年春,黄河下游产生了严重冰坝,预报 2 月 10 日开河,三门峡水库适时关闸控泄,下游河道

水位迅速下降,虽然气温回升较快,但是仍然顺利地战胜了凌汛。尽管如此,冰凌预报还不能完全适应黄河防凌的需要,主要由于:

(1)黄河下游是不稳定封冻河段,大部分年份封河,少数年份不封河,有的年份还三封三开,冰情变化很不稳定,比一般河流复杂得多。

(2)冰凌观测很不完善,观测质量不高,研究工作还很薄弱,有些严重冰情如冰坝没有进行过系统观测研究,尚不能很好地掌握其形成变化规律。

(3)黄河下游的冰情预报,涉及的学科较多,如气象学、天气学、热力学、水力学、河流动力学、地质地貌学等,尤其是天气预报的水平直接制约着冰情预报的精度和预见期,对其影响很大。

今后必须加强冰情观测研究,有关学科密切配合,进一步加强冰凌观测工作,不断提高冰凌预报水平,更好地适应黄河下游防凌的需要。

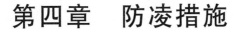

第四章 防凌措施

第一节 黄河凌汛概述

凌汛通常引起江河产生水灾;凌汛期间形成的冰凌洪水称之为凌洪。在黄河下游,由于凌情发展迅速,原因复杂,并且凌汛期天寒地冻,因此凌洪的威胁比伏秋大汛洪水的威胁更严重。历史上曾有"伏汛好抢,凌汛难防""凌汛决口,河官无罪"的说法。

防凌是为预防、消除和减轻凌洪灾害而进行的各种工作的总称。防凌是防洪的一个特例,在预防和除险措施上,由于冰情现象的多样性、复杂性,因此其内容更多、更复杂。

人类对防凌的认识是不断深入的。历史上,人们为抵御洪水采取的最原始措施是筑堤埂把田园庐舍围护起来,后来又发展到堤防工程防御洪水。然而,由于当时生产力水平低,防凌技术落后,工程设施不完善,标准低等原因,一旦遭遇严重凌汛,往往任其自然发展,决口过后再堵其决溢口门。随着生产力的发展和科学技术的进步,就是到了晚清和民国时期防凌措施也比较简单,为防止冰凌对防洪工程的破坏,每当凌汛时仅在险工迎水坝上用木桩扎成防凌排或采取人工措施打冰;涨水偎堤时则组织人力上堤防守,其他就没有什么更好的办法了。

在20世纪50年代以前,人们认为凌汛危害主要是由冰凌堵塞河道引起的,冰凌是产生凌洪灾害的主要原因,其症结是冰。防治的措施是治冰,如爆破、炮轰、飞机投弹、在冰面上撒砂土加速融化等。

20世纪60年代后,又逐渐认识到凌情变化受气温、流量、河道形态等多种因素的影响,冰和水的共同作用是形成冰凌危害的主要原因,"冰借水势、水助冰威"。光有水没有冰固然形不成凌灾,但是没有水的流动,冰量再多,冰凌也只能处于分散的静止状态,形不成凌汛威胁,最终只是就地产生,就地消融,不会形成冰塞、冰坝等险情。

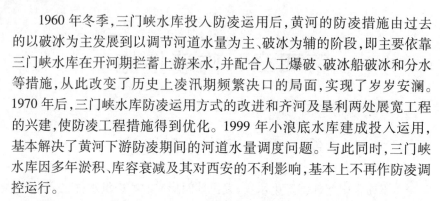

1960年冬季,三门峡水库投入防凌运用后,黄河的防凌措施由过去的以破冰为主发展到以调节河道水量为主、破冰为辅的阶段,即主要依靠三门峡水库在开河期拦蓄上游来水,并配合人工爆破、破冰船破冰和分水等措施,从此改变了历史上凌汛期频繁决口的局面,实现了岁岁安澜。1970年后,三门峡水库防凌运用方式的改进和齐河及垦利两处展宽工程的兴建,使防凌工程措施得到优化。1999年小浪底水库建成投入运用,基本解决了黄河下游防凌期间的河道水量调度问题。与此同时,三门峡水库因多年淤积、库容衰减及其对西安的不利影响,基本上不再作防凌调控运行。

经过几十年防凌实践得出的经验是:对冰凌危害的防治必须采取综合措施;根据河流的不同特点采用不同的方法,方能有效地遏制冰凌灾害的发生、发展。

第二节　工程措施

形成凌洪并构成威胁,必须具备三个条件:第一,低气温形成大量的结冰;第二,有形成凌洪威胁的水量,这部分水体受冰凌阻塞不能下泄而蓄积在河槽中,它随着上游来水的增减而增减;第三,冰凌在河道中形成行洪障碍甚至堵塞河道,即河道中的冰凌,在沙洲浅滩、不利弯道、人工或自然障碍物以及逆向风力等因素的作用下,部分或全部堵塞河道过水断面。上述三个条件,若缺少其中的任何一个,都不会形成凌洪威胁。因此,制订防凌措施,一是破坏形成凌洪威胁的条件,如利用水库调节、分洪分凌、改善河道行洪条件等;二是增强对凌洪的防御能力,如修筑和加高加固堤防,使已经形成的凌洪不致泛滥成灾。

一、水库调节

水是形成凌洪威胁的物质条件,是形成凌汛的主导因素之一。釜底抽薪以止沸,河中减水以除险。因此,调节凌汛期河槽水量,使其形不成灾害性凌洪是减轻或解除凌汛威胁的根本性措施。自20世纪60年代初至90年代末,黄河下游通过利用三门峡水库在凌汛期控制下泄流量与其他防凌措施,安全度过了历年凌汛。1999年小浪底水库蓄水运用后,黄

河防洪防凌安全保障能力进一步提高。

水库调节是根据冰情形态演变规律和凌情预报,通过科学、合理利用水库的蓄水量来调整凌汛期河道流量,达到推迟封河或不封河以及控制开河时间、削减凌洪流量的目的,最终目标是形成文开河,避免发生凌洪危害。这是黄河下游防凌的主要技术措施。

按其作用,水库调节方式大体分为三类:

蓄——利用水库调蓄或拦蓄进入下游河道的水量。在库容允许的条件下,防凌关键时期小流量下泄甚至关闸断流,消除凌洪的形成条件。

分——利用两岸涵闸分流和分洪区滞蓄。

泄——利用水库前期调蓄的水量,适当加大封河前的河道流量并使之尽量均匀下泄,以达到不封河或推迟封河日期的目的;一旦封河,由于封河期水位较高而形成高冰盖,亦可相对提高冰下过流能力。

(一)封冻前的运用

其目的是通过充分发挥水流动力要素抑制封河的作用,推迟封河日期或使封冻后冰盖下保持最佳过流能力。这种运用方式要求水库在凌汛前预蓄一定水量,凌汛初期使水库加大下泄流量并保持均匀下泄,以达到抑制河道封冻、推迟封河日期和抬高封河冰盖的目的。此种运用方式需要分析:①本河段多大流量冬季不封河,若封冻,冰下过流情况如何;②防凌库容是否能满足要求;③水库运用后库区末端冰塞问题以及库区淤积引起的后果如何等。

就黄河三门峡水库运用经验而言,下泄流量的大小可以根据两种不同的目的来分别确定:一是较小幅度地加大并调平封冻前的流量,减小冬季河道流量的变幅,以避免小流量封冻或推迟封冻日期,从而达到减轻凌汛威胁的目的;另一种是大幅度地提高下泄流量,以达到抑制河道封冻的目的。

根据黄河下游历年的统计来看,当三门峡水库下泄的流量为 550 m^3/s 时,可发挥水流抵制封河的积极作用,避免小流量封河。这种方式要求在凌汛期前预蓄一定水量,水量大小以河道封冻时不产生冰塞、不漫滩以及尽量减少水库预蓄水量为原则,到凌汛初期由水库泄水,加大河道下泄流量。这种运用方式一方面(三门峡水库的运用情况如图 4-1 所示)能使下游河道封冻日期推迟到 12 月底前后,达到推迟封河的目的,同时又避免了小流量封河形成的低冰盖对后期泄流的影响。另一方面,如果调平后下泄流量不够大,那么在气温偏低的年份会达不到推迟封河的效果,封河后的冰盖也不够高,如果后期来水较大,冰下过流仍会不畅,开河时形成较大的槽蓄水量。

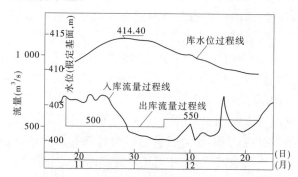

图 4-1　三门峡水库凌汛初期调平运用示意图
(1969~1970 典型年)

当三门峡水库下泄的流量达到 800 m³/s 以上时,下游河道可能不封冻,从而解除凌汛威胁(见图 4-2)。这种方式要求水库在凌汛期以前预先储蓄足够的水量,以便在凌汛期内加大下泄流量,抵制河道封冻。然而,鉴于凌汛的复杂性,目前尚难确定保证下游河道不封冻的临界流量值,如果在大流量下泄时封河,不仅冰盖宽而厚,冰量大,封冻时容易产生严重的凌情灾害,而且可能造成一封河就大面积漫滩的紧张局面。如1967~1968 年凌汛期(见图 4-3),黄河下游艾山以下河段,在流量 750

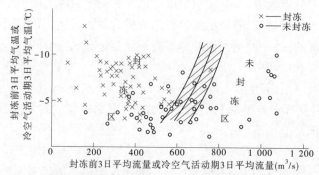

图 4-2　黄河下游济南以下河段历年凌汛期气温流量与封冻关系

m^3/s 左右封冻并产生冰塞,冰塞以上河段的水位壅高值达 3 m 以上。如果为了确保不封河,就需要进一步加大下泄流量,这对水库蓄水量有很高的要求,也会加剧水库蓄水与库区淤积的矛盾。因此,加大流量不封冻的设想,在库容小的条件下难以实现,对于每年冬季不论流量大小都一定封冻的河流,不采用此种运用方式,以免出现大流量封河而造成大面积淹没耕地和增大冰量的危险。再者,存在封河问题的北方地区,水资源十分紧缺,将宝贵的水资源用于推迟封河或避免封河,也需要从经济上认真权衡。

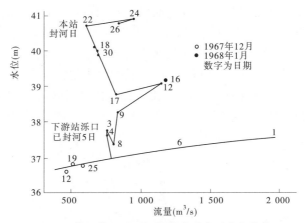

图 4-3　黄河艾山以下河段形成冰塞后水位变化

(二)封冻后的蓄水运用

河流封冻以后,水流的边界条件明显改变。湿周的加大,水力半径的减小,冰盖底面糙率的变化以及水内冰的堆积占去了一部分过水断面等,均会使水位上升,河槽蓄水量大幅度增加。

槽蓄水增量大,槽蓄总量也大。槽蓄量的大小与解冻时凌峰流量的大小直接有关。据统计,黄河下游河道封冻期产生的槽蓄水增量,多年平均 3.2 亿 m^3,最大的年份曾达到 8.85 亿 m^3(1954~1955 年凌汛期),开河时能形成较大的凌峰流量。

为减少封河初期的河槽蓄水量,防止出现武开河,在河道封冻初期,首先是大幅度调减水库下泄流量,使下游河道维持在一个较低流量水平上,然后随着冰盖下过流能力的提高再逐渐加大,待下游河道全面开河后

取消水库调节。

采用这种运用方式可以较快地削减封河初期的槽蓄增量,经过调节后能使河道流量与冰盖下的过流能力相适应,可以控制河道槽蓄量,削减开河时的凌峰,减轻凌汛威胁。这种运用方式要求有充足的防凌库容,并且在运用时必须根据下游河道流量、气温发展和河道条件准确把握下泄的流量和时机。

对于多级水库,且水库下游均有防凌任务时,应采取上下结合、分段考虑、兼顾重点的原则。如黄河流域有两段河道凌汛比较严重,一是上游内蒙古河段,二是黄河下游河段,见图4-4。黄河下游河段凌情不稳定,河道上宽下窄,为地上河,一旦决口,损失巨大,应作为防凌的重点。目前,下游河段开河期主要靠小浪底水库调节,重点为开河关键时段的泄流量控制。上游内蒙古河段由刘家峡水库调节,内蒙古河段由于纬度偏高,冬季比下游河段封河早、开河晚。由于该河段封河时间长,因此封、开河期原则上应单独进行水库流量控制。

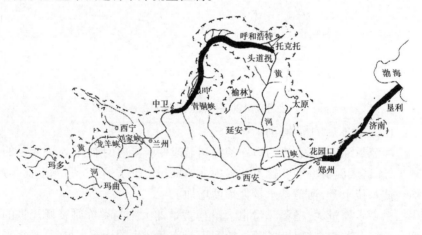

图4-4　黄河防凌河段及控制工程位置

由于拦蓄在水库中的水体温度较高,泄入下游河道后不会立即结冰,而是要经过一定时间和流经一段距离、水温逐渐降低到0 ℃之后,水体才开始结冰。这个水温为0 ℃的断面,称为零温断面。如刘家峡水库运用后下游冰情变化比较明显,零温断面距兰州站约400 km。兰州河段以往90%的封河年份现在已经不再产生冰情(1月、2月水温可达2 ℃)。

零温断面根据热量平衡方程式确定：

$$L_0 = \frac{\tau \cdot Q \cdot C \cdot \gamma \cdot t_1}{B \sum S} = \frac{\tau \cdot q \cdot C \cdot \gamma \cdot t_1}{\sum S}$$

式中：Q 为流量，$\mathrm{m^3/s}$；τ 为时间，当时段为 1 d 时，$\tau = 86\,400$ s；C 为水的热容量，$\mathrm{kJ/(t \cdot ℃)}$；γ 为水密度，$\mathrm{t/m^3}$；B 为河宽，m；$\sum S$ 为计算时段单位水面的热损失量，$\mathrm{kJ/m^2}$；t_1 为进入计算河段的水温，℃；q 为单宽流量，$\mathrm{m^3/(s \cdot m)}$；L_0 为零温断面距水库泄水口的距离，m。

在河宽变化比较均匀且无支流汇入的河段上，由于 C 及 γ 均接近于 1，故上式简写为：

$$L_0 = 86\,400 \frac{Q \cdot t_1}{B \sum S}$$

（三）开河期控制运用

开河期控制运用要根据开河前的凌情、水情实际情况，控制水库下泄流量或关闸断流，减小河槽蓄水量，抑制水流可能促成"武开河"的消极作用，争取安全开河。过去三门峡水库历年采用的就是这种运用方式，即在预报下游开河前，三门峡控制泄流，直至断流。三门峡水库的运用情况如图 4-5、图 4-6 所示。

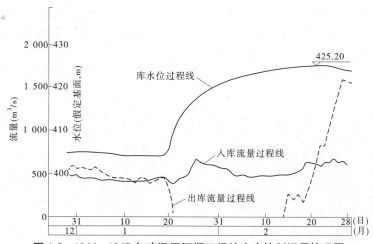

图 4-5　1966～1967 年凌汛开河期三门峡水库控制运用情况图

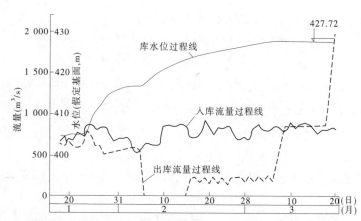

图 4-6　1968～1969 年凌汛开河期三门峡水库控制运用情况图

　　如果开河期预报比较准确,三门峡水库关闸时机掌握适宜,那么这种运用方式可以起到减轻下游凌汛威胁的作用。如 1967 年度凌汛期,下游河道封河长度达 616 km,总冰量 1.4 亿 m^3,是新中国成立后总冰量最大的一年;在三门峡水库控制运用前(1 月 20 日),花园口至利津河段的槽蓄水量为 11.2 亿 m^3,按一般情况下槽蓄水量和凌峰的关系推估,开河时必将形成较大凌峰。然而由于该年封河期插塞的冰凌较少,河道泄流较通畅,开河期气温回升平稳,三门峡水库全部关闸(1 月 20 日)断流等,大大削减了河槽蓄水量及开河流量(见表 4-1),因此 1967 年度凌汛期仅在局部河段有卡凌现象,没有形成严重的凌汛威胁。这是开河预报比较准确,三门峡水库运用适时取得的效果。

表 4-1　1967 年凌汛开河期三门峡水库运用前后花园口至各站的槽蓄增量变化

（单位：亿 m^3）

河段		夹河滩	高村	泺口	利津
开河日期(月-日)		01-28	01-26	02-21	02-26
三门峡水库关闸前(1 月 20 日)的槽蓄增量		3.67	4.15	5.55	6.15
开河时槽蓄增量		1.34	3.19	0.9	1.2(2 月 21 日)
三门峡水库关闸后减退槽蓄增量		2.33	0.96	4.65	4.95
开河流量（m^3/s）	瞬时最大流量	696	624		
	日平均流量			86.5	103

　　注:水电部第十一工程局勘测设计研究院科学研究所:黄河下游凌汛与三门峡水库的防凌作用,1974。

由于气象预报精度的限制,往往是在下游已有开河象征时三门峡水库才开始控制运用,一般控制偏晚,因此在封河期形成的槽蓄量尚没有得到充分削减以前就形成开河,以致仍然会造成下游凌汛十分紧张的局面。例如 1969 年度凌汛期,三门峡水库于 2 月 5 日夜关闸断流,而下游河道于 2 月 10 日第二次开河,在下游河道尚未大量减退槽蓄增量的情况下,艾山、孙口站开河,凌峰流量均在 2 500 m^3/s 以上(见表 4-2),造成冰坝壅水,局部河段水位接近 1958 年最高洪水位,防凌十分紧张。

表 4-2　1969 年第二次开河期三门峡水库运用前后花园口至各站槽蓄增量变化

(单位:亿 m^3)

河段	高村	孙口	艾山
三门峡水库关闸时(2 月 6 日)槽蓄增量	2.7	4.4	4.5
第二次开河前(2 月 9 日)槽蓄增量	1.6	3.6	3.2
三门峡水库关闸后减退槽蓄增量	1.1	0.8	1.3
开河时凌峰流量(m^3/s)	1 040	2 560	2 640

注:水电部第十一工程局勘测设计研究院科学研究所:黄河下游凌汛与三门峡水库的防凌作用,1974。

受库容的限制,三门峡水库仅在开河期控制下泄流量,在凌汛期的其他时段对天然来水不加调节,而黄河下游河段受内蒙古河段封河的影响,封冻期流量较小。由于水库在开河期的控制运用方式不对下泄流量进行调节,因此仍会造成下游河道小流量与低气温遭遇而封河的不利情况。

三门峡水库 30 余年的防凌运用,为小浪底水库防凌运用提供了宝贵的调度经验和科学依据。此外,小浪底水库调蓄库容相对更大,其防凌控制与调节相对会更加合理。小浪底水库运用以来,在凌汛期的各个阶段均科学地控制了下泄流量,黄河下游每年的开河也都呈现出了文开河的形式,实现了防凌安全。

(四)凌汛期全面调节运用

利用水库调节防凌,应综合水库封冻前、封冻后及开河期的调节方式,实行全面调节运用,即在凌汛期前使水库预蓄一定的水量,河道封河期平稳加大下泄,以维持下游河道较大的封河流量;封河后则视槽蓄量的大小由小到大地逐级控制下泄流量,至开河前再进一步减小下泄流量,必

要时亦可以关闸断流,争取下游安全开河。

水库下泄流量的确定按下述原则考虑:

(1)若单纯从防凌安全的角度考虑,下泄流量应尽可能大些,以发挥水流抑制封河的积极作用,争取推迟封河时间或不封河。但在水资源严重不足,多措并举能确保防凌安全的条件下,下泄流量的确定还要考虑水库发电、河道不断流和下游用水等各行业的要求。也就是说,在库容允许、防凌安全有保障的条件下,还应当充分节约使用宝贵的水资源。

(2)为避免大流量封河造成下游大面积漫滩,目前黄河山东河道凌汛期下泄流量不宜大于 $700\sim800\ \mathrm{m^3/s}$。

(3)努力减少库区淤积。

综合运用方式综合了前几种运用方式的优点,封河前河道流量经水库调节适当加大并保持均匀下泄,起到了推迟封河的作用,甚至在气温偏高的年份可能不封河;即使封河,冰盖也比较高,冰盖下过流能力也较大,有利于封河后的河道泄流。封河后逐级控制下泄流量,可以避免因开河预报不准造成的运用时机不易掌握的缺点;同时由于逐步减退河槽蓄水量,使开河前槽蓄量较小,开河期水库可以不关闸断流,保证了水电站部分机组照常运行;另外,封河后控制下泄流量又与春灌蓄水相结合,可以发挥水库综合利用和为下游供水服务的作用。

(五)水库防凌运用有关的几个问题

1.防凌运用与发电的关系

很多大型水库都有水电站发电机组运行,在运用水库调节防凌时,应兼顾发电。尽量争取不断流,使电站的保证出力不致为零。

2.防凌蓄水运用对库区淤积的影响

水库在防凌运用期间,要调蓄一定的水量,库水位将上升至一定高程,使水库的排沙比大为减小,上游来沙淤积在库内,从而增加了库区的淤积。库区淤积量的大小主要与防凌蓄水时间的长短和蓄水时段内的来沙量有关,至于淤积部位则主要取决于最高蓄水位。

为了减轻水库的库区淤积,应尽量缩短防凌蓄水运用时间,降低最高蓄水位。在运用水库防凌时,要兼顾上下游,不仅要依据下游防凌的需要确定蓄水时间和最高蓄水位,也要综合考虑库区淤积的影响。

二、分洪与滞洪

利用水库调节,或者减少下泄流量甚至关闸断流,或者将形成的凌洪水量进行分滞。当冰凌卡塞导致河道水位暴涨、对两岸造成严重威胁时,应采取分滞凌洪的措施以确保凌汛安全。分洪可理解为将一部分洪水从其他泄水道分走;滞洪则是将洪水分到一个特定区域暂时存蓄,待河道水位降低、威胁解除时再退回原河道。

沿河两岸若有洼地、湖泊或其他滞洪区或分洪道,那么也可利用这些有利地形条件作为临时凌洪蓄滞洪区。当窄河道发生卡冰阻水时,将部分冰凌洪水导入滞洪区或分洪道,以减轻下游河道的凌洪威胁。

(一)分洪

分洪是当发生大洪水或特大洪水时,运用分洪工程将超过保证水位或超过河道安全泄量的洪水,有计划地分泄,以削减洪峰,保证下游河道泄洪安全。分洪有两种方式:一种是通过分洪道将分出的洪水直接分流入海、入湖、入其他河流,或绕过防洪保护区,在其下游再返回原河道;另一种是分出洪水直接或经过分洪道进入蓄滞洪区,洪峰过后,再根据下游洪水情况放回原河道。

凌汛期,当冰凌卡塞导致河道水位上涨、对两岸造成严重威胁时,通过分洪工程,将一部分洪水分走,可以降低水位,减轻或消除威胁。

1.利用分洪区分洪

分洪应通过专门修建的分洪工程实施。当河道内发生严重凌洪,在水库调控已力所不及的情况下,适时分泄凌洪是确保凌汛安全的重要手段。分泄凌洪,应尽可能地利用现有分泄洪工程;在无分洪工程的情况下,应按照损失最小原则,开辟新的分洪区。

为防御特大洪水,1956年在河南新乡市东南黄河北岸大堤与北金堤之间,兴建大功分洪区。分洪区南北宽平均24 km,东西长85 km,面积2 040 km^2,涉及河南省封丘、长垣、延津和滑县的部分地区,该区分洪后大部洪水将穿越太行堤进入北金堤滞洪区,部分洪水将顺太行堤至长垣大车集回归黄河。

当凌洪威胁堤防安全时,经三门峡、陆浑、北金堤、东平湖等拦洪分洪措施仍难以处理时,为确保防洪安全,可分水入大功分洪区。

大功分洪区是应对黄河下游超标准洪水的一项临时应急措施,其主要任务是防御花园口 30 000 m³/s 以上特大洪水。按 1985 年国务院批准的《黄河防御特大洪水方案》运用,即当黄河发生千年一遇以上洪水运用三门峡、陆浑、北金堤、东平湖等拦、蓄洪工程仍不能完全处理时,运用大功分洪区分洪。小浪底水库建成后,黄河下游千年一遇洪水花园口洪峰流量 22 600 m³/s,万年一遇洪水花园口洪峰流量 27 400 m³/s,即万年一遇洪水花园口洪峰流量也不足 30 000 m³/s,大功分洪区使用的概率小于万年一遇。

根据 2008 年国务院批复的《黄河流域防洪规划》,取消了该项工程,不再使用大功分洪区处理黄河下游洪水。

另外,黄河下游山东段为减轻和消除窄河道的严重凌洪威胁,1951 年在利津小街子修建了一座长 200.6 m 设计分洪能力 1 000 m³/s 的溢洪堰。分泄的凌洪经引河进入黄河故道入海。1971 年南展宽工程兴建后,工程分水作用被南展工程替代,故该溢洪堰目前已废除不用。

2. 利用现有的引水工程分洪

在我国的一些主要江河上,均修建了大量的引水工程。当发生凌汛威胁时,把因河道结冰而壅蓄在河道中的部分水量,通过沿岸涵闸或分水工程,有计划地分泄出去,以减轻凌汛洪水威胁,避免冰水泛滥成灾。例如,黄河下游河道建有大量的分洪、引水闸,若安排好凌洪出路,利用这些工程分泄凌洪,对保障防凌安全具有重要的现实意义。

引水闸不必在凌汛期内长期引水,在开河期间适时分水,削减凌峰。相对伏秋大汛而言,凌峰量小峰高,因此涵闸适时就地分水可取得较明显的削峰效果。

利用渠道分水应考虑冰的运行方式,特别是南北走向的渠道,易出现冰凌堵塞渠道的问题;若利用涵闸分水分凌,要选择那些有退水出路,并且引水规模较大的涵闸。

在严寒的冬季引水一般有两种运行方式:一种是带冰运行;另一种是冰盖下输水。带冰运行的条件是:①冬季气温高,不易形成稳定冰盖;②流速较大(一般大于 1.0 m/s),形成不了冰盖。冰盖下输水运行的条件是:①冬季气候寒冷,容易形成坚实冰盖;②流速需要控制在 1.0 m/s 以内。

冰盖下输水运行,可以有效地抑制水面继续大量释放热量,提高过水断面平均水温,大大减少水内冰的产生,故冰盖形成后,冰情形势趋于稳定,为正常运行提供了保证。如苏联额尔齐斯河向卡拉于达输水工程冬季运行的情况,就是一个典型实例。这种运行方式应注意:一是需要保持水位稳定;二是设计渠道断面时,要考虑冰盖位置,否则就要减小过水断面面积。

带冰运行方式,流速需提高到 1 m/s 以上(尚需根据河道比降变化确定)。流速大可使紊流作用加强,水温在整个断面上能充分混合均匀一致,全断面水温很快降到 0 ℃。当明渠较长时,沿途流凌密度不断增加,易在明渠流速变缓处或急剧弯道处聚集,形成冰塞,致使正常输水得不到保证。为此,可在适当的位置设排冰道,弃部分水用于排冰。

在分水时最好能与春灌相结合,这样既减轻了凌汛的威胁,又缓解了旱情,除害兴利相结合,不失为一种比较好的防凌措施。

(二)滞洪

滞洪是在发生超过河道安全泄量的洪水时,利用江河沿岸的湖泊、洼地等,修建滞洪工程,在其内分一部分洪水作暂时滞留,借以削减下游洪峰。凌汛期,当冰凌卡塞导致河道水位上涨、对两岸造成严重威胁时,将洪水分到一个特定区域暂时存蓄,待河道水位降低、威胁解除时再退回原河道或其他河道。

黄河下游主要滞洪工程有展宽工程、东平湖滞洪区和北金堤滞洪区。

1. 展宽工程

1951 年和 1955 年,黄河在下游利津县的王庄和五庄分别凌汛决口。为解决该段河道狭窄弯曲极易卡凌壅水的问题,20 世纪 70 年代分别在济南窄河段北岸的豆腐窝至八里庄和利津窄河段南岸的麻湾至义和庄兴建了齐河和垦利两处展宽工程,俗称"北展"和"南展"。所谓展宽工程,即在窄河道的一侧大堤外再修筑一条新堤,与原有大堤闭合后形成一个可以滞蓄洪水的区域,成为展宽区。它由上首的进水闸和下首的泄洪闸控制水流进出。当窄河道发生卡冰阻水,严重威胁大堤安全时,可以开启展宽工程的进水闸,滞蓄一部分冰水,减轻凌洪对大堤的威胁。南、北展工程的主要指标见表4-3。

表4-3　黄河下游展宽工程主要指标

名称	总面积（km²）	围堤长度（km）	设计滞洪水位（m）	有效滞洪容积（亿m³）	设计进水流量（m³/s）	设计退水流量（m³/s）
齐河展宽工程	106	37.78	31.58	3.9	2 800	500
垦利展宽工程	123.3	38.65	13.0	3.27	2 440	1 530

（1）北岸齐河展宽工程（见图4-7）。

为了解决济南北店子至泺口间窄河道的凌洪威胁，在距临黄堤4 km左右修建展宽堤37.78 km，展宽面积106 km²，有效库容3.9亿m³。该工程在临黄堤上建有豆腐窝分洪闸、李家岸闸及大吴闸。当本河段冰凌洪水危及济南市安全时，即开启分洪闸向展宽区分泄凌洪。滞蓄洪水经大吴泄洪闸分入徒骇河。对黄河而言，北展工程的作用实际上是分洪。

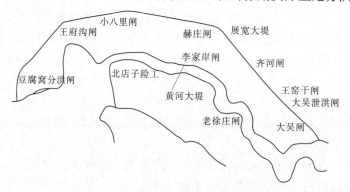

图4-7　齐河展宽滞洪区平面图

（2）南岸垦利展宽工程（见图4-8）。

黄河从麻湾至王庄约30 km河段是有名的"窄胡同"，在历史上经常发生凌灾。为解决此河段凌灾，20世纪70年代兴建了南岸垦利展宽工程。该工程上端接于博兴老于家临黄堤处，下端接于垦利县西冯村临黄堤处，在据临黄堤3.5 km左右处兴建展宽堤38.65 km，展宽面积123.3 km²，滞洪水位13.0 m时库容3.27亿m³。上首建有麻湾和曹店两座分洪闸，下首建有章丘屋子退水闸一座。该河段一旦发生插凌堵塞，水位陡涨威胁大堤安全时,可运用该展宽区分滞凌洪。滞蓄洪水经章丘屋子闸退入黄河。

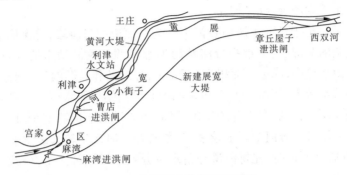

图 4-8　垦利展宽滞洪区平面图

(3)展宽工程在运用时应注意以下几点:

①事先做好运用的规划部署,早做准备。提前做好对展宽工程设施的检查、堤线防守、展宽区内群众的迁安救护等。

②槽蓄水量经展宽区调蓄后,开河时由其形成的洪峰流量和河道安全下泄流量相匹配。

③凌汛期密切注视上下河段的冰情、水情的发展变化。运用时要当机立断,适时运用,充分发挥其效能。如运用时机不当,可能会出现虽然运用了展宽工程,却没有减轻凌汛威胁的局面。

④运用展宽区滞蓄凌洪,除靠开启闸门外,还应有破堤分凌的准备。对预留分凌破堤口门附近的高滩应做适当处理,以免影响分凌效果。

⑤做好展宽工程的防凌措施,加强展宽区堤防的防守。为防止冰凌在进水口卡塞,展宽工程进水闸的孔口设计宽度较大,一般为 12 m 以上,有的甚至达 30 m,并在闸墩的迎水前缘镶护角钢,称为"破冰凌";也可考虑在分凌时于进水闸前抛掷手雷,炸碎特大冰块,以防冰凌卡塞,保证顺利分凌。

小浪底水库运用后,黄河下游防凌形势发生了很大变化:一是水库防凌调控能力增强,小浪底与三门峡水库联合运用,防凌库容 35 亿 m³,可基本满足防凌水量调节要求;二是水库下泄水流温度增高,封冻河段缩短;三是防凌技术和信息化水平的发展,使下游河道流量控制和调度手段有很大提高。从防凌角度来看,可不使用齐河、垦利展宽区分凌;从防洪

角度来看,也不需要齐河展宽区分洪运用;经综合考虑,2008 年国务院批复的《黄河流域防洪规划》中,取消了齐河、垦利展宽工程的防凌运用。

2. 东平湖滞洪区(见图 4-9)

该工程位于黄河下游由宽河道转为窄河道的过渡段,是保证窄河段防洪安全的关键工程,承担分滞黄河洪水和调蓄汶河洪水的双重任务。地处梁山县境内,库区总面积为 632 km²,分老湖和新湖两区。水位 44.5 m 时的蓄水量为 30.42 亿 m³,由进湖闸和出湖闸控制水流。东平湖水库的防凌运用,可按展宽工程的运用原则,当凌洪威胁堤防安全时,分水入东平湖老湖区。若河槽蓄水较多,为预防开河时产生较大凌洪威胁堤防安全,在临近开河时,先将河槽槽蓄水量分入东平湖区滞蓄,待开河后再退水入黄。

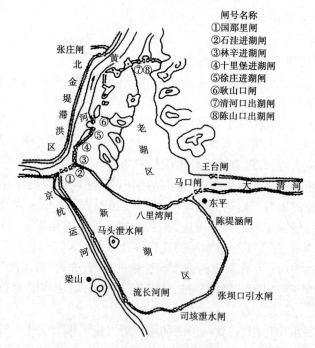

闸号名称
①国那里闸
②石洼进湖闸
③林辛进湖闸
④十里堡进湖闸
⑤徐庄进湖闸
⑥耿山口闸
⑦清河口出湖闸
⑧陈山口出湖闸

图 4-9 东平湖水库平面图

小浪底水库建成后,东平湖滞洪区的分洪运用概率为近 30 年一遇,分洪运用仍很频繁,2008 年国务院批复的《黄河流域防洪规划》中,东平

湖滞洪区是重要的蓄滞洪区,是今后分滞洪区建设的重点。

3.北金堤滞洪区

北金堤滞洪区位于黄河下游宽河段转入窄河段的左岸豫鲁两省边界地区,是处理黄河特大洪水措施的滞洪区。南临黄河北堤,北靠北金堤。1951年遵照政务院决定开辟兴建,1976年经国务院批准进行改建。改建后的滞洪区北围堤即北金堤,库区面积 2 316 km^2,有效滞洪库容 20 亿m^3,建有渠村分洪闸,设计分洪流量 10 000 m^3/s;滞洪区末端建有张庄退水闸,分洪运用时,设计退水入黄为 270 m^3/s。目前滞洪区内有 67 个乡(镇),2 154 个村庄,170 余万人。

当凌洪威胁堤防安全时,经三门峡、陆浑、故县和东平湖等拦洪分洪措施仍难以处理时,经报请国务院批准后可按展宽工程的运用原则,分水入北金堤滞洪区。

小浪底建成运用后,大大提高了黄河下游的防洪标准,使北金堤滞洪区的分洪运用概率为近千年一遇,滞洪区的运用概率大大降低,但下游的防洪问题还远远没有解决,考虑到小浪底水库拦沙库容淤满后,下游河道仍会继续淤积抬高,堤防防洪标准将随之降低,北金堤滞洪区仍有运用的可能。从目前的认识和黄河防洪减淤的长远考虑,在2008年国务院批复的《黄河流域防洪规划》中,北金堤滞洪区作为保留滞洪区临时分洪防御特大洪水。

(三)改善河道边界条件

改善河道边界条件是避免和减少冰凌阻塞、减轻凌洪威胁、排除行洪障碍、改善水流条件的重要措施,这是一项主动防凌措施。具体可分为疏浚河道、裁弯取直、修建河工建筑物、清理河道障碍物等。

(1)疏浚河道。主要应用对象是平原地区沙质河床的浅滩、沙洲,特别是在堆积性河流,河槽淤积变浅,难辨滩槽,河汊多,主槽游荡,封冻时极易堵塞的河道上。凌汛前应选择易卡冰河段,采用挖泥设备疏浚河槽。

(2)裁弯取直。分内裁弯与外裁弯两种。外裁弯的引河进口、出口与上游弯道平顺连接,跑线较长;内裁弯系通过最窄的狭颈处,跑线较短,可节约工程量。

(3)修建河工建筑物。在河道整治中,根据水深、比降、流速的不同要求,通过在河槽中修建各种河工建筑物,如丁坝、顺坝、锁坝、潜坝等稳

定河槽,改善水流条件。在修建河工建筑物时,务使水流平顺集中,切忌形成陡弯、单坝挑溜。

(4)清理河道障碍物。主要是清除行洪区内的障碍物,如浮桥、施工便桥、阻水林木等其他壅水建筑物。

浮桥具有拦冰阻水的作用,是河道封河和造成冰凌堵塞的重要诱因。《黄河下游浮桥建设管理办法》规定:凌汛期艾山以下河段浮桥一律拆除;在泺口河段出现淌凌时,艾山以上河段必须在24 h内拆除。为修建跨河大桥而临时修建的施工便桥等临时建筑物,同样具有明显的拦冰阻水作用(见图4-10),应当及时拆除。在河道内,沿河修建的侵入主槽的建筑物、位置十分突出的坝头等,因极易阻塞冰凌下泄,也都需要清除。

图4-10　2006年滨州公铁大桥施工便桥拦冰

三、修筑或加高加固堤防

堤防的功能是将洪水约束在允许范围之内,它既可约束伏秋大汛的洪水,也是防御凌洪的屏障。对于防凌而言,它的作用在于提高河道对凌洪的容纳能力。黄河上游宁蒙河段和下游河段均筑有大堤,其中黄河下游大堤在新中国成立后,经过四次较大规模的加高和加固(1950～1959年、1962～1969年、1974～1985年和1990年至今的标准化堤防建设),其防御洪水的能力得到明显提高。目前,下游两岸临黄大堤共长1 444 km,

有险工 215 处,控导工程 231 处。堤防工程防洪标准为:河南段为相当于花园口站洪峰流量 22 000 m³/s 的洪水,山东艾山以上河段为防御相当于艾山站洪峰流量 11 000 ~ 20 000 m³/s 的洪水,艾山以下防御相当于艾山站洪峰流量 11 000 m³/s 的洪水。

黄河下游河道西南东北的走向、上宽下窄的河型、入海口河段宽浅多叉和海潮顶托的河道条件,形成了每年的封河是自河口段开始自下而上发展。河道水位受河道淌凌、结冰的影响,沿程变化较大。例如,1951 年凌汛期,河口河段因冰凌阻塞,水位壅高超过了当时的设计防洪水位,其中位于河口河段的前左水文站,水位暴涨 4 m 多。三门峡水库投入运用后,凌汛期水位暴涨的形势得到缓解,但并未解除;小浪底水库的运用,使凌洪威胁进一步减轻。目前虽然黄河下游的防凌形势得到了较大的改善,但是在一些特别的时间和河段仍然会发生凌汛灾害威胁,例如在 2006 年 1 月,由于滨州龙王崖河段冰塞严重阻水,水位壅高达到 2.8 m,冰凌阻塞严重的韩墩河段,河道水位高出滩地 0.5 m。面对如此高的水位涨幅,若避免凌洪决堤泛滥,必须要有牢固的堤防。

利用堤防防御凌洪属于被动防御。在河水不能完全控制、凌洪必然存在的情况下,堤防的作用不可缺少。

第三节　破冰措施

破冰是防凌的主要措施之一,在历年的防凌斗争中发挥了很大作用。破冰的方法很多,主要有人工打冰撒土、人工爆破、破冰船破冰、气垫船破冰、炮击、飞机轰炸等,其作用是解除冰盖、冰坝等的卡冰阻水作用,扩大过水断面,疏导冰凌下泄;破冰的时机一般选择在解冻前气温回升、河水开始上涨、冰盖即将发生破裂的时候。

一、人工打冰撒土

在黄河下游,人工打冰撒土是一种预防性的破冰措施。主要是在开河前,在容易卡冰的封冻河段将冰盖分割,缩小冰块的尺寸,以便开河时封冰容易破碎,减少冰块在下游河段卡凌的机遇。一般做法是在封冻冰盖上纵横开挖 0.2 m 宽的冰沟,形成 100 ~ 200 m 方格网。打冰的工具有

砍斧、立锛、铁镐、铁锤、冰块切割机等。

1955 年学习苏联经验，率先组织群众在封冻河段打冰撒土、撒灰和打封口。打冰时把冰层打酥打透，打冰线路为 30 m 见方的格子网，在打过的路线上撒灰、撒土，撒灰线宽 10～20 cm，灰土厚 2 cm 左右。灰土可采用草灰、炉灰、砂土、碱土等。在封河期内有计划地进行打冰撒土 2～3 次，每次均在原先线路上进行，以便灰土冰凌混合造成弱点。1958 年凌汛期曾经在齐河席道口至利津罗家屋子(刁口河流路断面)平顺河段组织群众打冰撒土。打冰沟撒土办法，虽然灰土颜色深易吸收光热，能促使冰凌融解，但夜晚气温降低仍会冻结，而且在开河时冰块并非沿灰土冰沟断裂，因此效用不大。人工打冰撒土，费时费工，1960 年后未再采用。

二、人工爆破

人工爆破冰凌是防凌的重要辅助措施，尤其在发生冰塞、冰坝的情况下，人工冰凌爆破是消除或减轻冰凌卡塞河道，防止形成严重凌汛灾害的有效手段(见图 4-11)。爆破对象

图 4-11　人工爆破冰凌

主要是冰盖层或冰坝。它的突出特点是，可以将炸点选择在人工能够到达的最为关键的位置处，发挥最好的爆破作用。

爆破的原则：一是炸窄河道，不炸宽河道，炸弯曲河道，不炸顺直河道；二是在开河前短时间内突击破冰；三是窄河道爆破长度应根据上游冰块大小决定，一般应延伸至窄河道段下游一定距离，以免因窄河道爆破冰凌的下泄再次在窄河道受阻、插冰，形成新的冰坝。

三、破冰船破冰

破冰船主要用于破除重点河段的冰盖，或在局部重点封冻河段连续作业，为顺利开河创造条件(见图 4-12)。

由于破冰船重量大，吃水深，因此破冰船在封河前应驶入计划破冰

图 4-12　破冰船压碎冰盖

河段的下首,于临近开河前抓住时机破碎封冰。受破冰船功率的限制,破冰船在冰盖过厚或冰花碎冰较多的条件下,难以实施破冰,特别在冰凌插塞严重河段更难发挥作用。因受限因素较多,使用效果不佳,故此种破冰方法已停止使用。在破冰船可以破冰的平封河段,与人工破冰相比有两个明显的优点:一是比较安全,特别是临近开河,冰边出现融冰水,人上不了冰面时,正是破冰船发挥作业的最佳时机;二是运用破冰船比较节省人力、物力,且效率高。

四、气垫船破冰

人工打冰、人工爆破等方法,都需要人员上冰进行操作,这对人员的安全造成了极大威胁。为了解除这种威胁,就需要一种适合的交通工具把人安全地运到冰上,再让人在一个安全的平台上进行工作。引用气垫船可以较好地解决这方面的问题。

气垫船破冰是利用气垫船作为运输工具,将作业人员送达指定爆破点,作业人员以气垫船为平台,进行钻冰作业,通过钻孔把炸药安放到冰下,实现冰下爆破,从而提高爆破效率(见图4-13、图4-14)。气垫船破冰在2009年内蒙古地区的防凌中首次得到使用,其特点是可以对冰堆和冰坝实施随时出击,及时破冰,精准爆破,并可在夜间作业。

从目前使用情况看,气垫船具有一定的机动性和灵活性,能够满足运输作业人员前往冰坝的需要。但是,这类措施的两个重要环节,即钻孔和炸药放置,都十分耗时,效率极低,操作人员工作环境恶劣。由于冰层厚,凌汛期冰面下往往存在浮冰,钻孔作业十分困难,炸药也很难投放到冰层下最佳爆破位置,从而影响抢险工作综合能力的提高,这已成为凌汛期高效机动抢险工作中的一个薄弱环节。

五、河道动力破冰机破冰

在众多机械破冰设备中,水陆两栖挖掘机是近年来在北美、北欧河流破冰作业中得到最广泛应用的破冰设备。近年来,芬兰生产的ICESAW水陆两栖锯冰机和Watermaster水陆两栖挖掘机、加拿大生产的Amphibex水陆两栖挖掘机在芬兰、加拿大、美国的河流破冰中获得了广泛应用(见图4-15、图4-16),并逐步取代了常规的爆破手段。芬兰的Watermaster和

图 4-13　到达指定地点后冰上钻孔

图 4-14　在钻孔内安放炸药

加拿大的 Amphibex 水陆两栖挖掘机最初设计的目的是在恶劣条件下完成疏浚、吸砂、打桩等作业,破冰仅是其一项内在功能。在本书中,将具备水陆两栖能力并配备反铲、钻头及油锯,可用于破冰的设备统一称为"河道动力破冰机"。

图 4-15　芬兰 Watermaster

　　根据美国陆军工程师团《冰工程手册》记录,1989 年之后,河道动力破冰机就广泛应用于加拿大的河流中,1995 年以后,美国北部也开始大

图 4-16 加拿大 Amphibex

量使用这种设备。破冰机在陆地上可以用平板车搬运,如果冰层厚度为 40～50 cm,河道破冰机的破冰效率为 2 000 m²/h。

河道动力破冰机具有两栖作业功能,即使在较浅或淤泥较多的河流中也能运转自如,无需其他设备,在操作手的指挥下能够自由"下河、上岸"。自身携带的反铲、钻杆、油锯等设备适合破冰。当前世界上生产动力破冰机的厂家主要有两家,分别是芬兰的阿克泰克公司(Aquatic)和加拿大的纳穆克公司,主打产品的型号分别为 Watermaster Class Ⅲ 和 Amphibex。二者无论从外形还是性能方面均十分接近,都采用了卡特彼勒涡轮增压发动机,功率为 168 kW,运输长度为 10.45～12 m,宽度介于 3.25～3.5 m。

根据破冰对象(冰盖、冰坝、闸前积冰)的不同,河流动力破冰机相应的破冰动作也不同,可分为扒、撞、压、捅、锯五类动作。图 4-17 为 Amphibex 河流动力破冰机利用自身重量连续压碎冰盖的照片。

(a) 利平反铲臂做支撑点

(b) 主机身向前挪移

(c) 机舱下沉,压碎盖冰

图 4-17 河流动力破冰机利用自身重量压碎冰盖

在国外河流凌汛期间,河流动力破冰机主要应用于河道疏通,即通过自身重量或装备破碎冰盖、疏通河道,而用于冰坝抢险的实例不多。由于

黄河多泥沙、宽浅的河情,河流动力破冰机不可能大规模用于疏通河道,可将河流动力破冰机设置在易于卡冰的河段,提前疏通打通溜道。河流动力破冰机用于冰坝抢险的施工工艺还有待进一步探讨。

2014 年 2 月 26 日,我国研制的水陆两栖破冰车在内蒙古包头市黄河王大汉浮桥、付家圪堵险工进行了展示(见图 4-18)。但目前尚未在整个黄河范围内大规模应用,能否适应黄河多泥沙、宽浅的河情,还有待进一步观察。

图 4-18 水陆两栖破冰车进行破冰展示

六、车载火箭破凌爆破带

车载火箭破凌爆破带是 2012 年国家公益性行业科研专项《黄河上游河道破冰排凌减灾关键技术研究》成果之一,并于 2014 年 2 月 26 日通过专家现场验收(见图 4-19)。

车载火箭破凌爆破带以火箭拖带为动力,将破凌装药爆破带远距离送往冰凌区上空,展开呈直线状,落地时直列破凌装药起爆,对冰凌实施直线切割爆破,炸开冰凌。该设备可多套组合使用,在起爆系统控制下,对冰凌无规则排列堆实施同步阵列爆破,快速高效地完成冰凌疏排任务。

车载火箭破凌爆破带的破冰排凌优势尤为明显。2014 年 2 月 26 日在黄河包头段举行的防凌设备展示中,该爆破器材爆破冰层厚 0.7 m、爆破带长度 100 m、爆破带头部最大射程 303 m、器材总质量仅 735 kg、6 人

图4-19　车载火箭破凌爆破带及破冰场景

25 min 即可完成爆破作业。

与传统的破冰方式相比,车载火箭破凌爆破带破冰具有灵活性好(爆破带可长可短、可重叠堆积、可根据河道状态任意布设)、机动性强(可以实现远距离投放)、破冰过程无任何金属飞片、不易产生次生损坏等优点。

七、炮击

在解冻开河期,当出现冰坝(或冰凌堵塞),河道泄流不畅水位猛涨,人力爆破无法实施时,可在两岸用炮对准冰坝要害部位,从冰坝的下游一侧开始,向上游方向集中火力,连续发射炮弹轰击(见图4-20)。等打到冰坝顺水流方向长度的 1/3 ~ 1/2 处即可停止,其余冰体因失去前端支撑一般可自溃,从而起到破除冰坝的作用。一般迫击炮弹爆炸半径 2 m,震撼力裂痕半径为 25 m,如使用 120 重迫击炮,集中火力连续排炮轰击威力更大。

1973 年,黄河河口段出现冰坝阻水,水位急剧抬高。面对这紧急情况,及时连发五枚榴弹炮,冰坝被击溃,水位迅速回落。

炮击破冰试验结果表明,单发炮弹破冰威力小,连续排轰有一定效力,但夜间受照明限制,且安设炮位等准备时间较长,容易贻误时机。为充分发挥大炮轰击的效果,应根据历年防凌经验,对可能卡冰结坝的河段预作估计,预先合理布设炮位,一旦卡凌,应趁插凌未稳时集中炮击,则效果较好。若冰坝已稳且堆积冰凌很多,效果则差。另外,由于河道是由堤防防护,因此对使用炮击的准确度要求很高,应确保在炮击过程中不致危及大堤安全。

图 4-20 迫击炮轰击冰坝

八、飞机轰炸

开河时,当河道内出现冰凌堵塞,人工爆破无法作业,炮击效果又不甚明显时,可采用飞机投弹轰炸破冰的方法(见图 4-21)。

图 4-21 飞机轰炸破冰

轰炸时首先顺着水流方向确定航线,然后瞄准主流中心线,从冰堆和冰坝的下游一侧开始投弹轰炸,弹着点沿主流中心线呈直线分布向冰堆或冰坝的上游延伸(见图4-22)。炸点从下游向上游方向推进,一般炸到冰堆或冰坝顺流总长度的 1/3～1/2 处即可停止,剩余部分的冰堆失去支撑会陆续自溃。

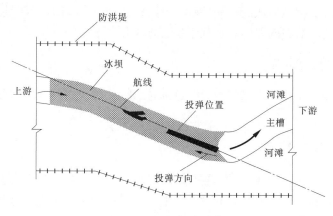

图4-22　飞机轰炸示意图

1968 年 3 月 5 日,黄河河口段冰凌阻塞河道,水位急涨,部分滩地上水,垦利县孤岛生产堤西宋段,冰水漫溢。为消除凌汛灾害,曾经使用了人工爆破、炮击、飞机投弹等破冰措施破冰。黄河内蒙古河段从 1951 年开始,几乎年年都动用飞机投弹、大炮轰炸等破冰措施,以解除凌汛危害。

由于夜间航行困难,而且受阴、雾、风、雪等恶劣天气的影响,飞机不能随时起飞;为了保障河道堤防及附近村庄的安全,对飞机轰炸准确度要求很高;在窄弯河段,冰坝一般靠近堤防、险工坝头,飞机投弹难以准确控制。因此,自 20 世纪 70 年代后期,黄河下游地区未再应用该种破冰措施破冰。目前,黄河内蒙古河段还在应用飞机轰炸破冰。

上述几项破冰措施中,人工打冰、人工爆破、气垫船破冰、破冰船破冰等措施,主要作用是为顺利开河创造条件,其辅助性作用更大一些。炮击、飞机轰炸等措施,主要是针对冰坝、冰塞等严重险情采取的措施,其爆破的位置应尽可能地选在卡塞节点上,炸开关键部位。

第四节　防凌工作的技术措施和组织管理

为减少凌汛造成的损失,除运用法律、行政、经济手段及防洪工程外,还要有技术措施的保障和加强组织管理工作。

一、技术措施

防凌工作的技术措施主要包括冰情、水文、气象观测和冰情预报等内容。

二、组织管理

对于受凌汛影响,特别是受凌汛威胁的地区而言,防凌具有很强的社会性,需要科学而强有力的组织管理,尤其是指挥调度方面。这些工作包括:建立指挥机构,制订防御和应急处置方案,组织防凌队伍和防凌抢险,并在必要时调动部队进行支援,进行灾区群众迁移安置,采取各项措施保障通信畅通以及各项救灾工作等。此外,还要认真贯彻实施相关的法律法规,规范河道行洪区、工程安全保护区内的各种行为,维持良好的水事秩序。

在这些工作中,防凌抢险是涉及面很广的一项系统工作。在长期的防凌历史中,大大小小的防凌抢险数不胜数,而且由于凌汛期抢险条件的恶劣,天寒地冻,抢护困难,很多抢险活动最终归于失败,很难避免灾害发生。人民治黄以来就分别于1951年、1955年在利津的王庄、五庄先后发生两次凌汛决口。三门峡水库和小浪底水库运用后,虽然对黄河下游河道的水量调节能力大大增强,安全保障能力显著增加,但它还不能彻底根除凌洪威胁。凌洪还会产生,威胁依然存在。实践证明,防凌抢险,一要有能打硬仗的防凌队伍,二要有充足的防汛料物,三要有所需的工具设备和足以应对的抢险技术。对于防凌队伍的组织,在现阶段,除黄河部门的专业队伍外,还需调动人民解放军及武警部队、民兵预备役部队参加。对防凌抢险料物的筹备,要在充分发挥群众备料的基础上,应当对企业、商家备料给予更多的关注。而对于抢险工具和技术,需要在继承传统抢险技术的同时,进行技术革新和创新,研发新的抢险工具、技术和材料。

第五节　冰凌对建筑物的破坏及其应对措施

一、冰撞击破坏（冰毁）

流冰过程中个别巨大的冰块或冰堆，动能较大，其瞬间撞击力可能造成桥墩及建筑物的破坏。

为避免冰凌对桥梁工程的破坏，在设计中应采取如下几个方面的工程措施：

（1）桥墩要建造成破冰棱体状，例如建成倾斜式破冰体或近乎垂直的尖端形，破冰棱体外围镶嵌优质花岗岩等。

（2）在我国北方一些冰情较严重的河流上，如嫩江、松花江、黑龙江、黄河上游干流或较大支流上的新建桥梁墩台迎冰面，可以采用钢板或角钢保护，以采用不锈钢板为宜。

（3）在城市附近或名胜区内的桥梁墩台，可以采用高强度等级少筋混凝土预制块和优质花岗岩块石混合砌筑桥墩外围，内部由普通混凝土填心，即迎冰面或背冰面的尖端部分为花岗岩块石，其余部分为混凝土预制块。

防止闸门受冰块冲击的最好办法，是使闸门上游提前封冻结成冰盖，使上游漂流下来的冰块被阻挡在距闸门较远的河段上。主要方法是用漂浮木栅、梢料、树枝或把其他漂浮在水面易于结冰的料物固定于水中，以减小水面流速，促使水面结冰和全断面封冻。

对于堤坝、河道工程，主要防护措施是加大防护部位的块体尺寸，或使经常被撞击部位成为局部整体，辅以刚性保护层来抵抗冰的挤压、撞击和拖拽，保持坝体的完整与稳定。

根据松花江的经验主要有四种类型防护措施，即石笼、水下不分散混凝土灌浆、模袋混凝土和混凝土预制板。

（1）石笼类。石笼一般用铁丝网制作，设计成箱形，称为铁丝方石笼。石笼的防护效果较好，但由于铁丝长期置于水中，因生锈、腐蚀、与块石间摩擦及冰块之间的作用而折断，加剧了铁丝笼的破损。为了尽可能地延长石笼寿命，在制作时，与铁丝网接触的石块宜选用圆形；为延长铁

丝使用寿命,可采用镀锌铁丝或采取其他保护措施;为增加铁丝石笼的耐久性,可采用沥青灌浆加以保护或采用新型的不易锈蚀的材料制作笼子。因此,可以根据实际需要制作成铁丝方石笼、铁丝圆石笼、高密度聚乙烯石笼。高密度聚乙烯材料耐酸耐碱、抗腐蚀,在 -80 ℃和 +100 ℃温度条件下仍可长期使用。在高密度聚乙烯原料中加入一定抗老化稳定剂,可大大提高其抗老化性能。此网网径 7 mm 左右,寿命可达 15 年。

(2)水下不分散混凝土灌浆。水下不分散混凝土是指掺有专用外加剂即絮凝剂的混凝土。根据天津石油研究所提供的资料,掺入 UWB - 1 絮凝剂的水下不分散混凝土具有较强的水下抗分散性、自流平性和良好的填充性。将混凝土灌入散抛石坝体之后,块石因混凝土而相互连接构成整体,从而达到整体防冰的目的。

水下不分散混凝土有三种基本的灌浆方法可供选择,即混凝土斜坡导槽法、混凝土泵送法及底开容器法。试验表明,水下不分散混凝土在粒径为 0.25 ~ 0.35 m 的抛石中自然灌入深度可达 0.5 ~ 0.8 m。

(3)模袋混凝土类。模袋混凝土是一种在特别的织物袋内灌注流动性混凝土的新型水下施工技术。该技术可机械化施工,一般一台混凝土灌输泵和两台拌搅机,日充灌混凝土可达 105 m³。充填后的模袋混凝土块体面积大,与建筑物贴合紧密,故具有整体性强、抗滑、抗冲性好等特点。缺点是需专门的配套工具,坝体表面需整平,块石突起易顶破模袋,影响充灌效果。在具体实施时一般采用三种方案:纤维模袋混凝土方案、纺织袋混凝土密排方案、纺织袋混凝土间隔排列方案。

(4)L 形钢筋混凝土板方案。该方案是应用混凝土预制板,铺设于坝顶与迎水坡,使坝体成为具有光滑斜面的刚性保护层结构,避免流冰与散抛石直接接触,从而提高坝体的抗冰能力。

此方案与模袋混凝土方案相比,其优越之处在于可将预制的混凝土板提前送至现场存放,待有适宜的施工水位时,即可吊装就位。另外,由于预制板内配有钢筋,可提高混凝土本身的抗冰强度,斜面上光滑的混凝土表面,可减小冰的撞击力且有利于冰块爬坡过坝,坝体抗冰能力得到提高。

在施工中,坝顶与坝坡不可能修整得非常平整,混凝土板与坝体为部分面接触,因而可动性较大。建议用 8 号铁丝连接混凝土板上吊环,使其

形成一整体来增强抗冰稳定性。

此方案突出的优点在于迎水坡混凝土板连接成整体,构成的 L 形钢筋混凝土板具有光滑平整的斜坡及其圆弧形拐角,更便于冰块顺利爬坡过顶,从而增强了坝体抗冰能力。目前,已在工程中采用的 L 形钢筋混凝土板长、宽、厚分别为 5.2 m、1.0 m 和 0.3 m,其拐角处内半径为 1.7 m,夹角为 32.5°。

对于流冰撞击力较小的涵闸,可修做裹护工程,即在每个闸墩的上游迎水面设置防护罩,将墩头加以裹护,增强抗御冰凌撞击和磨损的能力。裹护时,根据水位变化幅度、流冰密度、壅水高度确定裹护范围。最好能做成活动的防护罩,使之根据水位变化上下移动,以保护可能被冰凌撞击的部位。裹护工程的用料和做法,可以就地取材,如将柳笆(厢)、竹笆(杆)、竹板等用钢筋插扎起来,护在墩头。经常运用的涵闸,也可以用铁板作为永久的防护,罩排在墩头。另外,可根据不同河势,在引水渠口修做导凌排,以减少进闸冰凌。

二、冰冻破坏

在比较寒冷的地区,水工建筑物冬季运行时间长,因此对冰冻破坏控制措施的研究有着非常重要的意义。

(一)水工建筑物防冰冻系统的分类

根据从表面清除冰或防止表面结冰所采用的方法(机械式、加热式和物理—化学系统)或防冰冻系统的运行方式(连续式和周期式工作系统),全部防冻结控制系统可以划分成以下两大类:

(1)积极防护系统,防止结冰或周期性结冰。

(2)消极防护系统,包括早期预报和及时报警,必要的监测,以及对坐落在冻结危险区域内的电站和设施的运行方式加以限制。

根据消耗能量的形式,积极防冰冻系统可分成加热式、机械式、物理式、物理化学式。在结冰过程中,由于水从液态向固态的相变总要放出热量,因而在考虑所有防冰冻系统时,加热式防冰冻系统是一种较为常用的防冰冻系统。

根据运行方式,加热式防冰冻系统可分为周期式和连续式两种。

周期式系统是在防冰冻系统未投入运行之前,在结构物表面产生一

层薄冰的情况下,开动本系统,使接触面上的冰开始融化,然后用某些机械方法,把剩余的冰凌除掉。

连续式系统是在整个结冰期内不允许在结构物表面结冰的情况下使用。

目前的加热式防冰冻系统可归纳为四种类型,即辐射加热器、热力板、电阻丝加热系统和热传导体系统。加热式防冰冻系统实际上只能用于防护小面积的要害结构部件。

机械式防冰冻系统是通过对结冰结构物实施机械作用而达到除冰的目的。人工破冰、弹性薄壳、电脉冲防冰冻器械都属于这一范畴。

苏联发明的电脉冲防冰冻系统,是通过所防护结构的变形而达到除冰的目的。在电子设备内,发出一个电脉冲,当它通过装在结冰结构物内的感应线圈时,产生一个脉冲磁场并感应出一个流入所防护结构物内的感应电流,感应电流与激起这一电流的脉冲磁场的相互作用引起结构物变形,从而把冰解除掉。

物理—化学防冰冻系统包括减小冰对被保护表面附着力的固态增水涂层、溶于水的固态(含盐的)涂层、液体防冻剂、矿脂等。

(二)对水工建筑物防冰冻系统的选择

水工建筑物防冰冻系统的选择取决于建筑物本身的运行。

1. 拦污栅防冰冻系统

为防止拦污栅结冰,常用的防冰冻方式有两种:一种是将低压电流通到拦污栅,利用金属结构本身的电阻发热来防冻,此法简便,但消耗电量较大;另一种是为拦污栅提供气动防冰冻系统,即在栅前水面下,利用压缩空气将下层温度较高的水体带到水面,维持拦污栅前后一段范围内不结冰。这两种防冻方式都需要消耗一定的能量,如果不使用耗能防冰冻方式,则应将拦污栅涂以防冻涂料。

2. 闸门止水防冰冻方法

闸门止水防冰冻可用物理—化学防冰冻系统(液体防冻剂或矿脂)或用包括红外线加热在内的加热系统进行防冰。闸门面板(导电涂层、感应加热、热力帘)和机械(电脉冲、破冰)系统的防护,其淹没部分应该使用感应加热或物理—化学防冰冻系统(矿脂或液体防冻剂),也可以采用混合热力式防冰冻系统。

渠道闸门止水的冻结控制,应采取感应加热、热空气或液体热力混合防冰冻系统,或者采用矿脂涂层的方法。为了节省能量,闸室中的水位应与上游水位相适应。这样,便无需加热闸门的水平止水;对于垂直止水,只需在上游水位变动的范围内进行防护就可以了。

易受冰冻的水闸机械装置,应该用树脂、感应加热、红外线辐射加热和热力帘实施防护,其防冰设施应该在施工阶段完成,机械的外面要布置防护罩,防护罩的外表不要太大,发动机要按设备能力配置。

受冻的堵式结构部件上冰的消除,可以采用机械方法,特别是在防护面设置低能量聚合物涂层的情况下,这种方法更为有效。此外,也可以使用感应加热器和电脉冲锤。

冰冻期因挡水需要运行的表孔闸门和部分潜孔闸门,为防止门叶和埋件、门叶与门槽之间被冰冻结在一起,使闸门无法开启或关闭,所采用的方法属于化冰工程技术。

3. 埋件、门槽、门叶防冰冻方法

(1)埋件或门槽防冰冻方法。

热空气法:定时加热,当门叶与埋件或门叶与门槽已被冰冻结在一起时,开启闸门操作之前,要把冰化开。当化冰厚度 $\sigma_b = 0.01$ m 时,其电热器功率 N 为

$$N = 1.7(1 - 0.006T_a)F_b/T \tag{4-1}$$

式中:T_a 为设置地点的最低气温,℃;F_b 为埋件和门槽加热面积,m^2;T 为化冰加热时间。

连续加热:在整个冰冻期内,不允许埋件和门槽遇水结冰,也就是不允许门叶与埋件、门叶与门槽被冰冻结在一起,其电热器功率 N_1 按下式计算:

$$N_1 = 0.05(1 + t_s)F_a + 0.3F_s \tag{4-2}$$

式中:t_s 为设置地点的最低气温,℃;F_a 为空气中的钢埋件加热面积,m^2;F_s 为过冷水中的钢埋件加热面积,m^2。

热油法:热油法属于连续加热。当设置的最低气温 $t_s = -20 \sim -30$ ℃时,循环热油法的防冰冻线单位耗热量指标 $q_0 = (0.4 \sim 0.5)$ kW/m。油箱出口油温 60 ℃,油箱进口回油温度大于 20 ℃。回油温度可根据循环热油出进口的温差 Δt 计算:

$$\Delta t = 2 q_0 L/Q \tag{4-3}$$

式中：q_0 为防冰冻线单位耗热量指标；L 为防冰冻线（油管）长度，m；Q 为油泵流量，m^3/h。

热水法：静止热水法防冰冻一般用于排冰舌瓣闸门门槽两侧止水座板上，也可以采用电热热空气法。

(2)门叶防冰冻方法。

电热法：目前采用的电热法，其热源为管状电热器，三相负载分配相等，且均匀地布置在门叶结构中间，门叶下游全部采用聚苯乙烯泡沫板封闭保温，其板厚不小于 50 mm，导热系数 $\lambda \leq 0.4$ W/(m·℃)。电热器总功率 N 可按下式计算：

$$N = 0.024 t_s (F_s + 1.8 F_a) \tag{4-4}$$

式中：N 为电热器总功率，kW；t_s 为设置地点的最低气温，取绝对值，℃；F_s 为钢板与水接触的面积，m^2；F_a 为钢板与外界冷空气接触的面积，m^2。

蒸汽法：这是一种制作比较简便、效果也较好的方法。它是在闸门下游面沿着两侧边缘安装钻有许多小孔的钢管。钢管上端用胶管与蒸汽管相连，同时在闸门上游面吊设一根可随水位变化而上下位置可调整的水平钢管。水平钢管下面每隔 20 cm 左右安装一个喷嘴，钢管两端也用胶皮管连接。使用时可用锅炉供给蒸汽，使蒸汽通过闸门上游面的水面钢管和下游面两侧边缘的花管喷射出来，保持闸门不致冻结。

三、冰膨胀力破坏

(一)冰膨胀力的危害及过程

高寒地区湖泊、水库，通常具有较为开阔的水面。冬季水面结冰，成为冰盖。每当气温回升时，具有固态属性的冰盖层，遇热膨胀，当受到护坡约束时，冰盖层对护坡产生冰推力，护坡对冰盖层的作用以冻结力表示。这是一对大小相等、方向相反的作用力和反作用力。

冰盖层冰推力值的大小取决于日晨冰温，升温持续时间，升温幅度，湖、库冰面大小等多种因素。现场观测表明，湖泊、水库封冻初期，沿湖、库的边缘由于双向冻结，致使这些边缘地带的冰盖层加厚，而向湖、库内方向冰盖层逐渐减薄。由此，护坡与冰盖层之间的冻结力大于冰盖层内部承压能力，有时产生冰盖层稳定失衡，这种失衡将产生巨大的推力。随

着气温的下降,库内冰盖层加厚,对于表面比较光滑且能够整体受力的护坡,通常在冰厚近 30 cm 时,冰盖层与护坡的冻结面就会被剪断(冰推力大于冻结力),冰盖层沿护坡上爬,有时发生冰盖前缘上翘现象。爬坡距离与气温变化有关。在黑龙江省水库护坡上,冰盖常爬坡几厘米、几十厘米。在华北平原,如天津市尔王庄水库,冰盖在连续气温回升过程中,沿护坡向上爬几米、十几米。

作用于护坡上的冰盖层冰推作用力,当大于冻结力时,冻结面即被剪断,气温下降后,重新冻结。滑动面上的冰屑、雪霜、空隙,使冻结面的冻结不紧密,因此重复冻结后的冻结力,比冰初次冻结的冻结力小。当冰盖层冰推力大于冻结力时,冰盖层与护坡的冻结面发生剪断,冰盖层相对于护坡处于自由状态。此时,冰推力即消失。

(二)抗冰膨胀的工程措施

适用于高寒地区具有抗冻胀、抗冰推的护坡工程结构主要有以下几种形式。

1. 埋石混凝土护坡

在石料产地或取石方便时,可用石料修筑护坡,或用于原砌石护坡加固改造。护坡埋石混凝土平面尺寸可为 1.0 m×1.0 m 和 2.0 m×2.0 m,缝间设沥青油毡或沥青木板作为隔缝层,面层厚度根据石块尺寸确定,通常为 0.3～0.35 m。面层下设置反滤层,根据反滤层要求,可以设置碎石、砂级配反滤层,也可用无纺布反滤,见图 4-23。

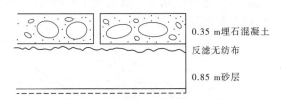

　　　　　　　　　　　　　　　　0.35 m埋石混凝土

　　　　　　　　　　　　　　　　反滤无纺布

　　　　　　　　　　　　　　　　0.85 m砂层

图 4-23　埋石混凝土护坡结构示意图

埋石混凝土护坡抗冻胀置换填层,须采用非冻胀性材料,用作抗冻胀稳定,其厚度 t_3 按以下公式计算:

$$t_3 = H_d - t_1 - t_2 \tag{4-5}$$

式中:t_3 为抗冻胀稳定厚度,m;H_d 为综合影响的设计冻深,m;t_1 为面层厚度,m;t_2 为反滤层厚度,m。

埋石混凝土护坡,抗冰推力和抗风浪效果好,分缝分块规则,传力性能好,能满足抗冻胀要求。它适用于石料价格低或旧坝改造。

2. 混凝土板结合土稳固层护坡

这种护坡面层为混凝土板,板厚 10 ~ 15 cm,底层为水泥土或土壤固化剂加固的稳固层,厚为 30 ~ 50 cm。

此种护坡适用于砂石料较少的地区,可利用砂壤土、黏性土等当地材料修筑,有利于降低工程造价。

水泥土或土壤固化土,都需要斜面碾压,水泥土、土壤固化土自身强度较高,但压实后,往往结合面不牢,应注意结合面刨毛。此种护坡结构见图 4-24。

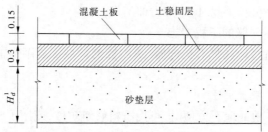

图 4-24 混凝土板结合土稳固层护坡结构示意图 （单位:m）

3. 混凝土板砂垫层护坡

混凝土板厚 t_1 为 12 ~ 15 cm,砂垫层厚度 $H_a = t_1$,在混凝土与砂垫层之间铺无纺布反滤层。这种型式的护坡适用于石料、碎卵石材料比较少,砂料比较多且价格较低的地区,见图 4-25。

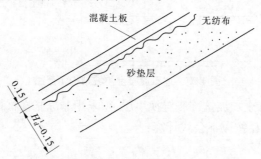

图 4-25 混凝土板砂垫层护坡结构示意图

(三)热膨胀产生静压力计算

(1)当建筑物与建筑物对面的冰盖支承处之间的长度 L_n(垂直于建筑物的方向)小于 50 m 时:

$$P_T = 0.9\delta(t_0 + 1)\sqrt[3]{\frac{t_0}{s}(t_0 + 1)^2} \qquad (4\text{-}6)$$

式中: P_T 为冰盖层静压力, kN/m; δ 为冰厚,采用多年观测的最大值, m; t_0 为在 s 小时内冰盖层温度可能的最大连续升高值,采用 $0.35t$, t 为同一时期内气温升高值, ℃; s 为气温连续上升最不利的持续时间,当缺乏 s 值的资料时,采用 t_0/s。

(2)当冰盖层的长度 L_n 为 50~100 m 时,按表 4-4 查出。表 4-4 中所列的冰压力值(P_T)由最不利的温度条件给出。

表 4-4　冰盖层热膨胀静压力值

冰盖层的厚度 δ(m)	冰盖层因其热膨胀而产生的静压力 P_T(kN/m)			
	$L_n \geqslant 150$	$L_n = 100$	$L_n = 75$	$L_n = 50$
1.5	280	390	470	550
1.2	200	250	300	360
1.0	150	190	230	270
0.7	100	130	170	200
0.5	70	80	100	130

注:作用于建筑物上的压力,其数值不应大于 $P = \sigma - \delta B_0$, σ 为冰的极限受压强度, B_0 为冰与建筑物直接接触的缘面宽度。

四、冰压力破坏

(一)冰压力种类

冰凌作用于水工建筑物上的力可分如下四种:①由于自由运动的冰的冲击、剪切而产生的"动冰压力";②由于风或水流的影响,大面积的冰层作用于建筑物上的静冰压力;③冰沿着与它接触面运动的摩擦作用力;④由于冻结在建筑物上冰体下面的水位变化所产生的铅垂(扬举、上翘)作用力。

(1)自由浮冰作用于建筑物上的动冰压力可按以下方法计算:

当冰的运动方向与建筑物上游水边线之间的夹角 φ 为 80° ~ 90° 时：

$$P = KV\delta\sqrt{Lb} \tag{4-7}$$

当冰的运动方向与建筑物上游水边线所成的夹角小于 80° 时：

$$P = CV\delta^2\sqrt{\frac{Lb}{\mu Lb + \lambda b^2}} \tag{4-8}$$

式中：P 为动冰压力，kN/m；V 为冰的运动速度，m/s；δ 为冰厚（按多年最大值的 60% ~ 80% 计）；L 为冰的长度（沿运动方向），m；b 为冰的宽度（沿垂直运动方向），m；μ 为 φ 角三角函数比值，$\mu = \dfrac{\cos^2\varphi}{\tan^2\varphi}$，按表 4-5 查得。

K、C、λ 为系数，按表 4-6 查得。

表 4-5 μ 值

$\varphi(°)$	20	30	45	55	60	65	70	75	80
μ	6.7	2.25	0.5	0.16	0.08	0.04	0.009	0.005	0.001

表 4-6 K、C、λ 值

淡水冰	K	C	λ
短期内转暖时流冰开始阶段水面上的淡水冰（$\delta_m = 200$ t/m²）	6	136	500
流冰最高水面上或在融化时流冰开始阶段水面上的淡水冰（$\delta_m = 100$ t/m²）	4.3	136	1 000

注：δ_m 为冰极限受压强度。

（2）作用在建筑物上的冰层堆积压力（P_H），按以下方法计算：

当大面积冰层沿其运动方向的长度 $L < 1\,200$ m 时：

$$P_H = PB = \left(0.3 + \frac{L}{1\,000}\right)V^2B \tag{4-9}$$

当大面积冰层沿其运动方向的长度 $L > 1\,200$ m 时：

$$P_H = PB = \left(3 - \frac{1\,800}{L}\right)V^2B \tag{4-10}$$

式中：P 为大面积冰层上每米宽度所产生的压力，kN/m；B 为与运动方向正交的方向上的大面积冰层宽度，m；V 为冰下水流的平均流速，m/s。

（3）当冰下水面升高时,冻结在建筑物的冰层传递给分立的竖桩或群桩的铅直力 P_B 可按下式计算:

$$P_B = \frac{300\delta^2}{L_n \dfrac{50\delta}{d}} \tag{4-11}$$

式中:δ 为冰盖层厚度,m;d 为桩的直径,m;L_n 为冰盖层厚度,m。

（二）防静冰压力方法

《水利水电工程钢闸门设计规范》(DL/T 5039—1995)规定,闸门不得承受冰的静压力。防止静冰压力方法,应根据气温及水位变化等条件,因地制宜地选用。防止静冰压力多采用开槽法、保温法、吹泡法和射流法。

1. 开槽法

人工开槽法。人工开槽法是当闸门前的冰层厚度达到可承受单人或群体重量时,利用人力使用一般或专用工具,如十字镐、铁锨、冰钎、电动轻便锯冰机等,在闸墩前打通一条连续的冰槽,露出水面,并把碎冰捞出。

破开冰槽的宽度与开冰槽的作业频率有关;作业频率与水气交接面的热交换程度有关;水气交接面的热交换程度与水温、气温、风速、日照和冰槽走向等有关。破开冰槽的宽度,理论上有 50 mm 的水面已足够,但是由于采用人工破冰,一般冰槽宽度都在 300 mm 左右。

人工开槽法破冰劳动强度大,当作业环境十分恶劣时,应配备人身安全保护设施,否则可能会造成人身伤亡事故发生。

机械开槽法。最简单的机械破冰就是利用坝上门机的悬臂小车(如大化和克拉斯诺雅尔斯科的坝上门机)或回转吊(如安康和岩滩的坝上门机)吊以重锤,沿门前闸墩上游把冰层击穿,形成一条连续可见水面的开冰槽作业,也可利用设置的专门破冰机作业。作业频率一般每天早晚各一次。

2. 保温法

目前最简单、经济和有效的保温法,就是采用聚苯乙烯泡沫板保温法。该法将聚苯乙烯泡沫板铺设在水库水温有一定梯度的闸门前或多孔闸门的闸墩前的冰面上,经过一定时间,在保温板宽度方向的中间冰层即可化开,并不再结冰,使静冰压力不能传递到闸门上。

当聚苯乙烯泡沫板材料的导热系数 $\lambda \leqslant 0.04$ W/(m·℃)时,可按下式计算板厚 d_t(mm)和板宽 B_t(mm)。

$$d_t = 0.15\delta_i \tag{4-12}$$
$$B_t = 3\delta_i \tag{4-13}$$

式中:δ_i 为冰冻期水库冰盖的最大厚度,mm。

上述经验公式是根据黑龙江省卧牛河水库进水塔防冰的实践与试验得出的。目前这项技术正在推广中。

聚苯乙烯泡沫板还可以用于露天压力输水钢管的防冰。钢管外面包扎的聚苯乙烯泡沫板厚度为 d_t(mm),当 $\lambda \leqslant 0.04$ W/(m·℃)时:

$$d_t = 0.004I_0^{1/2} \tag{4-14}$$

现代水文计算中,所采用的表示冬季寒冷程度的总指标,就是一个冻结期的日平均负气温总和,即负气温指数 I_0(℃·d)。

3. 吹泡法

国内外一般采用压缩空气吹泡法。从计算得知,吹气管(线源)或吹气嘴(点源)的淹没水深,应由具体工程的水情、冰情和运行条件决定。淹没水深大,在相应的气温流量条件下,所提升的水量多,水温提升相对较高,因此防冰效果较好。但淹没水深加大,则会使空压机的压力增大。

压缩空气吹泡法的典型参数为消耗空气量标准 $q_0 = 0.03$ m³/(m·min)、空压机压力 $p = 0.6 \sim 0.8$ MPa、喷嘴淹没水深 $H = 2 \sim 8$ m。空压机生产率 Q(m³/min)按下式确定:

$$Q = Knq_0L_0 \tag{4-15}$$

式中:q_0 为消耗空气量,m³/(m·min);n 为闸门孔口个数;L_0 为闸门单孔净跨,m;K 为安全系数,取 $K = 1.25$。

该法采用两台空压机并联,互为备用。

我国的压缩空气吹泡法防冰,在辽宁省参窝水库14孔溢洪道弧形闸门前防止静冰压力作用的实践中得到了充分应用,而且其喷嘴型式的防冰效果最佳。

4. 射流法

射流法是应用压力水射流,外国采用水泵,中国采用潜水电泵。

射流法和吹泡法是在水工钢闸门与水库冰层之间,以压力水射流冲击或压力空气吹泡冲开或吹开一片保持不结冰的水域,使水库的冰盖不

与钢闸门连续地冻结在一起,用以防止静冰压力作用到闸门上。

采用压力水射流法防冰冻应满足下述条件:

(1)潜水泵处的水温补给的热量应大于不结冰水面的热量损失,即

$$0.6Q_p t_w > 0.003(1.553E - t_a)WBL \tag{4-16}$$

当不冻冰水面计算宽度 $B = 1.0$ m 时,潜水泵流量按下式选择:

$$Q_p = 0.005K(1.553E - t_a)WL/t_w \tag{4-17}$$

式中:Q_p 为潜水电泵流量,m^3/h;t_w 为潜水泵放置水深 H 处的水温,℃;E 为最低气温下的饱和水汽压,可查表4-7;t_a 为最低气温,℃;W 为最冷月的最大风速,m/s;L 为不结冰水面的计算长度,m;K 为安全系数,取 $K = 1.25$。

表4-7　不同温度下的饱和水汽压 E　（单位:kPa）

最低气温(℃)	0	−1	−2	−3	−4	−5	−6	−7
饱和水汽压 E	6.108	5.678	5.275	4.898	4.545	4.215	3.906	3.618
最低气温(℃)	−8	−9	−10	−11	−12	−13	−14	−15
饱和水汽压 E	3.349	3.097	2.863	2.644	2.441	2.252	2.076	1.912
最低气温(℃)	−16	−17	−18	−19	−20	−21	−22	−23
饱和水汽压 E	1.760	1.619	1.488	1.366	1.254	1.150	1.054	0.965
最低气温(℃)	−24	−25	−26	−27	−28	−29	−30	−31
饱和水汽压 E	0.883	0.807	0.737	0.673	0.613	0.559	0.509	0.463
最低气温(℃)	−32	−33	−34	−35	−36	−37	−38	−39
饱和水汽压 E	0.421	0.382	0.346	0.314	0.284	0.257	0.232	0.210

(2)射流孔到水面(或冰盖下面)的射流中心线速度 V_c(m/s) 为

$$V_c = 6.4V_0 \Phi / h_t \tag{4-18}$$

式中:V_0 为射流孔出口流速,m/s;Φ 为射流孔直径,mm;h_t 为射流管放置水深,mm。

一般可取 $V_0 \geqslant 3.5$ m/s,$V_c \geqslant 0.3$ m/s,按上述公式计算,要使 Φ 与 h_t 相匹配。

(3)潜水泵放置水深 $H > 5$ m,且 H 处的水温 $t_w > 0.25$ ℃;潜水泵的

扬程 H_h 在 $(1.5 \sim 2.0)H$ 范围内。

(4)射流管放置水深 h_t,应现场调试,以达到射流最佳效果(水泡强度最大时),且射流管应随库水位上下变动而保持最佳水深不变。

辽宁省铁甲水库溢洪道弧形闸门采用压力水射流法防冰。现场原型观测计算得出,该设备的最佳水深 h_t 为 170 mm 左右。

(5)冰盖融化速度 V_m (m/h) 为

$$V_m = 0.138(\varPhi V_0)^{0.62}t_w/h_n \tag{4-19}$$

式中:$\varPhi$ 为射流孔直径,m;V_0 为射流孔出口流速,m/s;t_w 为潜水泵处水温,℃;h_n 为射流孔至冰盖下表面的距离,m。

压力水射流法防冰具有设备简单、投资少、不占场地、安装操作维护方便、运行效果良好等优点。

5. 加热法

门叶采用电加热法防冰,也可以达到防止静冰压力作用的目的,但是相对保温法、吹泡法和射流法来说,其在经济上费用较高。其具体方法见前面介绍。

第六节 凌汛期各阶段的对策和措施

一、淌凌期

冬初,当气温下降至冰点时,河道将出现凌花并逐步冻结成流冰,同时在河道岸边或河湾处形成岸冰。随着气温的下降,岸冰增宽、延长,流冰厚度、面积加大。当流冰达到一定密度时,冰块易在狭窄、陡弯、浅滩等阻水处冻结,逆流上排,形成河道封冻(见图4-26)。此时,各级防汛主管部门要及时掌握气象、水情、凌情变化,做好凌情分析工作;进入凌汛期,水文部门和冰凌观测组织要认真进行测报,发现冰凌堆积或有封河迹象时,及时上报;有关防汛指挥部门要组织清除河道内和滩区的行洪障碍,拆除河道浮桥;做好分凌闸及大、中型引黄闸的检修、测试工作,保证随时分泄凌洪。

二、封冻发展期

某一河段首先封河后,随着气温持续走低,封冻河段呈连续型或阶梯

图4-26 河道淌凌

型,并迅速向上游发展,封河形式可能是平封,也可能是立(插)封。平封是指在强冷空气作用下,两岸岸冰延伸连接,敞露水面迅速冻结,形成平整的冰面;或者在河道封冰时,由于流速较缓,使得冰块顺序平铺排列、冰面较为平整的封河形式。立封,也指插封,指河道流凌封冻期间,大量冰凌首先在狭窄弯曲河段卡冰后,部分冰块在水流动力作用下,上爬下插,形成冰块互相重叠竖立插塞的封冻形式。

封冻发展期因冰盖下水流不畅,封冻河段上游纵比降变缓,流速减小,而使河道水位壅高,如壅水过高,将造成部分滩区漫滩,控导工程漫顶,凌水偎堤,严重时可能产生冰塞、冰坝、冰桥,危及堤防安全。此时,各级防汛抗旱指挥部和防汛主管部门要及时掌握水情、凌情、工情变化。当水位上涨较快,凌情较为严重时,政府分管的行政首长到位指挥防凌工作,组织力量加强工程防守;根据水位上涨情况,部署滩区群众迁移安置以及重要设施的防护工作。当出现冰坝、冰塞、冰桥时,行政首长到防汛办公室或现场指挥。

三、封冻稳定期

此阶段凌情变化较小,是相对安全期,要充分利用这一有利时机,进一步落实各种防凌工具料物;加强基干班、抢险队防凌抢险技术培训和演习;爆破队进行实战爆破演练,为开河保安全做好充分准备;冰凌观测组坚持正常观测,注意气象、水情、冰情的变化并按上级要求统一进行冰凌

普查,对壅水严重和形成冰塞的河段,应组织专门力量进行观测分析,制订科学有效的防御措施。

四、开河期

开河期是黄河下游凌汛最易发生险情的阶段。开河分为文开河和武开河两种形式,对此需采取不同的应对措施。

(一)文开河

文开河是因气温回升转正(0 ℃以上),冰凌逐渐融化解体的开河形式。在开河期,各级防汛主管部门加强凌情联系,及时分析凌情,根据凌情发展及时采取应对措施。水文、气象部门应及时准确地对河道来水、气象变化进行测报、预报;冰凌观测组加强观测,密切注视冰凌发展变化;冰凌爆破队对易形成冰坝等严重凌情的河段加强观测,做好随时爆破准备,防止向武开河转化。

(二)武开河

武开河是在下游河段气温尚低、冰质较硬情况下,上游河段因热力因素或水流动力因素作用先行开河,槽蓄水量急剧下泄,凌洪沿程增加,下游封河段水位骤涨、水鼓冰开。这种开河形式,凌洪来势迅猛,变化急剧,易在窄弯或在宽浅河段卡冰,甚至形成冰坝,堵塞过流断面,水位陡涨漫滩,危及滩区群众和堤防安全。它是凌汛危害十分严重的一种开河形式,历史上黄河下游凌汛决口多因武开河发生。

在黄河下游,当有武开河迹象时,小浪底水库应根据情况减小下泄流量或关闭闸门,以减轻凌洪压力;省防汛抗旱指挥部和有关市、县(市、区)防汛抗旱指挥部的领导实行包堤段、包险工、包涵闸的岗位责任制;各级黄河防汛办公室加强力量,充实人员,及时掌握气象、凌情、工情变化,当好各级领导的参谋;有关市(县)防汛指挥部组织爆破队,对重点河段进行爆破,将主流道冰凌炸透,以防止形成冰堆冰坝,并视凌情跟踪水头,爆破队随凌追击;一旦形成冰堆、冰坝,一面及时向上级报告,一面组织爆破队全力实施爆破,并据情请求部队支援,加强防守与抢护;凌洪漫滩偎堤时民兵基干班上堤防守,配备脱产干部,分工带班,巡堤查水;危险堤段固定专人轮流昼夜监视,发现险情及时抢护,重大险情及时采取措施并随时上报;防凌值班部队和各级专业抢险队集结待命,高度戒备,随时准备投入抢险战斗。

　　上游河段开河时,各市、县(市、区)迁移救护机构须高度警惕,组织有关人员到可能漫滩的村庄搞好宣传动员,视情况及时组织人员外迁。若在窄河道形成冰坝,凌水不断上涨,威胁堤防安全时,应做好运用分滞洪工程进行分凌蓄水的准备,按照防汛抗旱指挥部的指令及时开闸放水,以减轻防凌压力。

第五章　黄河冰坝(塞)案例分析

　　黄河自1951年以来,发生较严重的冰坝有八年九次之多(见图5-1)。现挑选几个有代表性的案例进行整理分析,供有关防凌部门参考。

图5-1　黄河下游冰坝位置示意图

第一节　1951年前左至王庄冰坝

一、冰凌概况

　　1950年12月1日,北镇气温下降至0 ℃以下(见表5-1),9日气温降

表 5-1　1950~1951 年度凌汛期封、开河特征统计

站名	封河										开河						
	气温转负日期 (年-月-日)	流凌日期 (月-日)	气温转负天数 (d)	封冻日期 (年-月-日)	累计负气温 (℃)	封河平均流量 (m³/s)	封冻期最高水位 (m)	封冻期最低水位 (m)	最大水位涨差 (m)	封河当日气温 (℃)	气温转正日期 (年-月-日)	气温转正天数 (d)	开河日期 (年-月-日)	累计正气温 (℃)	开河当日流量 (m³/s)	最高水位 (m)	凌峰流量 (m³/s)
花园口	1950-12-28		18	1951-01-14	63.2	420	92.42	91.94	0.48	-5.7	1951-01-24	4	1951-01-27	8.7	510	92.42	770
高村	1951-01-03	01-05	7	1951-01-09	22.2	610	59.66	59.17	0.49	-6.8	1951-01-24	4	1951-01-27	8.7	560	60.07	580
艾山	1951-01-01	01-07	10	1951-01-10	36.4	110	37.64	35.75	1.89	-11.4			1951-01-25	7.7	666	37.78	714
泺口	1951-01-01	01-07	9	1951-01-09	24.2	130	26.45	24.19	2.26	-8.1	1951-01-27	3	1951-01-29	5.9	677	26.80	830
利津	1950-12-01	12-21	41	1951-01-10	110.7	215	11.60	9.26	2.34	-11.3	1951-01-30	0	1951-01-30	0.4	708	13.76	1 160

至最低,为 -16.2 ℃,河道开始淌凌。12 月下旬气温持续下降,全河普遍淌凌。1 月 7 日,河口河段插凌封河,此时利津站流量为 460 m³/s。10 日封冻到东明县高村,14 日上延到郑州花园口。封冻总长 350 km,总冰量 5 300 万 m³,河槽蓄水 10.57 亿 m³。

二、冰坝形成过程及采取的技术措施

这年 1 月 17 日,山东河务局发出通知,要求沿黄各地抓紧做好防凌准备工作,加强领导,组织防凌队伍,备好工具物料,做好重点河段防守,组织爆破队负责重点河段爆破。20 日山东省人民政府发布《关于加强防护黄河凌汛的指示》,要求各地、县加强对黄河防凌工作的领导,战胜凌汛。随后,各地、县立即恢复了防汛指挥部,全面展开了防凌的准备工作。

1 月 22 日气温普遍回升,河道流量也逐渐增大到 600 m³/s 左右。27 日河南郑州河段开河,花园口凌峰流量 770 m³/s。随着开河的发展,凌峰沿程增大,冰水齐下,所到之处水鼓冰开。面对严重的防凌形势,沿黄各级防凌指挥部及时动员防汛队伍上堤防守,其中利津、垦利两县党政主要领导上堤带领群众防守抢护。29 日开河至济南泺口,凌峰流量增大到 830 m³/s,水位急剧上涨。此时气温继续回升,济南为 12.7 ℃,北镇为 11.6 ℃。30 日开河至利津,凌峰流量增大为 1 160 m³/s。到此时,2 d 时间利津水位上涨 1.45 m,4 d 时间 500 km 封冻河段全部开河,满河淌凌。30 日 21 时开河至垦利一号坝。这时河口地区气温仍较低,封冻冰层坚厚,上段河道下泄冰凌在此受阻,冰块上爬下塞,愈积愈多,形成冰坝,前左水位急速上涨 2.4 m,且冰凌继续向上堆积。31 日 6 时冰凌壅塞至章丘屋子,18 时发展到东张村一带,冰坝长度达到 15 km,积冰约 1 000 万 m³,局部断面冰坝与河底相连,冰坝壅高水位溯源影响约 70 km,利津、垦利河段滩地全部漫水。冰坝形成后,爆破队火速赶到前左全力进行爆破,由于堵塞冰凌太多,段落过长,因此爆破难以奏效,而上游流冰在东张河段继续壅积,水位进一步抬高,情势愈加险恶。2 月 1 日泺口流量 1 670 m³/s,水位上涨 2.3 m。就在这时,河口地区北风骤起,气温骤降,河道内积冰冻结愈坚。2 月 2 日 18 时前左水位又上涨 2 m 多,利津站水位达 13.76 m(见表 5-2),超过 1949 年大汛最高洪水位 0.83 m,北岸十六户、南岸宁海、东张一带堤顶出水高度仅 0.2~0.3 m,局部堤段大河水位与堤顶平,大块冰凌壅上堤顶,形势十分危急。蒋家庄、扈家庄、西张、东张、章丘屋子等处先后出现漏洞、渗水等险情 13 处。此时利津、垦利两县及原惠民修防处、段领导干部带领群众 9 300 多人在两岸抢加子埝,巡堤查险防守。上述险情因及时奋力抢护脱险,没有造成较大灾情。

表 5-2   1950~1951 年凌汛前左至王庄冰坝水面线

项目	站点				
	清河镇	道旭	张家滩	利津	前左
开河前封冻期水位(m)	17.68		11.76	10.95	
开河后畅流期水位(m)	17.00	13.61	11.18	10.33	8.17
冰坝壅水期水位(m)	16.68			13.76	水位上涨 4.50
站点距离(km)	0	37	63	70	99

2 日 23 时在利律王庄险工下首 380 m 处,背河堤脚发现三处碗口似的漏洞向外流水,查水民工当即鸣警告急。分段长刘奎三带领 30 多名工程队员、300 余民工急速赶到拼力抢堵,因临河积冰覆盖,无法找出洞口,背河抢堵天寒地冻,取土困难,漏洞逐渐扩大,过水甚急。工程队张××、于××等冒险在临河破冰寻觅洞口,发现有大漩涡。正用麻袋、棉被抢堵之际,背河堤坡塌陷,继而堤身塌陷 10 m 多,工程队班长王××领导工程队和群众奋力抢堵,终因堤身已溃,又值黑夜料不凑手,取土困难,于 3 日 1 时 45 分溃决成灾。

初决口门宽 10 余 m,8 时发展成两个口门宽 150 m,中间隔有约 50 m 长残堤,11 时两个口门扩宽至 200 余 m(据调查该地正是光绪十九年赵家菜园决口处,堤身下有厚约 1 m 的烂秸料层)。为防口门全部夺溜和其他河段再生意外,山东河务局与山东军区爆破队配合,继续在前左插凌段最下端向上爆破,2 d 共炸开长 3 000 m、宽 50 m 的一段通道。但由于流速小、天气寒,炸碎冰凌不能下泄,一夜之间重新冻坚,收效极微,乃于 9 日停止爆破。

王庄决口后,溃水分为两股,一股流向东北,一股流向西北,于八里庄附近汇合,在沾化县境富国、杨家屋子、垛鄯三处入徒骇河归海。洪泛区

宽14 km,长40 km,淹及利津、沾化两县耕地42万亩,122个村庄,倒塌房屋8 641间,受灾群众85 415人,死亡18人。

随着气温回升,河道积冰渐消,3月8日大部分冰坝消融,河水归槽下泄,口门形势日趋好转,口门出流占来水的9%,对堵口有利。经筹划调集技工、民工7 000余人,21日开工在两坝头背河分别修筑围堤各一道,供存料取土之地。同时,组织工程队奋战四昼夜在口门附近打桩编柳,此时口门附近河水大落,新淤嫩滩多半露出水面,口门仅剩两沟过水,总宽不过100 m,最大流速0.5 m/s,水深0.1 m,堵口时机极好,于是当即由两端在两排大桩之间以麻袋装土抛填,一沟堵截断流。就在即将合龙时河水突然上涨,口门流量增大,30日利津流量1 000 m³/s,堵口形势恶化,决定停止抛填。以后经研究拟定,先将两坝头帮宽,采用单坝进占,占后跟筑后戗,占前抛石护根,下占合龙的办法继续抢堵。4月1日开始帮宽东、西两坝头,两边同时单坝进占,昼夜施工。6日晚两坝进占完成,此时利津流量940 m³/s,7日5时20分合龙,9时闭气。

堵口合龙后,善后工程继续进行。4月14日复堤工程动工,险工埽坝加固、抛石护根等相继进行,5月21日全部竣工。共完成土方24万m³,耗用秸料140万kg,柳枝24.6万kg,石料4 200 m³,木桩1.2万根,铅丝1 000 kg,麻袋7.5万条,用工24.84万工日,总投资105.5万元。

第二节　1954～1955年度王庄至五庄冰坝

一、冰凌概况

(一)气温

1954年入冬以后,受寒潮相继侵袭影响,黄河下游地区日平均气温从12月1日起普遍下降到0℃以下,15日后气温回升,17日济南气温转正。21日后冷空气又连续侵袭,其气温又下降转负。这次低温过程持续时间长,北镇日平均气温为－5～－10℃,济南日平均气温到1月21日才再次转正。该年黄河济南以下河段冷得早,冷空气活动频繁,低温时段长,凌汛期气温变化小是这年气温的特点,也是该年度冰情严重的重要因素之一(见表5-3、图5-2)。

表5-3　1954～1955年度凌汛期日平均气温　　　　（单位:℃）

时间		日平均气温		时间		日平均气温		时间		日平均气温	
月	日	济南	惠民	月	日	济南	惠民	月	日	济南	惠民
11	30	1.8	1.6	12	31	-6.4	-7.7	1	31	4.8	0.2
12	1	-1.6	-2.0	1	1	-5.1	-6.0	2	1	5.6	2.7
	2	-3.8	-4.4		2	-6.3	-6.6		2	4.0	1.8
	3	-2.9	-4.3		3	-6.2	-8.6		3	2.4	-0.3
	4	-3.0	-4.1		4	-5.8	-7.9		4	2.1	-1.8
	5	-2.2	-3.0		5	-7.4	-9.7		5	-1.5	-1.8
	6	-1.8	-2.5		6	-6.8	-9.4		6	1.2	1.9
	7	-1.4	-0.2		7	-5.1	-7.8		7	4.4	1.7
	8	-4.7	-4.6		8	-5.0	-5.1		8	5.1	3.1
	9	-7.2	-6.3		9	-8.7	-10.2		9	4.8	2.8
	10	-7.3	-7.0		10	-6.5	-8.5		10	-2.6	-3.4
	11	-8.3	-6.8		11	-3.7	-4.7		11	-4.5	-5.5
	12	-6.5	-6.1		12	-5.0	-5.9		12	-0.9	-2.8
	13	-4.2	-5.9		13	-2.9	-6.9		13	2.5	1.2
	14	-7.4	-8.2		14	-3.0	-6.6		14	7.7	5.3
	15	-3.5	-5.3		15	-8.3	-9.0		15	7.8	3.8
	16	-2.4	-5.4		16	-5.6	-6.4		16	8.7	3.2
	17	0.3	-2.1		17	-3.1	-6.5		17	2.7	1.3
	18	1.5	-1.2		18	-1.0	-3.1		18	-1.2	-1.7
	19	0.8	-0.9		19	0.1	-2.3		19	-4.4	-4.3
	20	2.9	0.3		20	-1.8	-2.4		20	-6.8	-7.2
	21	3.5	0.0		21	1.2	0.1		21	-0.3	-3.3
	22	-0.4	-0.8		22	2.2	-1.1		22	5.5	4.1
	23	-1.9	-1.9		23	2.1	0.0		23	7.5	4.0
	24	-1.9	-2.3		24	2.4	-0.2		24	8.0	3.3
	25	-5.1	-5.3		25	-0.9	-2.4		25	9.1	4.7
	26	-6.0	-7.2		26	-0.8	-3.3		26	13.6	7.7
	27	-5.2	-6.0		27	0.2	-1.7		27	4.0	2.4
	28	-5.5	-6.8		28	2.6	-2.0		28	0.1	-1.1
	29	-8.0	-8.1		29	2.8	-0.3	3	1	3.4	1.0
	30	-6.5	-7.4		30	-0.2	-2.4		2	4.9	2.5

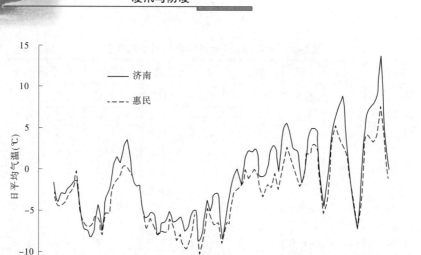

图 5-2 1954～1955 年度凌汛期气温过程线(日平均)

(二)水情

1954 年凌汛期,上游来水较丰,虽受内蒙古封河的影响,花园口站日平均最小流量仍为 500 m³/s 左右。12 月 15 日下游封河时,花园口站日平均流量在 500 m³/s 以上,而且封河过程中该量级流量持续的时间较长,封河后出现的日平均最大流量达 860 m³/s。由于流量较大,水流动力作用强,封河时冰凌插塞比较严重,槽蓄水沿程递增,河道流量沿程逐渐减小。据记载,封河期间花园口至利津河段河槽蓄水增量达 8.85 亿 m³;杨房站日平均流量由 12 月 15 日封河时的 770 m³/s,减小到 1 月 2 日的不足 100 m³/s(见表 5-4、图 5-3)。

(三)冰情

1954 年凌汛,黄河下游淌凌及封河都较早。12 月初北镇日平均气温转负,最低日平均气温达 −8.2 ℃,部分河段开始出现薄冰及水内冰,到 8 日,河南、山东两省河道全部淌凌,同时又降大雪,大部分淌凌是雪团冰与薄冰,厚度一般为 0.01～0.15 m。12 月 1～15 日惠民地区累积负气温达 70.7 ℃,受低气温和海潮与风向的影响,15 日在河口四号桩以上小沙(刁口河流路)一带形成插凌封河。到 16 日封至罗家屋子、张家圈,18 日、

表5-4 1954~1955 年度凌汛期日平均流量 　（单位:m³/s）

日期		日平均流量			日期		日平均流量			日期		日平均流量		
月	日	秦厂	杨房	利津	月	日	秦厂	杨房	利津	月	日	秦厂	杨房	利津
12	5	1 650	1 460	1 580	12	20	570	665	595	1	4	635	185	74
	6	1 480	1 430	1 500		21	440	640	570		5	540	238	127
	7	1 210	1 000	1 310		22	505	625	535		6	533	344	187
	8	943	1 270	1 390		23	690	625	515		7	504	428	272
	9	820	1 310	1 250		24	670	503	500		8	510	477	355
	10	750	910	1 180		25	752	353	445		9	509	481	405
	11	700	898	750		26	701	362	420		10	502	450	430
	12	637	730	840		27	680	425	400		11	495	450	475
	13	550	700	830		28	670	247	373		12	490	416	470
	14	510	605	640		29	800	136	298		13	505	392	455
	15	580	770	610		30	860	115	213		14	524	370	430
	16	585	610	670		31	780	100	160		15	524	345	403
	17	548	610	650	1	1	800	90	120		16	520	357	373
	18	513	710	650		2	742	88	95		17	500	370	353
	19	522	705	650		3	682	130	75		18	530	402	350

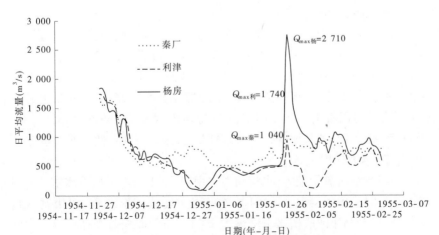

图5-3 1954~1955 年度凌汛期流量过程线

19日由十八户封至前左。就在这时气温突然升高,21日济南日平均气温上升到3.5 ℃,上段河道淌凌中断,封河延伸暂停。此时又有一次冷空气侵袭,22日济南日平均气温又转负,24日后全河又普遍淌凌,冰量逐渐增加。此时河口早已封冻,冰凌不能下泄,就在上游来冰自前左开始上排延伸的过程中,又在王庄窄河道形成严重冰塞,且封河继续发展。到1955年1月15日,最上封冻段到河南省荥阳汜水河口,封冻全长623 km,冰量较多。据山东河段1月15～16日的调查,封冻冰厚艾山以上为0.2 m左右,艾山以下到河口,冰厚一般为0.3～0.4 m,总冰量约5 200万 m³。

1955年1月15日以后,气温普遍回升,在6～7 d内上升了7～8 ℃,到22日河南省境内气温回升至0 ℃以上,郑州京汉铁桥以下到花园口河段逐渐融冰解冻,局部开河。同时山东境内冰盖由青色逐渐变成白色,并有部分边凌开始融化,冰盖强度大大减弱。26日20时解冻开河进入山东境内,28日19时开到泺口,水位急剧上涨,29日3时开河到河口地区。此时惠民地区气温仍较低,前3 d日平均累计气温为-7 ℃,冰质较强。上游河段气温高,开河早;封河时流量大,水流动力作用强,冰层厚,插塞严重;开河时下游气温低,冰质强,开河晚,是王庄险工窄河道段下首冰凌插塞形成冰坝的主要原因。

二、冰坝成因分析

(一)气温作用

黄河下游由于纬度的差异,上段气温高、回升早而快,下段气温回升晚而慢。该年秦厂日平均气温1月15日为-4.6 ℃,到22日上升为2 ℃左右,上升幅度达6.6 ℃;而河口前左站(今前左村,下同)在1月15日为-9.2 ℃,到22日上升到-4.2 ℃,上升幅度为5 ℃,到2月6日上升到0 ℃以上。可以看出,该年河南境内气温转正达到开河条件时,河口一带仍为负气温,日平均气温保持在-5 ℃左右,远达不到自然开河的条件。

(二)水力作用

当年封河时流量较大,水流动力作用强,是王庄产生严重冰塞的原因之一。1954～1955年凌汛封河时孙口以上冰凌插塞严重,河槽蓄水量多,花园口至利津河段槽蓄水增量达8.85亿 m³,而积蓄在孙口以上宽河道内就有6.14亿 m³,占全河段槽蓄水增量的69.5%,泺口以上为6.84

亿 m³。在开河时随着上游河段槽蓄水量的迅速释放,凌峰流量沿程逐渐加大。花园口流量由封河后的 500 m³/s 左右,24 日增大到日平均流量 830 m³/s,28 日高村凌峰流量达 2 180 m³/s,泺口凌峰流量增到 2 900 m³/s。在强大的水流动力作用下,开河速度极快。开河进入山东境内后,不到 2 d 的时间,29 日即开河到杨房,流量为 2 830 m³/s,平均流速达 1.64 m/s。因王庄冰塞的阻冰壅水影响,利津水文站凌峰流量减小到 1 960 m³/s,平均流速达 1.26 m/s。此时河口地区气温低,封河时泄流不畅的王庄至五庄河段仍然冰层厚,冰质坚硬,冰层固封,上游河段开河下来的大块冰凌在较大流速水流的推动下不但鼓不开冰盖层,反而进一步阻塞河道,冰块上爬下插,在浅滩部位,冰块插至河底,拦截了冰水去路,形成了冰坝。冰坝下端前左站 1 月 29 日流量为 690 m³/s,而杨房 29 日流量为 2 830 m³/s,因此大量冰水蓄在冰坝以上河道内,使冰坝以上水位急剧抬高,最快时每小时上涨 0.9 m。利津水文站从 29 日 1 时开始上涨,到 18 时 30 分,水位上涨 4.29 m。局部堤段堤顶出水高只有 0.5 ~ 1.0 m(见图 5-4、图 5-5),出现了非常紧张的局面。

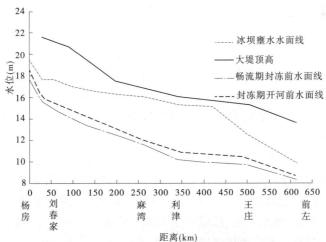

图 5-4　1954 ~ 1955 年度王庄至五庄冰坝水面线

(三)河道形态作用

五庄至王庄是两岸堤距狭窄的河道,素有"窄胡同"之称,最窄处只有 460 m,两岸堤防之间无滩地或滩地极少,河道容水量小。上游下泄的

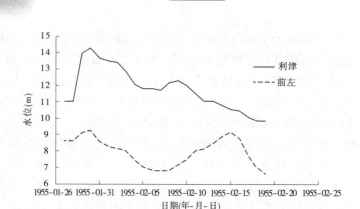

图5-5 1954～1955年度王庄至五庄冰坝水位过程线

冰凌堵塞整个河道后,大量冰水无出路,积蓄在狭窄的河道内,造成该河段水位急剧上涨。在冰坝生成的24 h内,该河段的水位就涨到了当年的保证水位。该冰坝从利津王庄险工一直延伸到东营麻湾险工,全长24 km,冰量约1 200万 m³,壅水溯源影响河段长约90 km,到达杨房以上,调蓄水量约2.05亿 m³。由于冰坝的影响,利津五庄大堤于1月29日23时30分出现漏洞。由于情况紧急,抢堵无效造成堤防溃决。冰坝壅水情况见图5-4。

综合以上分析,冰坝的形成有以下几个特点:

(1)形成冰坝的河段,两岸堤距狭窄,冰凌最易卡塞,历来是防凌的重点河段。

(2)封河时流量为600 m³/s,在较大流量下封河,水流动力作用大,封河时形成了严重冰塞。

(3)封冻河段长,冰量大,冰层厚,河槽蓄水增量大,特别是蓄在孙口以上河段的水量较多,这是开河时形成较高水头的重要原因。

(4)上游气温高回升快,下游气温低回升慢,上游先开河,河槽蓄水增量迅速释放,冰水下泄,造成下段河道武开河。开河时冰凌进一步插塞堆积,水位猛涨,造成大堤溃决,形成灾害。

三、冰坝形成后采取的技术措施

利津窄河段是历史上凌汛决口次数最多的河段之一,为解决该河段凌汛卡冰阻水问题,曾在1951年冬在利津县小街子(今在垦利县境内)

修建了减凌分水堰和南顺堤、北顺堤等工程。该工程于 1951 年 12 月上旬全部竣工。

1955 年 1 月 29 日 3 时 30 分在王庄险工冰凌插塞形成冰坝后，水位急剧上涨，小街子即漫滩。为尽最大努力争取打通河道，使冰凌沿河道下泄，免除使用减凌分水堰溢洪带来的损失，当时对使用溢洪区分泄冰水问题下不了决心，而仅仅在王庄以下进行了冰凌爆破。但因冰量过大，冰坝愈插愈坚固，该项措施收效甚微，已起不了决定作用。当时水位上升很快，在刘家夹河、李家夹河、张家滩、佛头寺、五庄等地先后出险，情况危急。在此情况下决定炸开溢洪堰分泄冰水。但由于对冻结后的大堤挖掘困难估计不足和爆破大堤没有经验，所以一直到 21 时后才破口 60 m 左右，过水估计不到 500 m³/s。当时上游来水流量在 2 500 m³/s 以上，水位继续上涨，到 23 时 30 分小街子还在不断爆破时，五庄已决口夺溜，口门下游水位回落，小街子过流更加不畅。为了减少口门的流量，缩小灾情，当时小街子仍继续爆破。

四、堤防及灾害情况

1955 年 1 月 29 日 1 时，利津刘家夹河水位开始上涨，到 18 时 30 分，水位上涨 4.29 m，最高水位达 15.31 m，超过 1949 年的最高洪水位 1.84 m，不少堤段冰凌爬坝，对两岸大堤威胁很大。当时的堤防是在沿河民埝的基础上逐年加修而成的，堤身土质复杂，质量甚差。新中国成立后，修堤质量虽有提高，但对土料的选择和夯实程度，在标准掌握上尚不够十分严格，同时大堤隐患亦未彻底消除，加之过去修堤时，基础未认真处理，过去决口的老口门处，多用秸柳或石料等堵塞，秸柳日久霉烂。大堤基础土层复杂，老口门处多为流沙。形成冰坝后，壅水高，水压力大，由于临河滩面与背河地面相差 3~4 m，堤身发生渗漏，背河地面发生管涌。当时利津全境告急，先后出现几十处漏洞，其中刘家夹河的漏洞已造成大堤坍塌 80%，张家滩的漏洞在大堤中已冲开直径 2 m 多的大洞，情势甚危，由于奋力抢堵，该两处险情转危为安。1 月 29 日 21 时许，又发现五庄约 20 m 长的大堤背河十几米以外普遍冒水，于是组织力量奋力抢堵。但由于该处堤防是筑在 1921 年伏汛决口之老口门上，业经 30 年之久，木料腐烂，造成隐患。大堤偎水后，土石结合处发生裂痕，在高水位作用下，堤基产

生集中渗流，发展成为多处漏洞，水势急。出现险情时，正刮七级北风，天寒地冻，取土相当困难，终因抢堵无效，大堤溃决，造成凌汛灾害。

此次溃决口门有两个，一个口门宽305 m、水深6 m，另一个口门宽80 m、水深8 m。水出口门以后，主流大体分两路，一路直奔西北方向，经滨县（现为滨城区）单家寺洼后，入沾化；另一路则沿历代决口故道，朝正北偏东的方向发展，经沾化、利津、垦利干沟两低洼地带入徒骇河。根据不完全统计，受灾面积为859 920亩，受灾村庄有435个，人口204 724人。

第三节　1968～1969年度顾小庄至李隤冰坝

一、凌汛概况

该年度凌汛期的基本情况是：冷空气侵袭，气温下降幅度大，持续时间长，流冰时间短，封河早，封冻快，冰盖薄，封段长，封口少，冰量大，蓄水多，三封三开，李隤、方家形成两道冰坝，三次壅水漫滩，这种情况是历史上少见的。

（一）气温

1968年12月12日为第一次冷空气过程，北镇日平均气温出现负值。凌汛期较强的冷空气有5次，持续时间均较长，而且多数寒潮侵袭时伴有降雪，见表5-5。

表5-5　泺口五次冷空气概况统计

冷空气次序	出现日期	日平均气温		日最低气温－10 ℃以下天数(d)	极端低气温(℃)	累积负气温(℃)	对冰情的影响
		0 ℃以下天数(d)	－5 ℃以下天数(d)				
1	12月13～21日	8	1	—	－9	19.4	产生凌花及岸冰
2	12月31日至次年1月15日	16	5	5	－12	71.2	第一次封河
3	1月19日至2月7日	15	10	7	－14	88.1	第二次封河
4	2月13～28日	16	13	9	－13	101.2	第三次封河
5	3月9～12日	4	1	1	－11	13.8	第三次开河暂停封冻并有接长

在 5 次冷空气活动中,有 4 次气温升降的幅度较大,见表 5-6 及图 5-6。

表 5-6 泺口 4 次气温统计

高温次序	出现日期	日平均气温			极端高气温(℃)	累积正气温(℃)	对冰情的影响
		0℃以上天数(d)	5℃以上天数(d)	10℃以上天数(d)			
1	12 月 22～29 日	7	—	—	9	8.9	冰花岸冰消失
2	1 月 15～23 日	6	2	2	13	24.0	第一次开河
3	2 月 6～13 日	6	4	3	17	39.4	第二次开河
4	2 月 28 日至 3 月 9 日	7	2	2	12	17.1	第三次开河

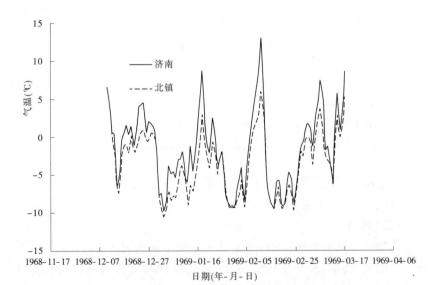

图 5-6 1968～1969 年度凌汛期日平均气温过程线

该年前冬暖后冬冷,12 月平均气温距平值为 1.7 ℃,2 月平均气温距平为 -4.3 ℃,直到 3 月中旬旬平均气温距平仍为 -3.9 ℃,见表 5-7。

表 5-7　泺口凌汛期月、旬平均气温及距平统计　（单位:℃）

项目	12 月				1 月				2 月				3 月		备注
	上旬	中旬	下旬	月	上旬	中旬	下旬	月	上旬	中旬	下旬	月	上旬	中旬	
本年度	8.7	-1.0	-0.5	2.4	-4.8	0.4	-4.6	-3.0	-1.1	-4.2	-5.2	-3.4	1.7	3.6	1969年以前均值
历年均值	2.0	1.0	-0.6	0.7	-1.9	-3.1	-1.0	-2.0	0.3	0.1	2.8	0.9	4.0	7.5	
距平	6.7	-2.0	0.1	1.7	-2.9	3.5	-3.6	-1.0	-1.4	-4.3	-8	-4.3	-2.3	-3.9	

另外,在一般年份,因为花园口与泺口相差两个纬度,花园口气温高于泺口 3~5 ℃,而该年 1 月第二、第三次封河时气温都是逆差,是该年气温的重要特点,见表 5-8。

表 5-8　花园口及泺口日平均气温及较差对照　（单位:℃）

站名	12 月		1 月						2 月			备注
	15 日	26 日	2 日	12 日	18 日	24 日	26 日	30 日	11 日	16 日	24 日	
花园口	-2.5	3.5	-4.8	-5.5	1.3	-6.5	-0.3	-5.3	6.0	-6.0	-4.8	"－"为泺口高于花园口
泺口	-6.7	3.5	-9.6	-5.3	9.4	-5.3	-2.5	-9.5	12.0	-10.0	-9.3	
花园口—泺口	4.2	0	4.8	-0.2	-8.1	-1.2	2.2	4.2	-6.0	4.0	4.5	

该年度凌汛期的气温特点为,冷暖交替变幅大,多是降温伴雪花,冷空气连续时间长,上寒下暖有逆差。

（二）水情

该年度凌汛期来水较丰,潼关站入库流量持续在 500~1 000 m³/s,比常年偏大 30%~50%。1968 年 12 月底至 1969 年 1 月初,受内蒙古封河段的影响,花园口以下日平均流量由 600 m³/s 左右降至 400 m³/s 左右,后又逐渐增大,到第一次开河时增大到 600 m³/s 左右。第二次封河时,泺口站日平均流量由封河前的 500 m³/s 左右降到不足 200 m³/s,见图 5-7;花园口至利津河段最大河槽蓄水增量近 5 亿 m³,主要蓄在花园口至孙口河段,该河段蓄水占花园口至利津河段的94%。受河槽蓄水量的影响,开河时下游各站均形成了较大的凌峰。在凌洪下泄过程中,由于李隤冰坝的阻水,冰坝下游各站的凌峰流量较小,水流动力作用减弱,从而避免了冰坝下游窄河段武开河局面的出现。为减轻下游的防凌压力,三门峡水库还及时对上游的来水进行了调节。三门峡防凌运用情况及各次开河时各站的凌峰流量,在冰坝成因分析中详述。

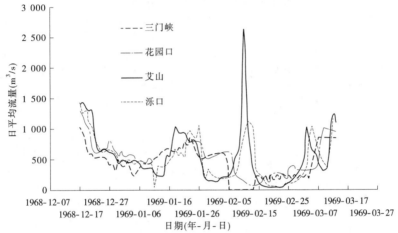

图5-7　1968~1969年度凌汛期上游来水及冰坝上、下流量过程线

（三）冰情

　　1968年12月12日第一次冷空气入侵时,山东河段日最低气温降至 -7~-10℃。14日晨全河普遍产生了岸冰及冰花,17日济南日平均气温转正,冰凌消失。1968~1969年度凌汛期日平均气温、流量见表5-9、表5-10。

　　1968年12月30日第二次寒潮入侵,降温幅度大,济南日平均气温下降近10℃,北镇日平均累积负气温达到53.2℃,1969年1月2日6时在垦利县义和险工新三号坝开始插封。封河时利津水文站流量为300 m³/s左右。以后垦利西河口、利津王庄、济南盖家沟、泺口、杨庄、东阿井圈都相继插塞封河,水位上涨。13日封至高村。15日后气温回升,济南16日、17日日平均累积正气温为6.9℃,18日最高日平均气温为8.9℃,17日菏泽、聊城融冰开河。开河时高村水文站流量为700 m³/s左右,

表 5-9　1968～1969 年度凌汛期日平均气温　　（单位：℃）

时间 （年-月-日）	济南	北镇	时间 （年-月-日）	济南	北镇	时间 （年-月-日）	济南	北镇
1968-12-10		6.0	1969-01-13	-1.2	-6.4	1969-01-16	-9.3	-9.5
11	4.2	4.0	14	-4.5	-7.3	17	-6.0	-8.3
12	0.6	-0.1	15	-2.3	-6.1	18	-5.8	-6.3
13	0.4	-0.9	16	1.9	-3.0	19	-8.8	-9.4
14	-6.3	-6.6	17	4.9	-0.6	20	-9.1	-9.0
15	-5.3	-7.5	18	8.7	3.0	21	-7.2	-7.7
16	-0.5	-3.4	19	1.8	-0.7	22	-4.7	-6.3
17	0.5	-1.2	20	-1.1	-2.4	23	-5.4	-7.0
18	1.6	-0.9	21	-2.0	-4.1	24	-8.7	-9.7
19	0.3	-2.1	22	2.5	-0.7	25	-6.7	-7.5
20	1.4	0.2	23	0.8	-1.3	26	-4.2	-5.2
21	-1.1	-1.9	24	-3.7	-5.0	27	-1.4	-1.9
22	0.5	-1.9	25	-2.8	-2.1	28	-0.6	-2.5
23	3.9	-0.4	26	-2.0	-2.2	1969-03-01	1.2	-0.3
24	4.3	0.7	27	-6.0	-6.2	02	1.7	-0.1
25	4.5	0.8	28	-8.5	-7.9	03	0.8	-0.7
26	0.6	-0.3	29	-9.0	-9.3	04	-1.2	-3.8
27	2.0	-0.5	30	-9.3	-8.8	05	2.4	0.5
28	1.8	0.4	31	-9.1	-9.4	06	4.3	2.2
29	1.3	0.6	1969-02-01	-6.8	-8.3	07	7.5	3.7
30	-1.1	-1.2	02	-5.5	-7.7	08	5.5	1.0
31	-7.7	-7.3	03	-4.1	-5.6	09	-1.7	-2.6
1969-01-01	-7.4	-9.2	04	-8.5	-9.2	10	-1.2	-3.0
02	-9.7	-10.6	05	-4.2	-7.3	11	-3.3	-3.8
03	-8.6	-9.9	06	-1.4	-3.8	12	-5.5	-6.4
04	-3.9	-7.2	07	2.0	-0.7	13	2.0	-1.3
05	-4.8	-8.2	08	4.2	1.3	14	5.8	2.9
06	-4.6	-7.7	09	6.7	1.9	15	1.1	0.1
07	-5.3	-7.9	10	9.0	4.2	16	1.8	0.4
08	-3.0	-6.3	11	13.0	6.1	17	8.9	5.6
09	-2.9	-3.9	12	4.9	2.4			
10	-2.0	-3.8	13	-5.1	-5.3			
11	-5.5	-5.7	14	-7.9	-8.0			
12	-5.9	-9.0	15	-8.9	-9.0			

表5-10　1968～1969年凌汛期各站日平均流量　（单位：m³/s）

时间 (年-月-日)	日平均流量				时间 (年-月-日)	日平均流量				时间 (年-月-日)	日平均流量			
	三门峡	花园口	艾山	泺口		三门峡	花园口	艾山	泺口		三门峡	花园口	艾山	泺口
1968-12-17	1 030	1 310	1 390	1 430	1969-01-16	687	676	558	409	1969-02-15	2.26	67.4	326	977
18	938	1 210	1 440	1 260	17	622	672	548	492	16	219	73	195	328
19	718	1 070	1 350	1 300	18	634	664	815	527	17	226	78.3	98	248
20	600	990	1 300	1 110	19	606	662	1 040	679	18	171	131	67	210
21	596	715	1 310	1 040	20	695	660	941	557	19	229	217	45.6	138
22	516	605	895	847	21	678	660	930	611	20	167	130	30.5	69.8
23	541	605	657	744	22	778	752	933	551	21	243	251	33	57
24	545	635	645	640	23	733	848	825	920	22	160	241	36.5	59.5
25	545	635	675	627	24	807	855	775	975	23	245	260	35.5	50.5
26	499	672	653	653	25	737	775	821	875	24	153	179	34.7	42.5
27	415	815	620	672	26	601	800	753	860	25	246	250	33	36.5
28	426	695	602	636	27	539	783	540	1 040	26	225	171	84.3	105
29	324	635	530	592	28	507	668	384	380	27	238	331	100	100
30	541	575	433	496	29	538	521	157	188	28	185	374	149	105
31	495	635	490	404	30	545	515	150	340	1969-03-01	246	380	200	115
1969-01-01	437	547	476	388	31	560	531	151	250	02	182	277	262	144
02	486	572	453	473	1969-02-01	583	560	138	214	03	237	303	338	210
03	318	582	450	493	02	591	560	134	186	04	196	314	383	272
04	231	567	489	425	03	595	616	183	188	05	250	313	1 010	383
05	295	489	464	466	04	595	615	204	190	06	187	325	811	887
06	359	374	429	477	05	555	613	215	203	07	438	321	637	1 040
07	444	412	352	465	06	3.49	617	234	207	08	665	344	588	826
08	445	436	352	433	07	2.09	495	323	217	09	845	442	439	704
09	422	531	352	420	08	2.09	260	525	247	10	851	871	341	543
10	461	492	351	421	09	2.09	184	628	401	11	845	1 020	295	425
11	516	508	268	40	10	2.26	146	1 100	674	12	845	959	387	383
12	542	543	228	390	11	2.26	132	2 640	900	13	845	972	898	667
13	614	556	229	382	12	2.26	100	1 190	1 110	14	845	958	1 220	1 150
14	622	593	232	378	13	2.26	63	655	1 100	15	851	947	1 090	1 080
15	630	639	476	380	14	2.42	48	508	1 190					

冰凌在顾小庄以上插塞形成李隫冰坝，见图 5-8、表 5-11、表 5-12。冰坝下游济南、泰安河段冰凌相继滑动开河，归仁河段在开河过程中发生了严重冰凌插塞。

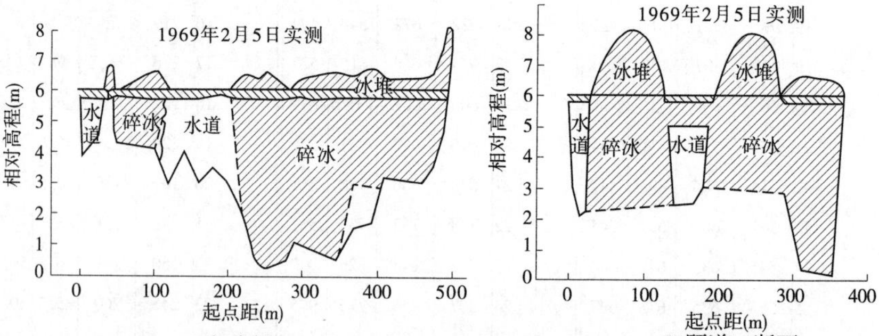

(a)李赜断面　　(b)顾道口断面

图 5-8　1968～1969 年度凌汛顾小庄至李隫冰坝

表 5-11　李隫断面(1969 年 2 月 5 日实测)　　(单位:m)

起点距	0	3	25	33	40	45	50	100	120	140	160	180	200
相对河底高程	6	3.8	4.5	5.7	5.7	5.7	4.3	4.1	2.9	4.1	3	3.5	3
水深	0	2	1.3	0	0	0	0	0	2.8	1.7	2.7	2.3	2.8
碎冰厚	0	0	0	0		1.1	1.4	1.7	0	0	0	0	0
冰盖厚	0	0.25	0.25	0.3	0	0	0.2	0.25	0.3	0.25	0.3	0.2	0.2
冰盖上碎冰厚	0	0	0	0	0.8	0	0	0.6	0	0	0	0	0
起点距	205	220	240	250	280	290	348	370	392	410	460	475	495
相对河底高程	2.7	2	0.4	0.3	0.5	1.1	0.5	1.6	1.7	3.2	3	3.5	6
水深	3.1	0	0	0	0	0	0	1.4	1.2	0	0	0	0
碎冰厚	0	3.7	5.3	5.4	5.2	4.7	5.2	2.7	2.8	2.5	2.7	2.3	0
冰盖厚	0.25	0.3	0.3	0.3	0.3	0.2	0.3	0.3	0.3	0.3	0.3	0.3	0.3
冰盖上碎冰厚	0	0.5	0.3	0.6	0	0.3	0.5	0.4	0.8	0.4	0.4	1.6	2.1

注：总断面面积 1 600 m^2，冰层面积 1 260 m^2，占总面积的 79%；水道面积 339 m^2，占总面积的 21%。

表 5-12　顾道口断面(1969 年 2 月 5 日测)　　　　(单位:m)

起点距	0	5	15	23	30	80	130	140	165	180	190
相对河底高程	6	3.3	2.1	2.2				2.4	2.5	3	
水深	0	2.5	3.7	3.6	0	0	0	2.6	2.5	2	0
碎冰厚	0	0	0	0				0.8	0.8	0.8	0
冰盖厚	0	0.2	0.2	0.2				0.2	0.2	0.2	0
高出冰面以上	0	0	0	0	0	2.1	0	0	0	0	0

起点距	220	240	280	290	310	350	370	备注	
相对河底高程				2.8	0.3	0.1	6	起点距 30 m、80 m、130 m、190 m、220 m、240 m、280 m 处 7 条垂线冰盖层以下全为碎冰,未能测到底。总面积 1 300 m²,水道面积 189 m²,占总面积的 15%;冰层面积 1 110 m²,占总面积的 85%	
水深	0	0	0	0	0	0	0		
碎冰厚	0	0	0	3	5.4	5.7	0		
冰盖厚	0	0	0	0.3	0.3	0.3	0		
高出冰面以上	1.6	2	0	0.3	0.6	0.4	0		

1969 年 1 月 19 日又一次冷空气侵袭,20 日最低气温降至 -5 ~ -9 ℃。24 日日平均气温普遍降至 -5 ℃以下,未封河段开始出现流冰及岸冰,并于夜间开始第二次封河。28 日日平均气温普遍降至 -10 ℃左右,黄河下游河道普遍封河,插塞、平封交错,至 2 月 2 日第二次封河至河南境内郑州铁桥。2 月 5 日气温开始回升,上游冰凌开始融化脱边,10 日开河至朱圈,李隤冰坝未受影响。随着济南、泰安河段封冰滑动开河,11 日又形成方家冰坝。在开河过程中,李隤冰坝上游水位涨势迅猛,每小时上涨 0.3 ~ 0.5 m,到 14 日 6 时水位涨至 25.29 m,比 1958 年最高洪水位只低 0.21 m,见表 5-13、图 5-9。当时正是春节,风雪交加,堤防出水高 2.0 m 左右,形势非常紧张。就在此时气温再次下降,开河又一度停止。

表5-13　1968～1969年度凌汛期顾小庄至李隙冰坝水面线　　（单位:m）

项目		测站					
		艾山	康口	周门前	陶绍	潘庄	官庄
距离（km）		0	12	17.6	25.4	31.2	44.7
畅流期正常水位		37.35	36.55	35.9	34.95	34.3	32.95
1958年洪水位		43.13	41.75	41	40.07	39.5	38.04
冰坝壅水位	1月26日4时	38.8	38.7	38.65	38.55	38.48	34.15
	2月11日13时	40.83	40.38	40.12	39.85	38.65	34.7

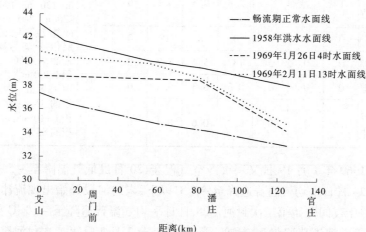

图5-9　1968～1969年度顾小庄至李隙冰坝水面线

　　1969年2月12日冷空气再次侵袭,日平均气温降至0℃以下,未封河段又开始流冰,从14日晨起又开始插封,一天封河94 km,15日日平均气温降至-10℃左右,16日封河长度达470 km,至2月24日再次封至河南省郑州铁桥,造成历史上严重的封河情况。

　　2月25日气温再度回升,河南及山东菏泽境内冰凌产生脱边,出现开河迹象。28日冰凌出现滑动,3月1日除惠民地区(包括现东营市)外,冰凌开始融化,河南和山东菏泽河段出现局部开河,4日夜开河至位山,李隄冰坝稳定未动,冰坝以下齐河、济南从 5 日开始局部开河,6 日夜开到章丘胡家岸,7 日开至济阳葛家店子,方家冰坝未动,并壅水漫滩。此时又受冷空气影响,开河再度暂停,并有新生流冰产生,新生流冰上插至刘家园。13 日气温再度转正,泺口以上水温也回升至 0.5 ℃以上,14 日崔常至张肖堂溜道开通,同时下段河道冰质变弱、冰盖滑动,出现开河迹象。15 日 14 时麻湾窄河道在开河过程中因冰凌插塞漫滩,16 日 15 时 25 分在利津王庄险工 58 号坝插塞。在爆破和壅高水位压力的作用下,17 时 20 分插塞河段开通。以后又在张家滩和西河口以上处插塞,在罗家屋子下游的罗四断面(刁口河流路)附近堆成冰山,并向上排延,罗家屋子水位 5 h 陡涨 1.4 m,造成建林生产堤破口漫滩。随着气温的进一步回升,17 日 11 时方家冰坝开通,18 日全河开通,凌汛结束。

二、李隄冰坝的成因分析

李隄冰坝的头部在顾小庄,处于王坡至官庄 S 形河湾的过渡段上。该河段河道宽浅,水流分散,有小沙洲、鸡心滩等;凌汛期流冰不畅,流冰易于触岸及受阻碍,是形成顾小庄至李隄冰坝的河道特性。1968～1969 年度凌汛期官庄、泺口水位过程见表5-14。

表5-14　1968～1969 年度凌汛期官庄、泺口水位过程　（单位:m)

时间	日平均水位		时间	日平均水位		时间	日平均水位	
（月-日）	官庄	泺口	（月-日）	官庄	泺口	（月-日）	官庄	泺口
01-01	31.96	25.8	01-12	33.94	25.88	01-23	34.48	26.54
02	32.07	26.32	13	33.82	25.74	24	34.19	26.57
3	31.52	26.41	14	33.83	25.67	25	34.22	26.52
4	33.17	26.13	15	34.01	25.72	26	34.21	26.51
5	34.25	26.36	16	34.48	26.03	27	33.97	26.61
6	34.83	26.41	17	34.61	26.47	28	33.35	26.21
7	34.62	26.36	18	34.73	26.6	29	32.83	25.83
8	34.51	26.20	19	35.25	26.95	30	32.67	26.23
9	34.44	26.12	20	34.58	26.68	31	32.67	26.18
10	34.29	26.13	21	34.22	26.43			
11	34.07	25.98	22	34.52	26.34			

注:凌峰水位,官庄站 1 月 19 日 35.80 m,泺口站 1 月 19 日 27.51 m。

该年度气温冷暖交替出现,变化幅度大。如济南日平均气温 5 d 下降幅度达 23 ℃,7 d 内日平均气温回升幅度达 21.4 ℃,而且持续时间较短。另外,冰坝以上河段,封河晚、冰层薄,受气温升降影响敏感。因此,形成了几封几开的特殊情况。现将冰坝的生消变化叙述如下:

该年度第二次寒潮较强,北镇日平均气温达 -10 ℃ 以下,加之第一次寒潮时河道已流冰,水温较低,因此在第二次寒潮侵袭时,河道流凌密度迅速加大,1 月 2 日在河口地区插塞封河,封河时利津流量为 300 m³/s 左右。3 日上游来冰在此阻塞,形成严重冰塞。受强寒潮影响,封河速度很快,至 1 月 13 日封至高村,到 15 日下游河道共封冻 35 段,长 245 km,总冰量为 2 462 万 m³。15 日后气温急剧回升,流量逐渐加大,高村由封河前的日平均流量 300 多 m³/s,到 17 日增大到 700 多 m³/s,水流动力增强,促进了开河。17 日菏泽河段局部开河,18 日菏泽、聊城基本开通。在开河过程中,上游河槽蓄水增量(3.00 亿 m³ 左右)伴随冰凌一起下泄,冰水越聚越多,把尚未达到开河条件的冰层鼓开,使凌峰流量逐渐加大,艾山 18 日凌峰流量 1 240 m³/s。下段河道开河条件尚未成熟,冰层较厚、坚实,阻碍了上游大量冰水的下泄,迫使河道水位急剧上升,冰块上爬下潜、插塞堆积、堵塞过水断面,1 月 19 日形成了李隁冰坝。此时冰坝上游艾山水文站日平均流量为 1 040 m³/s,冰坝下游泺口水文站日平均流量仅 600 多 m³/s。冰坝形成后,潘庄水位涨至 38.30 m,长清、平阴滩区进水。在全河封冻还有 10 段,长 132 km,总冰量 1 703 万 m³ 的情况下,1 月 19 日又一次冷空气侵袭,气温大幅度下降,最低气温达 -14 ℃,冰坝以上又封河,并很快发展到河南境内郑州铁桥,封冻冰厚一般在 0.1 ~ 0.3 m,全河总冰量大大增加,达 8 500 万 m³。

这次封河时,三门峡下游流量为 700 ~ 900 m³/s。由于花园口以下在短时间内普遍封河,高村断面以上形成严重卡塞河段,因此 1 月 31 日后,山东河道流量普遍降至 100 m³/s 左右,封冻河槽蓄水急剧增加。虽然三门峡水库于 1 月 24 日 21 时开始逐渐关闭闸门,27 日 16 时还剩 2 个深水孔泄流,下泄流量为 500 m³/s 左右,但河槽蓄水增量仍达近 5 亿 m³,其中绝大部分蓄在花园口至孙口河段,约占 94%,这是开河时形成较大水头的重要原因。

2 月 5 日气温再次回升,上游逐渐开河。由于槽蓄水量大,高村水文站出现了 716 m³/s 的凌峰。水头从高村下来后,在苏泗庄、邢庙经过两次卡冰壅水,水头进一步增大,孙口站的流量从 750 m³/s 增至 2 650 m³/s,凌峰总水量约 3.2 亿 m³,艾山站也产生了 2 760 m³/s 的较大凌峰。在凌峰传播过程中,冰水齐下,李隍冰坝继续增长,插塞更加严重,实测过水断面面积只有 339 m²,占总面积的 21%,泺口站最大流量只有 1 210 m³/s。这时冰堆高出水面 4 m 左右,有的插成 3～4 层,冰堆高出冰盖 5～6 m。这时冰坝上游水位继续急剧上涨,潘庄每小时涨 0.3 m,11 日 3 时涨至 39.14 m,邵庄水位 14 h 涨水 1.13 m,均接近 1958 年洪水位,见图 5-9,造成长清、平阴生产堤决口,又一次滩地进水。

2 月 12 日气温再次下降,冰坝再次延长,封河又一次封至河南省郑州铁桥,全河共封冻长 703 km,总冰量为 10 327 万 m³,造成了历史上严重的封河局面。25 日气温逐渐回升,冰凌逐渐融化,开河时孙口站产生了 1 900 m³/s 的凌峰,冰凌在东阿周门前险工十七号坝阻塞,冰坝长 18 km,冰量约 790 万 m³,再次造成漫滩。为减轻凌汛威胁,三门峡水库自 1 月 17 日 16 时就已将下泄流量控制在 500 m³/s,2 月 5 日 21 时关闸断流,16 日后水库又开闸 1 孔,下泄流量 400 m³/s,而且运用方式是一个深水孔开 1 d,关 1 d,日平均下泄流量 200 m³/s 左右,一直延续到 3 月 6 日。此流量影响到下游,特别是山东河段的上段河道后,河槽蓄水量逐渐减少,水势减弱。以后气温逐渐升高,7 日前济南日平均累积正气温为 20.5 ℃,李隍冰坝出现了 130 m 宽的溜道。随着气温的升高,溜道逐渐扩大,9 日 17 时全部开通,水位骤降 1 m,李隍冰坝威胁解除。

李隍冰坝的特点如下:

(1)历史上罕见的气温大幅度升降,是造成这年凌汛期黄河三封三开,形成李隍冰坝的重要因素。

(2)河道宽浅、水流分散,有阻冰障碍,封河时容易形成严重冰塞。

(3)整个凌汛期上游来水虽然较丰,但受内蒙古封河的影响,下游封河时利津流量为 300 m³/s 左右,封冻冰盖较低,过流不畅,形成了严重冰塞,造成河槽蓄水增量大。

(4)内蒙古稳定封河后,流量逐渐增大,三门峡没有控制,流量到达下游封冻河段,水力作用增强,促其开河,产生了较大凌洪,在有严重冰塞的河段形成了冰坝。

227

(5)河未开通,冷空气再次袭击,复又封冻,使封冻再次上延。开河时又使冰坝发展,造成了漫滩灾害。

三、凌汛期采取的技术措施

下游河道在封冻过程中,河槽蓄水量较多。为了避免流量突然增大,引起局部开河,形成河槽蓄水的急剧释放,聚起水头,造成以水力作用为主的开河形式,三门峡水库进行了防凌蓄水运用,控制运用时间长达 52 d,关闸断流 19 d,最高库水位达 327.72 m,蓄水 18.0 亿 m^3,对减轻下游凌汛起了积极的作用。

李隄冰坝位于宽河段,河槽、滩地对上游下来的冰凌洪水有一定的调节作用,削减了凌峰,减轻了冰凌洪水对下游窄河段的威胁。但为了确保津浦铁路、济南市和石油基地的安全,还是在泺口上下和利津弯曲窄河段容易卡冰的部位进行了打冰及爆破。共用 37 个爆破队,炸药 152 t,雷管 54 056 个。

四、李隄冰坝的灾害情况

1968 ~ 1969 年度凌汛,泺口以上河段形成三封三开的严重冰情,冰坝的产生使有些堤段最高水位接近 1958 年最高洪水位。冰坝上游有 50 km 的大堤偎水,堤根水深达 2.5 m 左右,持续时间达 1 个月之久,大堤渗水严重。冰坝形成后,长清、平阴滩地三次进水,有 4 个县的 70 个村 4 万多人被水包围,淹地 12 万亩,其中麦田 9 万亩,房屋倒塌 431 间。损失较严重。

第四节 1969 ~ 1970 年度老徐庄冰坝

一、凌汛概况

(一)气温

当年冷空气来得较早,活动也较频繁,气温升降次数多,升降幅度较大。例如济南 1970 年 1 月 1 ~ 4 日,日平均气温下降 13 ℃,5 ~ 11 日日平均气温由 − 12 ℃ 上升到近 3 ℃,上升幅度达 15 ℃。低温时段出现在 1

月上中旬,极端最低气温河口一带达 - 22 ℃,最低日平均气温达 - 12.6 ℃,见图5-10、表5-15。

表5-15 1969～1970年度凌汛期日平均气温 （单位:℃）

时间 (年-月-日)	济南	北镇	时间 (年-月-日)	济南	北镇	时间 (年-月-日)	济南	北镇
1969-12-01	5.4	1.2	1970-01-01	- 1.1	- 2.7	1970-02-01	4.8	- 0.4
02	- 2.5	- 3.8	02	- 1.1	- 2.5	02	2.8	0.7
03	2.8	- 0.8	03	- 5.7	- 6.8	03	- 1.5	- 2.4
04	8	3	04	- 12.2	- 12.5	04	- 0.9	- 3
05	9.4	4.2	05	- 9	- 9.8	05	0	- 3.1
06	2.3	1.6	06	- 2.9	- 4.9	06	4.2	1.3
07	- 1.3	- 2	07	- 2.6	- 5.5	07	4.8	3.2
08	- 4.4	- 5.9	08	- 1.7	- 5	08	1.3	- 2.8
09	0.2	- 1.6	09	- 1.4	- 4.2	09	- 1.2	- 5
10	4.8	0.3	10	- 2.5	- 5.2	10	5	- 0.6
11	3.6	- 0.5	11	2.5	- 2.3	11	8.2	1.6
12	- 3.9	- 4.4	12	0.6	- 3.3	12	9.9	5
13	- 3.4	- 5.9	13	5.9	- 8.6	13	8.4	3.8
14	0.2	- 3.6	14	- 6.6	- 9.1	14	5.4	0.7
15	- 1.9	- 5.5	15	- 8.9	- 12	15	0.6	- 2.4
16	- 1.4	- 4.9	16	- 7.1	- 9.8	16	8.8	2.8
17	- 1.2	- 3.5	17	- 6	- 8.5	17	13.5	6.7
18	- 3.4	- 4.4	18	- 3.9	- 6.5	18	8.6	4.9
19	- 1.5	- 4.9	19	- 1.9	- 6.6	19	1.7	- 0.3
20	3.3	- 1.1	20	1.7	- 3.3	20	1.2	- 1
21	7.2	1.4	21	4	- 0.7	21	- 0.3	- 1.3
22	- 0.7	- 2.3	22	- 2.1	- 3.5	22	- 0.6	- 2.5
23	- 0.5	- 2.5	23	- 1.9	- 2.6	23	- 0.6	- 0.7
24	2.9	1.6	24	0.9	- 3.8	24	- 1.4	- 1.9
25	2.7	1.3	25	4.9	- 0.1	25	- 3	- 3.2
26	- 6.2	- 6.8	26	7	1.6	26	- 3.1	- 5.2
27	- 7.7	- 9.6	27	3.9	1.4	27	- 2.2	- 5.6
28	- 1.5	- 6	28	4.6	0.2	28	0.7	- 4.6
29	- 2.2	- 3.1	29	1.5	- 1.9			
30	- 2.1	- 5	30	- 3.5	- 6.5			
31	1.2	- 1.6	31	1.2	- 2.8			

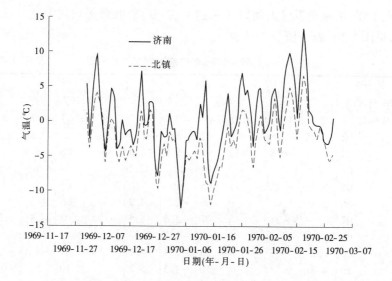

图 5-10　1969～1970 年度凌汛期平均气温过程线

(二)水情

受内蒙古封河的影响,1969 年 12 月上旬三门峡下泄流量为 400 m³/s 左右,16 日三门峡水库下泄流量开始增大,17 日后下泄流量 700～800 m³/s。山东河段因受第二次封河的影响,流量由 800 m³/s 降至 200 m³/s 左右,形成了较大的河槽蓄水量。开河时,三门峡水库关闸断流长达 7 d,此后保持下泄流量近 400 m³/s;艾山站产生了 2 450 m³/s 的凌峰,泺口站受冰坝影响,产生 1 500 m³/s 的凌峰,见图 5-11、表 5-16。

(三)冰情

1969 年 12 月 2 日后,气温逐渐下降,惠民地区 8 日最低气温降到 −11 ℃,河道 9 日开始淌凌,16 日累积负气温为 34.5 ℃,惠民地区陆续封河,利津封河流量为 360 m³/s 左右。22 日封冻到泺口铁桥附近,共封冻 12 段,全长 47 km,冰量 142 万 m³。22 日前后气温回升,并且三门峡水库下泄流量也由 400 m³/s,在 17 日突增至 800 m³/s,25 日水头到达泺口以下,造成第一次开河。26 日晨开河凌头卡在刁口河流路罗四至罗六断面一带。由于河道的阻塞,利津宫家以下壅水基本与滩平,部分低滩串

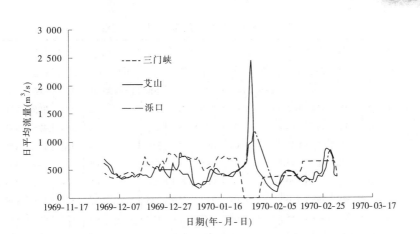

图 5-11　1969～1970 年度凌汛期上游来水及冰坝上、下流量过程线

水。26 日气温再度下降,出现第二次封河,冰凌很快上插到泺口以上。此次封河流量较大,艾山站为 600 m³/s 左右,水位高,泺口站最高水位达 28.75 m。封河过程中,归仁、王家梨行、后张庄、泺口等很多河段出现严重卡冰。1 月 4 日又一次强冷空气侵袭,5 日晨山东黄河两岸气温为 -16 ℃左右,河口地区罗家屋子站最低气温达 -22 ℃,封河到山东上界,共封冻 41 段,长 304 km,冰量 3 500 万 m³。1 月 15 日前后冷空气再次侵袭,最低气温一般为 -14 ℃左右,惠民最低气温达 -18 ℃,封冻河段延长,最上封至河南省开封县黑岗口。1 月 20 日后,气温开始回升,21 日河南最高气温达 14.5 ℃,日平均气温 2.7 ℃,菏泽河段最高气温达 12 ℃,冰凌融化。22 日高村以上主河道基本开通,菏泽河段断续开河。24 日济南日平均气温转正,三门峡水库 24 日 18 时关闸断流。25 日鄄城河段以上全部开通,李桥弯道卡冰阻水,26 日开河到位山,卡冰 3 h,水涨 0.83 m,位山以下形成武开河。27 日晨开河到艾山,下午开至济南老徐庄,因冰凌插塞,形成冰坝,见表 5-17、图 5-12。进入 2 月气温继续上升,17 日济南日平均气温达 13.5 ℃,水温也相应升高至 3 ℃左右。冰坝以下的冰凌基本就地融化。18 日凌汛结束。

表 5-16   1969～1970 年度凌汛日平均流量   （单位：m³/s）

时间 （年-月-日）	日平均流量			时间 （年-月-日）	日平均流量			时间 （年-月-日）	日平均流量		
	三门峡	艾山	泺口		三门峡	艾山	泺口		三门峡	艾山	泺口
1969-12-01	448	700	623	1970-01-01	737	730	409	1970-02-01	352	390	840
02	425	644	606	02	728	740	433	02	357	308	721
03	380	603	534	03	723	683	415	03	360	225	583
04	354	535	544	04	691	665	319	04	368	178	431
05	345	412	445	05	691	294	235	05	371	140	303
06	377	430	430	06	667	217	210	06	371	112	230
07	399	355	410	07	719	250	183	07	377	103	199
08	402	344	335	08	602	224	163	08	377	266	188
09	418	380	315	09	489	224	260	09	380	395	313
10	457	352	380	10	507	265	275	10	377	443	434
11	467	367	355	11	534	404	285	11	386	480	461
12	464	400	370	12	571	515	360	12	386	478	468
13	377	367	385	13	542	464	475	13	386	463	456
14	412	407	400	14	666	435	520	14	390	425	431
15	399	433	435	15	733	398	470	15	393	348	383
16	537	407	435	16	691	411	410	16	456	307	315
17	750	400	415	17	737	423	385	17	637	353	275
18	641	397	410	18	700	390	400	18	641	375	335
19	579	355	395	19	682	387	395	19	641	330	340
20	549	403	380	20	695	430	375	20	641	310	305
21	534	514	500	21	700	458	375	21	641	310	255
22	497	563	505	22	691	464	485	22	641	446	270
23	602	475	505	23	547	484	500	23	645	445	391
24	653	555	505	24	316	545	515	24	641	395	380
25	597	456	505	25	1.02	587	560	25	641	589	375
26	771	400	505	26	0.85	640	651	26	641	855	508
27	792	360	500	27	0.85	1 680	958	27	641	850	758
28	765	625	502	28	0.85	2 430	982	28	641	800	865
29	772	515	516	29	0.85	778	1 160	1970-03-01	641	660	728
30	709	504	514	30	0.76	528	1 150	02	641	376	563
31	723	795	478	31	4.15	473	980	03	641	381	395

表 5-17 1969～1970 年度凌汛老徐庄冰坝

段庄断面(北店子以下 11 km)1970 年 1 月 31 日测

起点距(m)	0	6	12	60	110	160	210	260	310	360	410	460	550	680	备注
相对河底高程(m)	12	11	10.5	5.5	0.5	3.1	7.1	6.8	4.5	5.5	4.2	8.9	9.3	12	断面总面积为 3 550 m²；水道面积为 1 670 m²,占47%；冰面积为 1 880 m²,占53%
相对碎冰底高程(m)	12	11.5	11	8	7.95	3.75	8.2	8.35	6.5	9.2	10.7	11.05	11.15	12	
相对冰面高程(m)	12	14	12	12	12.1	12.1	12	12.1	12	12		12.05	12.05	12	
碎冰厚(m)	0	2.5	1	4	4.1	8.3	3.8	3.7	5.5	2.8	1.3	1	0.9	0	

曹家圈断面(北店子以 7.2 km)1970 年 1 月 31 日测

起点距(m)	10	60	110	160	210	260	310	360	410	460	510	558	备注
相对河底高程(m)	10	4.5	5	5	3	3	1.5	1.3	2	1.5	5.7	10	断面总面积为 3 680 m²；水道面积为 2 560 m²,占70%；冰面积为 1 120 m²,占30%
相对碎冰底高程(m)	10	9	7.8	8	7.8	8.8	6.9	6.4	8.5	7.7	7.7	10	
相对冰面高程(m)	10	10	10	10	10	10	10	10	10	10	10	10	
碎冰厚(m)	0	1	2.2	2	2.2	1.2	3.1	3.6	1.5	2.3	2.3	0	

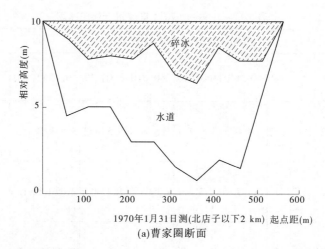

1970年1月31日测(北店子以下2 km) 起点距(m)

(a)曹家圈断面

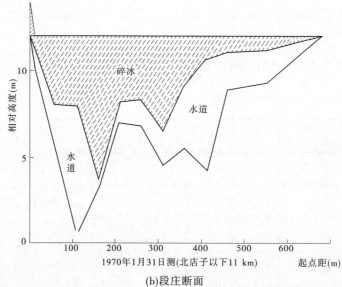

1970年1月31日测(北店子以下11 km)　起点距(m)

(b)段庄断面

图5-12　1969～1970年度凌汛老徐庄冰坝

二、冰坝的成因分析

老徐庄冰坝在泺口水文站以上8 km 处,该处河道呈 S 形弯曲,河湾急,堤距窄,对排凌十分不利。

234

12月26日的一次冷空气比较强,气温下降幅度大,27日北镇日平均气温为－9.6℃,造成第二次封河,封河很快插封到泺口以上。封河流量较大,造成很多河段严重卡冰,其中泺口河段卡冰严重。1月4日又一次强冷空气侵袭,黄河沿岸最低气温降到－16℃左右,河口地区达－22℃,冰层增厚,封冻继续上延,20日封冻延长到河南开封的黑岗口,封冻长436 km,总冰量约9 000万 m³。冰盖层厚度位山以上一般为0.15 m左右,济南齐河一带一般为0.25 m左右,惠民地区一般为0.3～0.4 m,河口一带为0.4～0.5 m,厚者达0.8 m以上。

1月20日济南日平均气温转正,但是正气温持续时间短,下游河道的冰质还很坚硬。当时三门峡水库增大了下泄流量,1月17日达740 m³/s,形成了以水力为主的开河形式。河南河段河道宽浅,在封河时,东明、兰考、开封等河段卡冰阻水,水位陡涨,夹河滩水文站7日8时水位高达74.14 m,接近1958年74.31 m的最高洪水位。开封、封丘两县有8个村庄被水包围。由于河南河段卡冰阻水,山东河道流量由800 m³/s左右减少到200 m³/s,致使上段河道河槽蓄水较大,其槽蓄增量花园口至孙口河段达5亿 m³,花园口至泺口达7.7亿 m³。槽蓄水量在开河时迅速释放,凌峰沿程逐渐增大。26日开河到孙口,流量达1 600 m³/s,后增大到2 420 m³/s,形成较高水头。在水力作用下,位山以下形成水鼓冰开的武开河。开河到位山卡冰3 h,水涨0.83 m,开河到艾山水文站水位抬高1.6 m,凌峰流量达2 450 m³/s,平均凌速1.15 m/s,最大达2.44 m/s。开河时冰盖以10～20 km/h的蚀退速度向下游发展。封河时由于泺口河段插塞较重,冰层较厚,严重阻冰阻水,因此泺口水文站水位抬高2.87 m。27日14时当开河到济南泺口冰塞严重段的上端老徐庄弯曲河段时,终因冰层厚、冰质强,上游的来水鼓不开封冻冰层,上游来冰上爬下潜,形成冰坝。当晚冰坝上排至齐河县的南坦以上,长达17 km,堆冰厚2～3 m,最厚处达8.3 m,总冰量约2 160万 m³。冰坝形成后,北店子水位陡涨4.21 m,最高水位达34.18 m,高出1958年洪水位0.19 m,见表5-18、图5-13。

表5-18   1969～1970年度凌汛老徐庄冰坝北店子、泺口水位过程

（单位:m）

时间 （年-月-日）	日平均水位		时间 （年-月-日）	日平均水位		时间 （年-月-日）	日平均水位	
	北店子	泺口		北店子	泺口		北店子	泺口
1969-01-24	29.57	28.20	1969-01-30	33.65	29.57	1970-02-05	29.10	27.36
25	29.69	28.28	31	33.16	29.25	06	28.48	26.98
26	29.84	28.43	1970-02-01	32.65	28.95	07	27.96	26.67
27	31.18	28.91	02	31.97	28.65	08	27.58	26.41
28	33.56	29.26	03	30.99	28.28			
29	34.08	29.60	04	29.95	27.85			

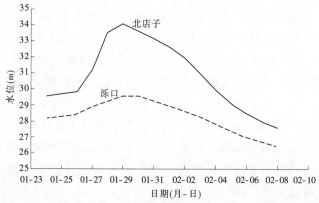

图5-13   1969～1970年度凌汛期老徐庄冰坝北店子、泺口水位过程

1969～1970年度老徐庄冰坝水面线见表5-19、图5-14。

表5-19   1969～1970年度老徐庄冰坝水面线

测站	官庄	阴河	豆腐窝	南坦	北店子	杨庄	王窑	老徐庄	泺口
间距（km）		15	11.4	3.2	3	6.8	5	2.5	8
1958年洪水位（m）	38.04	36.25	34.80	34.32	33.99	33.30	32.85	32.60	32.09
正常水位（m） （1月27日8时）	34.31	32.32	30.65	30.18	29.95	29.45	29.05	28.85	28.55
冰坝壅高水位（m） （1月29日6时）	34.86	34.45	34.23	34.20	34.18	32.54	30.30	30.26	29.48

236

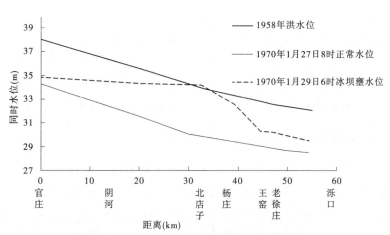

图5-14　1969～1970年度老徐庄冰坝水面线

　　老徐庄冰坝形成后,拦蓄了上游的洪水,对凌峰起到了调蓄作用。由于冰坝形成时流量大、冰盖高,冰凌插塞不严,因此冰盖下过水面积较大,为1 670 m² 左右,占全断面的47%;冰盖下过流能力较大,流量仍达1 500 m³/s。此时泺口日平均流量为1 160 m³/s。因水力作用增大,冰凌堆积进一步发展,使冰坝增强,比较稳定,推迟了冰坝以下河段的开河时间,这为冰坝以下河段文开河形成了有利条件。临近开河时,三门峡水库闸门全部关闭,断绝了水源,而冰坝又有一定的过水能力,因而冰坝以上河道的水位逐渐回落。2月8日8时北店子水位比最高水位回落6.68 m,流量也明显下降。随着气温和水温都逐渐回升,冰坝局部融脱。三门峡水库2月1日开闸放水,10日水头到泺口,流量为480 m³/s,11日凌晨老徐庄冰坝主溜道开通,威胁解除。

　　通过老徐庄冰坝的分析,可以看出以下特点:

　　(1)封河时流量较大,水位表现较高,相应水流动力大,这是封河时形成多处冰塞,并在泺口形成严重冰塞的主要原因,即大流量封河易产生严重冰塞。

　　(2)在达不到开河条件时,三门峡水库下泄大流量,水鼓冰开,形成武开河。

　　(3)槽蓄水量大是形成凌洪的重要原因,特别是在上段河道蓄水增量大,开河时槽蓄水量迅速释放的情况下,凌峰越往下游越大,容易形成

较大凌洪。凌洪水流动力沿程逐渐增大,在遇冰层厚、冰质强的卡冰阻水河段,冰塞会进一步发展为严重冰塞,形成严重凌汛灾害。

(4)三门峡水库在下游封河期,要保持平稳下泄流量,防止下泄流量突然增大,使封冻冰层不稳定,造成局部开河和插塞,壅水漫滩。在开河前夕应使河道流量呈下降退水趋势,防止大流量形成冰坝造成危害。

三、堤防及灾害情况

老徐庄冰坝产生后,冰坝以上近 20 km 的河段全部漫滩,造成历城、长清和齐河的 68 个村庄被水包围,受灾人口达 37 758 人,淹地 6.23 万亩。两岸堤防出险也十分严重,共出管涌 331 个,渗水 25 段,长 27 km。当时权衡轻重,三门峡水库已关闸断流,减少了来水,为减轻冰坝以下河段威胁,决定不炸冰坝分洪,而调动了当时齐河、历城两县一万余人上堤防守,保证了两岸堤防的安全。

第五节 1972～1973 年度垦利宁海冰坝

一、凌汛概况

(一)气温

1972～1973 年度冬冷空气活动较早,也较频繁,共有 7 次明显的降温过程,但一般降温强度都不大。第一次冷空气出现在 11 月 20～28 日,利津罗家屋子极端最低气温达 -9 ℃,日平均气温达 -6.3 ℃,后又升高,12 月 3 日北镇日平均气温升高到 4.5 ℃。第二次寒潮相对较强,12 日北镇日平均气温达 -7.2 ℃(见表 5-20),为该年度最低气温,降温幅度较大,但持续时间较短。封河后,出现的寒潮较弱,降温幅度较小,低温时段出现在 1973 年 1 月上中旬。该年度除 12 月中旬比常年偏低 1～1.5 ℃外,其余各旬均接近或比常年偏高。这是当年封冻河段短的主要因素。

(二)水情

因受内蒙古河段封河的影响,上游来水量小。1972 年 12 月初三门峡水库下泄日平均流量在 200 m³/s 左右,而后逐渐增大,中下旬下泄流量保持在 500 m³/s 左右(见表 5-21)。1973 年 1 月中旬,三门峡水库为下泄 1.35 亿 m³ 的融冰蓄水,15 日的下泄流量形成了 870 m³/s 的小洪峰,下游河道流量猛涨至 1 000 m³/s 左右,形成了下游河道大流量开河。利津出现了 1 620 m³/s 的凌峰,见图 5-15。

表 5-20　1972～1973 年度凌汛期日平均气温　　　(单位:℃)

时间 (年-月-日)	济南	北镇	时间 (年-月-日)	济南	北镇	时间 (年-月-日)	济南	北镇
1972-12-01	4.4	0.8	1973-01-01	0.2	-2.5	1973-02-01	0.6	-1
02	7.9	2.5	02	-4.6	-6.1	02	-1.6	-1.5
03	10.6	4.5	03	-1.6	-4.4	03	-1	-0.3
04	9	5.8	04	0.6	-2.1	04	1.2	0.7
05	7.3	4.6	05	-0.6	-2.9	05	2	0.6
06	3.8	1.4	06	-1.6	-2.7	06	-1.4	-2.6
07	4.1	0.7	07	-4.9	-5.2	07	-3.9	-5.2
08	3.2	0.2	08	-4.9	-5.3	08	-2.4	-4
09	4.8	0.6	09	-6.1	-4.5	09	0.4	-0.4
10	6	2.1	10	-3.4	-2.6	10	-0.3	-0.6
11	2.8	0.3	11	-4.2	-4.9	11	-1.1	0.2
12	-6.3	-7.2	12	-1.4	-3.1	12	1.9	0.2
13	-1.7	-3.6	13	-0.6	-0.9	13	5.7	2
14	1.5	-1.5	14	-1.5	-2.8	14	8.6	4.1
15	5.6	0.5	15	-1	-2.1	15	12.4	8.2
16	1.8	-0.5	16	1.9	-0.8	16	12.1	8.3
17	-2.7	-3.6	17	2.5	-0.2	17	3.4	2
18	-2.4	-4.9	18	3.3	0.2	18	0.3	-1
19	-0.7	-3.4	19	1.5	1.3	19	0.3	-0.3
20	1.7	-0.7	20	1	0.3	20	3.7	0.6
21	1.1	-1.5	21	0.5	0.8	21	7.8	4.3
22	1.1	-1.1	22	2.3	3.1	22	2.3	-0.4
23	1.8	1.4	23	3.2	3.4	23	0.8	-0.5
24	2.4	1.5	24	0.1	-0.2	24	-1.8	-3.3
25	3.1	1.4	25	-2.1	-2.3	25	0.8	-1
26	3.8	0.8	26	-2.1	-3.2	26	2.9	2.1
27	3.2	1.1	27	-2.2	-3.3	27	6.2	3.1
28	-0.6	-1.4	28	-0.9	-1.9	28	3.4	1.2
29	-2.9	-4	29	0.2	-1.5			
30	1.3	-1.3	30	3.3	0.4			
31	2.8	0.1	31	6.8	2.6			

表5-21 1972~1973年度凌汛期日平均流量 （单位:m³/s）

时间 （年-月-日）	日平均流量		时间 （年-月-日）	日平均流量		时间 （年-月-日）	日平均流量	
	三门峡	利津		三门峡	利津		三门峡	利津
1972-12-01	252	521	1973-01-01	492	427	1973-02-01	247	300
02	240	505	02	365	437	02	189	290
03	235	414	03	325	445	03	164	290
04	240	329	04	345	440	04	164	280
05	304	294	05	337	494	05	166	272
06	318	277	06	354	381	06	196	257
07	349	261	07	282	358	07	198	245
08	483	240	08	298	257	08	200	250
09	516	231	09	354	240	09	203	268
10	492	227	10	419	255	10	203	275
11	512	227	11	484	262	11	282	270
12	541	235	12	574	262	12	347	255
13	443	236	13	680	265	13	351	237
14	480	243	14	770	269	14	351	218
15	470	308	15	825	265	15	351	223
16	460	413	16	720	337	16	358	223
17	440	424	17	552	438	17	358	232
18	423	432	18	521	653	18	358	215
19	510	433	19	343	1 150	19	358	196
20	592	443	20	262	886	20	365	170
21	561	419	21	267	745	21	365	153
22	589	484	22	271	655	22	230	142
23	545	477	23	253	553	23	368	138
24	520	499	24	256	453	24	372	145
25	496	507	25	247	382	25	372	148
26	500	507	26	256	358	26	372	138
27	599	528	27	262	356	27	372	129
28	658	562	28	270	352	28	375	126
29	516	566	29	276	328			
30	491	496	30	273	310			
31	512	459	31	264	302			

注:凌峰流量:三门峡站1月15日870 m³/s,利津站1月19日1 620 m³/s。

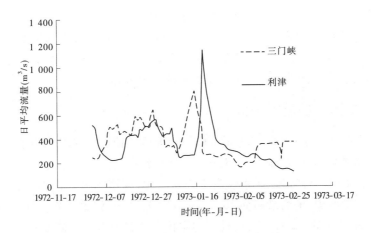

图 5-15   1972 ~ 1973 年度凌汛期上游来水流量过程线

(三)冰情

1972 年 12 月 12 日第二次降温幅度大,最低气温降至 - 10 ℃左右,日平均气温降至 - 8 ℃左右。此次降温过程正值河口河段流量较小,利津站流量为 200 m³/s 左右。在低气温小流量的共同作用下,河道开始流冰。由于气温低、流量小,河口流路不畅,因此在罗家屋子日平均累积负气温只有 20 ℃的条件下, 即在河口附近开始封河。16 日第三次低温过程,北镇日平均气温为 - 0.5 ℃,封河继续上延,23 日封至博兴县王旺庄,共插封 10 段,总长 74 km,其中罗家屋子以上 34 km,冰厚 0.1 ~ 0.2 m,冰量约 300 万 m³。23 日北镇日平均气温回升至 0 ℃以上,由于封冻冰层薄不够稳定和热力的作用,24 日封冻冰层出现局部滑动,25 日下午形成开河,26 日垦利县义和庄以上河道开通。受河口流路不畅的影响,十八户及罗 4 断面附近在开河过程中形成了两个阻水卡冰段,罗家屋子最高水位涨至 8.71 m,和 1958 年大洪水平。28 日河口地区又出现第四次降温,最低气温在 - 10 ℃左右,北镇 1 月 2 日平均气温为 - 6.1 ℃。受低温过程的影响,1972 年 1 月 2 日冰凌从垦利县十八户河段开始插封上延,4 日封至前左,7 日封至王庄,10 日封到刘春家,14 日封到当年封冻的上界惠民县的归仁险工。该年凌汛共封河 11 段,全长 137 km,其中罗家屋子以上 96 km,冰厚 0.1 ~ 0.2 m,冰量约 900 万 m³。1 月 18 日北镇气温回升

到 0 ℃附近,此时正值三门峡水库增大泄量,15 日下泄流量 870 m³/s,17 日艾山以上河段流量在 1 000 m³/s 左右,18 日下午水头影响到封冻河段。在气温低、冰质强、河道流量大的情况下,形成了水鼓冰开的武开河,19 日晨在宁海形成冰坝,1 月 24 日封冻河段开通。

二、冰坝的成因分析

宁海冰坝在利津王庄弯道的下端,距河口较近。该段河道受河口小改道的影响,河道宽浅,鸡心滩多,易于卡冰。

自 1972 年河口地区小改道至该年凌汛,河道主槽尚未形成,且河口河段主槽淤积,平均淤高 0.20 m,最高达 0.53 m,河道比降变缓,冰凌排泄不畅,因此在 12 月 12 日,日平均累积负气温为 20 ℃,淌凌密度仅占河面宽的 40%~60% 的条件下,在河口河段出现了插封。23 日封到博兴王旺庄险工上首后,气温回升转正。此次封河时间短,冰盖薄,封得不牢;气温回升转正过程恰好和利津站日平均流量由封河时的 240 m³/s 增大到 500 m³/s 左右、水力作用增大、冰盖随水位上涨而抬高、稳定性遭破坏的过程相重合,这几种不利因素组合的结果,形成了武开河。开河时个别河段河冰严重卡塞,壅高水位,滩地串水,罗家屋子水位和 1958 年大洪水平。随着又一轮冷空气的侵袭,1973 年 1 月 2 日又从垦利十八户开始向上插封,14 日封至当年封河的上界惠民县归仁险工。此次封河使大量河冰在利津东坝附近堆积,形成了东坝严重冰塞,水位表现很高,王庄水位达 12.80 m,出现了王庄下首漫滩情况。凌洪漫滩后,河冰堵塞了主河槽,这为开河时形成冰坝创造了条件。

1 月 15 日北镇气温虽有回升,但日平均气温仍在 0 ℃以下,第二次封河后日平均累积负气温为 50.6 ℃,冰质比较坚硬,达不到自然开河条件。但在此时,三门峡水库突然增大下泄流量,15 日增大到 870 m³/s,下游河道 18 日流量普遍涨至 1 000 m³/s 左右,出现了封河上段冰凌脱岸、下滑现象。在大流量作用下,北镇河段 18 日下午形成了武开河,20 时开河到张肖堂,且卡冰 3 h,壅高水位 0.8 m,水力作用有所增强。由表 5-22、图 5-16 可知,水头过张肖堂后,又在利津王庄弯道下端卡塞,水流动力进一步增强,利津断面水位陡涨,最高水位达 14.35 m,比 1958 年大洪水高 0.59 m,利津水文站出现了 1 620 m³/s 凌峰,平均流速 1.08 m/s。19 日 3

时开河到王庄,4 时许水头到宁海。由于封河时宁海以下到东坝为冰凌阻塞严重河段,冰层较厚,冰质坚硬,凌峰到达后鼓不开坚硬的冰盖,而上游顺流而下的冰块,有的下插,有的上爬,冰凌在此河段堆积,阻塞了主河槽、浅滩、滩地,形成了宁海冰坝。冰坝壅挤起来的冰堆,有的高达 7～8 m,冰坝长 5 km 多。冰坝以上河段水位上涨很快,两岸滩地过水,19 日 7 时左右,壅水漫过宁海控导工程,上下游水位差约 2 m,宁海控导坝基冲开三个缺口,过流甚急。冰坝使宁海附近的水位仅比保证水位低 0.15 m,王庄水位达 13.81 m,超过 1958 年洪水位 0.72 m,高水位持续 5 d。据 1 月 22 日查勘,北岸 400 m 宽的河道基本由河冰插塞堵死,冰厚 1.7～2.5 m,最厚的 3 m 多;向南 200 m 是主河道,冰厚 0.2 m 左右,水深 5 m 以上,个别地方有双层冰,过水较畅;再向南 100 m(到宁海坝头)的河道也全部被冰凌堵塞。由于冰坝的作用,下游的封冻河段未受冰坝上游河道开河的影响。宁海冰坝虽然阻水严重,但冰坝及南岸滩地仍有较大的过流能力。据调查推算,冰坝及滩地最大过流量达 1 300 m³/s 左右。然而由于冰坝稳定,阻水阻冰,壅高水位后威胁到了堤防安全,仍然造成了紧张局面。

表 5-22　1972～1973 年度宁海冰坝水面线　　　（单位:m)

项目	测站					
	道旭	麻湾	利津	王庄	纪冯	一号坝
起点距(km)	0	19	35	44	49	60
畅流期水位(1972 年 12 月 10 日)	13.60	12.35	11.00	10.30	9.90	8.75
封冻期水位(1973 年 1 月 15 日)	16.55	14.30	13.25	12.65	11.95	10.45
冰坝初期水位(1973 年 1 月 19 日)	16.40	15.15	14.35	12.95	12.55	10.55
冰坝壅水水位(1973 年 1 月 20 日)	15.95	14.82	14.07	13.80	12.55	10.95

1972～1973 年度凌汛期宁海冰坝各站水位过程见表 5-23、图 5-17。

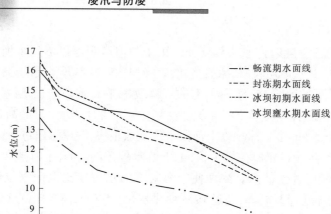

图 5-16　1972～1973 年度宁海冰坝水面线

图例：
- —·—·— 畅流期水面线
- — — — 封冻期水面线
- ------- 冰坝初期水面线
- ——— 冰坝壅水期水面线

横坐标：距离(km)　纵坐标：水位(m)
站点：道旭（0）、麻湾、利津、王庄、一号坝（250）

表 5-23　1972～1973 年度凌汛期宁海冰坝各站水位过程　（单位:m）

时间（月-日）	日平均水位			时间（月-日）	日平均水位			备注
	利津	王庄	一号坝		利津	王庄	一号坝	
01-14	12.92	12.28	10.24	01-29	11.49		9.39	
15	12.94	12.24	10.23	30	11.39		9.25	
16	13.02	12.29	10.26	31	11.35		9.15	
17	13.11	12.40	10.34					
18	13.28	12.53	10.45					
19	13.97	13.50	10.80					凌峰水位:
20	13.98	13.75	11.00					利津站 1 月
21	13.70	13.52	10.86					19 日 14.35 m,
22	13.34	13.22	10.72					王庄站 1 月 19
23	12.67	12.50	10.67					日 13.81 m
24	12.09	11.67	10.54					
25	11.79	11.26	10.06					
26	11.63	10.97	9.66					
27	11.62	10.72	9.53					
28	11.60		9.50					

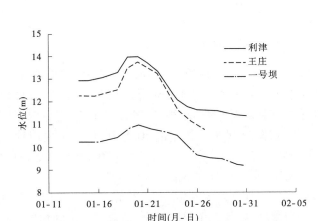

图 5-17　1972~1973 年汛期宁海冰坝水位过程线

宁海形成冰坝以后,三门峡水库 1 月 19 日控制下泄流量 300 m³/s 左右。24 日三门峡水库控制流量影响到利津,流量降到 400 m³/s 左右,槽蓄水量减少,水位下降,控制了冰坝的进一步发展,缩短了高水位持续的时间,减轻了防守的压力,因此宁海冰坝才未酿成较大灾害。随着气温的回升,冰凌逐渐融化,在水流动力和热力因素作用下,冰坝发生局部脱落,24 日冰坝主溜道基本开通,冰坝上游水位降低 2 m 左右,河水归槽,冰坝作用消失,威胁解除。

综合以上分析,宁海冰坝的生成及发展有以下几个显著的特点:

(1)河道宽浅,水流分散,鸡心滩多,易于卡冰。

(2)第二次封河过程中该河段形成严重冰塞,阻水阻冰。

(3)开河早,气温低,冰质强,不具备文开河条件。

(4)小流量封河后,冰盖低,冰下过流能力小。流量突然增大形成了凌峰,以水力作用为主的武开河是形成冰坝的基础。

(5)冰坝的形成不完全取决于封冻河段的长短。从宁海冰坝的生成条件看,三门峡调度运用方式对下游凌汛的影响也是很重要的。

三、冰坝形成后采取的技术措施

冰坝形成后,原惠民地区党政干部 518 人,民工 6 800 人上堤防守,并调集了 8 个爆破队配合炮兵,对冰堆进行了爆破,对扩大泄流是有作用的。

四、堤防及其灾害情况

由于冰坝壅水,冰坝上游 20 km 的河道普遍涨水,滩地行洪,博兴、利津、垦利 3 个县有 15 处险工,120 km 堤段设防,共出现渗水管涌 30 余处,其中严重的有垦利县东张、小街子,利津县王庄、老董家、甘草窝子等 5 处。据统计,利津、垦利两县共淹地 10.5 万亩,其中麦田约 5 万亩,被水包围的生产大队有 32 个,共 2 292 户,10 450 人,有 200 余户 922 间房屋进水,倒塌房屋 248 间,造成不能居住的 431 间。

该年度在封冻河段短,冰盖较薄,冰量相对很少的情况下,形成武开河,产生了宁海冰坝,威胁到了堤防安全,造成了一定的损失。

第六节 1978～1979 年度博兴麻湾冰坝

一、冰凌概况

(一) 气温

1978～1979 年度凌汛期的平均气温较常年偏高 1～2 ℃,而且冷得比较晚,冷空气活动少,强度大。较大的降温过程有 3 次,且冷暖交替出现,降温过程中均伴有降雪,降温幅度较大。济南最大一次降温幅度为 20.9 ℃,日平均气温由 1 月 25 日的 10.7 ℃下降到 31 日的 −10.2 ℃。2 月初极端最低气温达 −21 ℃,12 日又上升为 11.4 ℃,见图 5-18、表 5-24。

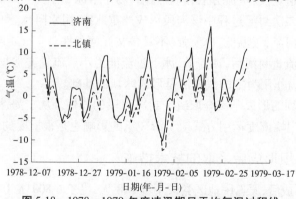

图 5-18　1978～1979 年度凌汛期日平均气温过程线

表5-24 1978~1979年度凌汛期各站日平均气温 （单位:℃）

时间 (年-月-日)	日平均气温		时间 (年-月-日)	日平均气温		时间 (年-月-日)	日平均气温	
	济南	北镇		济南	北镇		济南	北镇
1978-12-12		5.2	1979-01-13	−4.4	−6	1979-02-14	1.3	−1.5
13		3.2	14	−4	−5.9	15	4.4	2.1
14		−0.9	15	−2.2	−4.9	16	5.1	2.2
15	6.8	2.1	16	0.2	−2.4	17	0.7	−0.6
16	5.2	2.4	17	−0.7	−1.9	18	9.5	4.9
17	2.1	0.4	18	−4.2	−6	19	13.1	9.4
18	−0.6	−0.9	19	−0.8	−3.9	20	16.2	11.2
19	−4	−4.5	20	2.1	−2.1	21	3.3	1.6
20	−5.8	−6.1	21	−2	−4.1	22	−3.2	−2.1
21	−4.1	−5.4	22	4.7	−0.3	23	−2.5	−2.2
22	−4.8	−4.9	23	4.4	0.3	24	−0.6	−2.6
23	−2.5	−4.6	24	6.7	1.6	25	4.1	0.2
24	2	−1.7	25	10.7	5.3	26	4.2	1.2
25	2	0.3	26	7.4	3.3	27	1.3	−0.6
26	1.6	0.3	27	0.1	−0.4	28	−0.9	−2.2
27	1.9	0.2	28	−3.8	−3.7	1979-03-01	0.5	−0.8
28	0.8	−2.1	29	−6.4	−5.6	02	4.4	2.1
29	−5.2	−5.9	30	−8.7	−8.7	03	6.1	2.9
30	−4.1	−5.5	31	−10.2	−12.3	04	5.3	3.6
31	−1.8	−4.5	1979-02-01	−7.7	−11.8	05	7.1	4.1
1979-01-01	1.4	−1.8	02	−1	−6.8	06	10	5.3
02	3.8	1.1	03	−0.3	−2.4	07	11.1	7.8
03	6	0.7	04	−0.9	−6.8			
04	1.3	−1.4	05	4.1	0			
05	2.6	−3.3	06	7	1.1			
06	7.9	3.3	07	3.9	−0.1			
07	9.4	5.2	08	1.1	−0.4			
08	9.4	3.7	09	6.1	3.3			
09	1.6	1.5	10	8.2	3.6			
10	−0.3	−0.7	11	8.7	5.9			
11	−5	−5.2	12	11.4	6.8			
12	−5.3	−5.3	13	3.4	1.4			

黄河下游河道自兰考东坝头转向东北以后,沿程纬度逐渐增高。由于纬度上的差异,当年2月平均气温,北镇比济南低3.4 ℃,这是形成下游凌汛的重要原因。

(二)水情

该年度凌汛期三门峡水库入库流量较丰,比多年平均值偏大21%,在凌汛前期三门峡水库预蓄了一定的水量。受三门峡水库调节的影响,从12月下旬临近封河开始,下游河道流量一直维持在700~800 m³/s(见表5-25),持续时间约1个月。1月15日河口封冻后,出现了冰凌卡塞,壅高水位,滩地漫水,淹没滩区公路,中断交通等险情。鉴于情况紧张,为了减少河道的槽蓄水量,减轻防凌负担和冰凌危害,三门峡水库的下泄流量自19日起逐渐减小,到月底日平均流量降至200 m³/s,减少了河槽蓄水量(见图5-19),减轻了凌汛的威胁。

(三)冰情

进入凌汛期气温逐渐下降,12月初一号坝即产生岸冰。由于没有较强冷空气的侵入,气温比多年平均值偏高,而且冷得较晚。下游河道12月20日开始淌凌,此后伴随着气温的升高,1月3日淌凌一度终止。1月9日冷空气再次侵袭,气温大幅度下降,15日在河口地区形成封冻。此时上游河段受这次冷空气的影响,淌凌密度增大,源源不断的上游浮冰使河口河道的封冻以每日十几千米的速度向上延伸。在流量大、水位高的情况下,麻湾河道严重插塞,水位壅高,滩地进水,北镇大桥中断交通。1月23日封河到滨县大高家,封河长110 km,冰量约1 000万 m³。23日后气温显著回升,北镇25日日平均气温为5.3 ℃,最高气温达到15 ℃,较历年同期平均值偏高较多,北镇到王庄河段局部开河,麻湾以上来冰继续在该河段插塞,形成了麻湾冰坝。

1月27日又来了一次强寒潮,沿黄地区日平均气温降到 -10.5 ~ -16 ℃,北镇最低气温达 -21 ℃,降温幅度很大;此时,又值三门峡为了减少封河后的槽蓄水量,控制下泄的小流量时段,这又造成下游河道再次封河,最上封至河南省原阳县大张庄,全长490 km,总冰量约4 000万 m³,其中山东省封河长365 km,有60%的河段封冻,总冰量约2 500万 m³。济南以上河段冰厚0.05~0.10 m,济南以下到北镇河段冰厚0.10 ~

表5-25　1978~1979年度凌汛期各站日平均流量（单位:m³/s）

时间 （年-月-日）	日平均流量			时间 （年-月-日）	日平均流量		
	三门峡	泺口	利津		三门峡	泺口	利津
1978-12-27	893	729	720	1979-01-28	230	404	400
28	830	753	708	29	215	256	418
29	840	520	844	30	231	172	316
30	825	583	663	31	264	155	224
31	840	797	640	1979-02-01	306	86.5	191
1979-01-01	841	850	758	02	286	53.2	174
02	794	884	768	03	281	93	162
03	828	856	763	04	306	158	152
04	828	792	813	05	318	186	144
05	765	750	761	06	297	182	139
06	718	802	780	07	306	319	137
07	718	798	723	08	330	940	139
08	718	753	730	09	330	831	273
09	724	588	688	10	324	495	497
10	747	435	641	11	327	418	660
11	724	482	530	12	333	395	798
12	712	502	530	13	400	364	781
13	712	988	645	14	476	340	618
14	712	710	772	15	456	309	453
15	706	565	747	16	456	270	358
16	712	614	633	17	556	253	310
17	718	675	658	18	712	260	295
18	724	559	693	19	724	292	291
19	718	783	783	20	901	318	306
20	652	639	581	21	946	335	380
21	545	671	216	22	828	323	423
22	554	773	295	23	970	299	412
23	532	794	263	24	1 050	310	350
24	357	681	484	25	1 030	933	355
25	280	654	906	26	958	979	795
26	233	630	944	27	816	934	995
27	247	514	518	28	822	778	1 010

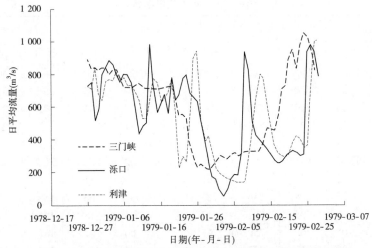

图 5-19　1978～1979 年度凌汛期上游来水及冰坝上/下流量过程线

0.15 m,北镇以下冰厚 0.20～0.25 m。河槽蓄水增加 1.8 亿 m^3,大部分蓄在高村以上河段内。2 月 5 日后,气温又急剧回升,到 6 日下午,河南省和山东省菏泽河段大部融冰开河,艾山以下形成的凌峰流量达到 1 000 m^3/s,7 日济南以上河段开通,9 日凌峰到达北镇。受麻湾冰坝阻冰阻水的影响,北镇滩区重新进水,北镇大桥第二次中断交通。以后,由于气温稳定回升转正,幅度较大,持续时间长和采取了相应的技术措施,19 日河道内冰凌全部融化,凌汛结束。

二、冰坝的成因分析

　　麻湾冰坝位于弯曲性河段的下端,其下游是宫家险工。该河段两岸堤距狭窄,河宽不足 600 m,冰凌容易插塞。

　　1976 年黄河改走清水沟流路后,水流散乱,在清四断面以下 13 km 处水流分成两股入海,河道宽浅,淤积严重,冰凌下泄不畅。河口河段封河时流量为 700～800 m^3/s,凌速在 1 m/s 以上,淌凌冰块碎而薄。在较大水流动力的作用下,封冻较为缓慢,大量的流冰被带到冰盖下,冰絮增多,逐渐堵塞了过水断面,在麻湾产生了严重冰塞。封河后麻湾闸断面最大碎冰厚 2.5 m,过水面积 321 m^2,占断面总面积的 41%;王旺庄险工下首断面,最大碎冰厚 3.5 m,过水面积 234 m^2,占总断面面积的 23%(见表 5-26、表 5-27、图 5-20)。冰坝形成后上游来水不能全部下泄, 利津站

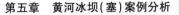

表 5-26　1978～1979 年度凌汛期麻湾冰坝(一)

麻湾闸南坝头险工上首 97+000　　　　　　　　　　1979 年 2 月 4 日测

起点距	280	290	310	340	348	370	400	430	460
相对河底高程		6	5.74	5.39	5.05	4.02	2.9	1.35	0.7
相对冰面高程		6.12	7.4	6.49	6.6	6.58	6.2	6.05	6.15
冰面上碎冰厚			1.4	0.35	0.45	0.55	0	0	0
冰厚		0.12	0.06	0.15	0.15	0.15	0.2	0.2	0.15
水浸冰厚			0.06	0.01		0.12		0.15	
碎冰厚			0.2	0.6	0.95	1.8	1	1.5	1.9
有效水深							2.1	3	3.4

起点距	490	520	530	560	590	630			
相对河底高程	0.9	1.7	4.5	5.85	5.88	6.12	单位:m;总面积 792 m² ;过水断面 面积 321 m² ,占总 面积 41%;冰层面 积 471 m² ,占总面 积 59%		
相对冰面高程	6.1	6.17	6.04	6.3	7.3	6.12			
冰面上碎冰厚	0	0	0	0.2	1.3	0			
冰厚	0.14	0.17	0.17	0.25	0.12	0.12			
水浸冰厚	0.04		0.13	0.15	0.12				
碎冰厚	1.2	1.6	0.87						
有效水深	3.86	2.7	0.5						

的流量由封河时的 700 多 m³/s 降为 200 多 m³/s,致使一部分水量蓄在了冰塞以上河道内,增加了槽蓄水量,使水位急剧抬高。王旺庄到道旭河段涨水 2.5 m 以上,造成了漫滩。

1 月 23 日后,气温显著回升,除麻湾严重冰塞因冰层较厚、冰质坚实,未开河外,麻湾以上河道全部开河。开河时,麻湾以上河段的冰凌全部被麻湾冰塞河段阻截,不能下泄,上游河段流来的冰凌或下潜或爬上封冻冰层及向两岸边堆积,过流断面进一步堵塞,形成了麻湾冰坝。冰坝长 4.5 km,冰量约 270 万 m³,槽蓄水量约 1.6 亿 m³。

表 5-27　1978～1979 年度凌汛期麻湾冰坝(二)

王旺庄险工上首 92 + 000　　　　　　　　　　　　　　　　　1979 年 2 月 4 日测

起点距	0	15	45	75	80	110	140	170	200	230	330	360
相对河底高程	6	6	6	6	5.42	1	0.5	3	3	2.5	1.3	3.5
相对冰面高程	6.2	6.25	6.15	6.15	6.07	6.07	6.05	6.02	6.25	6.02	6.02	6.1
冰厚	0.2	0.25	0.15	0.15	0.15	0.2	0.25	0.1	0.25	0.1	0.1	0.1
水浸冰厚					0.08	0.13	0.2	0.08		0.08	0.08	
碎冰厚					0.5	2.37	2.8	2.92	3	2.92	3.42	0.5
有效水深						2.5	2.5			0.5	1.2	1.5

起点距	390	400	420	450	480	510	540	570	600	
相对河底高程	2.5	4.6	3.5	3.5	4.5	5.2	6	6	6	单位:m;总面
相对冰面高程	6.02	6.07	6.25	6.25	6.25	6.2	6.1	6.1	6.1	积 1 025 m²;水
冰厚	0.15	0.25	0.25	0.25	0.25	0.2	0.1	0.1	0.1	道面积 234 m²,
水浸冰厚	0.13	0.18								占总面积 23%;
碎冰厚	1.87	1.02	2.5	2.5	1.5	0.8				冰层面积 791 m²,占总面积 77%
有效水深	1.5	0.2								

因麻湾冰坝的阻冰阻水作用,水位抬高。麻湾水位为 15.38 m,接近
1958 年洪水位,出现了比较紧张的局面。但由于封冻河段只有 110 km,
封冻时间只有八九天,封冻后累积负气温北镇也只有 25.5 ℃,冰层相对
较薄,冰量又不太多,加之冰坝有一定的过水能力,而且冰坝在狭窄河段
的上游处,有滩地可以绕流,因此虽然形成了凌峰,但总水量不大。随着
气温的回升,1 月 25 日除麻湾冰坝未开通外,其余河段主河道均开通,水
位下降,凌汛趋于缓和。

1978～1979 年度凌汛期麻湾冰坝水面线见表 5-28、图 5-21。

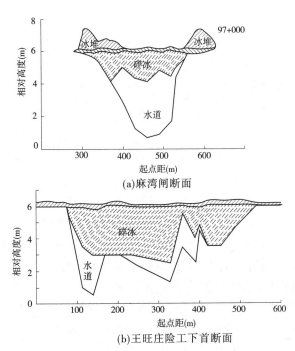

(a)麻湾闸断面

(b)王旺庄险工下首断面

图 5-20　1978～1979 年度凌汛期麻湾冰坝

表 5-28　1978～1979 年度凌汛期麻湾冰坝水面线

项目	测站				
	张肖堂	道旭	王旺庄	麻湾	利津
测站距离(km)	0	11	22	30	45
畅流期水面(m)	16.25	15.18	14.45	13.61	12.18
封冻稳定期水面(m)	16.29	15.41	15.05	14.37	14.11
冰坝壅水时水面(m)	17.67	17.45	16.7	14.96	14.03

　　2 月 5 日,济南以上河段由于气温高,冰层薄,很快开通,上游河段槽蓄水陡然下泄,在艾山形成了 1 390 m³/s 的凌峰。凌峰到北镇后,由于麻湾冰坝的阻挡,冰水聚集在河道内,冰坝以上河段涨水较多,道旭水位上涨到 17.47 m,接近 1958 年的洪水位 17.57 m,见表 5-29、图 5-22。因三门峡一直控制下泄流量 300 m³/s 左右,河槽蓄水增量较小;虽然主要蓄水在高村以上河段,但济南以上河段基本上是同时开河,凌峰沿程增加不

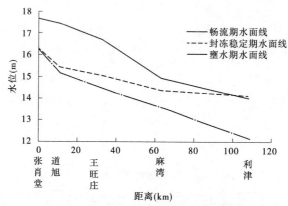

图 5-21　1978～1979 年度麻湾冰坝水面线

大。开河过程中,由于作用于冰坝上的水头小,因而麻湾冰坝相对较稳定,同时冰坝对上游来冰的拦蓄,减轻了凌洪对冰坝下游河道的威胁。以后气温逐渐回升,冰坝融化脱落,逐渐消失。

表 5-29　1978～1979 年度凌汛期麻湾冰坝各站水位过程　　（单位:m）

时间(月-日)	张肖堂	道旭	王旺庄	麻湾	利津	备注
01-16	16.19	15.22	14.51	13.58	12.25	
17	16.18	15.25	14.26	13.65	12.34	
18	15.98	15.10	14.31	13.58	12.35	
19	16.34	15.51	15.01	14.12	13.09	
20	16.29	15.54	15.05	14.54	14.15	
21	16.60	16.08	15.81	14.78	14.02	
22	17.20	16.88	16.62	14.88	14.00	
23	17.47	17.19	16.56	14.70	13.89	各站水位
24	17.60	17.41	16.64	14.97	14.00	为日平均
25	17.49	17.25	16.63	15.30	14.43	水位
26	17.22	16.91	16.54	15.22	14.67	
27	16.89	16.47	16.28	15.02	14.38	
28	16.58	16.11	15.90	14.79	14.27	
29	16.56	16.29	16.16	14.63	14.29	
30	16.68	16.46	15.95	14.53	14.14	
31	16.51	16.19	15.69	14.33	13.92	

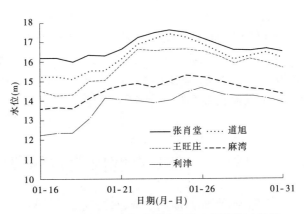

图 5-22　1978～1979 年度凌汛麻湾冰坝水位过程线

从该年度凌汛过程可以看出,凌汛期封河是流量、气温、河道情况以及河口流路形态等多种不稳定因素组合的结果,单纯调节成大流量难以达到不封河的目的。几种因素组合起来流量大虽有推迟封河的作用,但仍然能封河,封河后冰盖较高,冰下过流能力大。但因水流动力大,一旦封河容易产生严重冰塞和开河时形成冰坝,容易造成大面积淹没滩地和威胁堤防安全的紧张局面。

三、采取的技术措施

三门峡水库在下游封河后即进行了控制运用。1979 年 1 月底下泄流量控制在 200 m³/s 左右,水库共蓄水 10 亿多 m³,减轻了下游的凌汛威胁。

麻湾冰坝下游是有名的窄胡同河段,而该年利津王庄险工上下河段冰凌插塞严重,在冰坝上游河段开河时尚不具备开河条件,因此为了确保不出问题,防止麻湾冰坝开河时形成大量流冰在窄河道插塞,再次形成冰坝,威胁堤防安全,原惠民地区调集了 9 个爆破队,对王庄上下河段 9 km 的冰凌进行了爆破,为顺利开河创造了条件。

四、堤防及其灾害情况

冰坝壅高水位发生漫滩,北镇大桥曾两次交通中断。滩区有 65 个村庄被水包围,41 个村庄进水,有 28 927 人受灾,房屋及各类设施也有不同

程度的破坏。共淹地 20 万亩,其中麦田 11.6 万亩。

北镇以下约有 190 km 大堤偎水,水深一般 2 m 左右,深的为 3～4 m。有 347 个基干班,4 000 多人上堤防守。近 23 km 大堤渗水 51 处,出现管涌 8 处 30 多个。大堤纵向裂缝 5 处,长 305 m,塌坡 2 处,长 2 000 m,宽 3～8 m。上述险情经 500 多人、80 多辆汽车一昼夜的紧张抢护才转危为安。

第七节　1980～1981 年度内蒙古河段防凌

黄河内蒙古段由于所处的地理位置、水文气象条件和河道特性等,每年都产生凌汛。1968 年黄河上游刘家峡水库修建运用后,改变了黄河下游的冰情演变过程。由于流凌、封冻时河道流量的增大,封冻后断面过流能力相应增大,解冻期不致因上游来水的增多,而鼓裂冰层,故文开河形势居多。但因每年的水文、气象条件不同,其开河形势差异悬殊。1980～1981 年度凌汛期间,尽管刘家峡水库在解冻期调度运用较好,但内蒙古河段下游仍发生了严重的武开河,不仅在弯道卡冰结坝,就是在顺直河段也发生卡冰结坝,为历年罕见。

一、流凌封冻情况

1980 年 11 月月平均气温较均值偏高 2.5～3.3 ℃,其中中下旬平均气温较均值偏高 3.6～4 ℃。从 1980～1981 年度冰期逐日平均气温过程线可看出,在 11 月 24 日前,日平均气温多在 0 ℃以上,加之河道流量较大,故该年流凌封冻晚于常年。当年 11 月末在较强寒流入侵后,内蒙古段在三湖河口以下首先开始流凌。因降温强度大,日平均气温一天内下降 10 ℃,所以内蒙古河段从下游到上游相继在 12 月 3 日前开始流凌。除上游石嘴山封冻较晚外,受这次强寒潮影响,渡口堂以下河段于 12 月 4 日前封冻,流凌天数较短。三湖河口以下,封冻时河道流量不大,在 600 m³/s 左右。封冻后冰面较低,河槽蓄水量少于常年。三湖河口以上河段封河时,上游来水增大,流量达 800 m³/s 左右,水位高,冰面也高,河槽蓄水量多于常年 1.5 亿 m³,冰面宽达 3 km。由于河道流量迅猛增大,在磴口县东地林业队附近的原有两岔河道,在流凌封冻时,主河道被流凌块全部堵死,堆冰厚 3 m 以上,长 600 m,宽 200 多 m,迫使主流改走岔河。各站流凌封冻特征见表 5-30。

表 5-30　1980～1981 年流凌封冻特征值

站名	石嘴山	巴彦高勒	三湖河口	昭君坟	头道拐
流凌日期	12 月 3 日	12 月 2 日	11 月 26 日	11 月 30 日	12 月 1 日
与均值较差	晚 8 d	晚 11 d	晚 9 d	晚 12 d	晚 13 d
封冻日期	1 月 24 日	12 月 15 日	12 月 4 日	12 月 3 日	12 月 4 日
与均值较差	晚 24 d	晚 8 d	晚 3 d	晚 1 d	早 13 d
流凌时最大流量(m^3/s)	750	800	980	800	800
封冻时水位(m)	1 089.02	1 052.25	1 018.31	1 007.46	986.43
封冻前一天水位(m)	1 088.8	1 050.6	1 017.87	1 007.58	987
涨差(m)	0.22	1.65	0.44	-0.12	-0.57
封冻时流量(m^3/s)	740	280	220	280	310
封冻前一天流量(m^3/s)	750	500	480	730	595
较差(m^3/s)	10	220	260	450	285
断面以上槽蓄水量(亿 m^3)	0.27	1.33	5.33	6.09	6.85

由表 5-30 可看出,河槽蓄水量有 80%左右集中在三湖河口以上,形成了上高下低的台阶。封冻以后上游来水变幅较大,水位涨落差也大,昭君坟站封冻前后水位升降变幅达 2.5 m,为历年的最大值,使冰面抬升,河槽蓄水量相应增多。

二、解冻开河情况

1981 年 2 月后,气温较常年偏高,进入 3 月气温迅猛回升,尤其是 3 月中旬偏离异常,见表 5-31。

表5-31　1981年2～3月气温　　　　　（单位：℃）

站名	项目	2月平均气温				3月平均气温			
		上旬	中旬	下旬	月	上旬	中旬	下旬	月
磴口	1981年	-7.2	-2.4	-7.8	-5.6	-0.8	4.9	6	3.5
	与均值比较	1.8	4.6	-2.9	1.5	1.5	4	2.5	2.7
包头	1981年	-8.1	-4.5	-9.1	-7.1	-1.5	4.9	4.7	2.8
	与均值比较	2.2	3.9	-3.2	1.2	1.3	4.6	2	2.7

　　3月中旬气温高于均值4～4.6℃，为历年最高值，日平均气温3月10日后都到0℃以上，最高达10℃多。由逐日气温资料看，8～14时气温升高值多在12℃以上。包头市境内开河时，即3月21日8～14时气温升高值达19℃多，冰层融速加快。3月12日前仅巴彦淖尔盟境内河段，出现长度在1 km以上的清沟就有16处，再生清沟最长的达9 km。冰盖融消后，河水温度也回升迅速，如巴彦高勒站解冻开河3 d后，河水温度就高达7.5℃，较常年解冻后的水温偏高5℃。上游来水热量的增多加剧了冰盖底部的融消，冰盖上面气温的急剧上升使上下冰层融消加速，融消冰水量急剧增大，热力因素作用转变成水流动力作用，使河槽蓄水量加速释放，开河速度加快，形成了高水头下解冻开河。各站解冻开河期特征值见表5-32。

表5-32　1981年开河期特征值

站名	石嘴山	巴彦高勒	三湖河口	昭君坟	头道拐
开河日期	3月5日	3月16日	3月17日	3月19日	3月21日
与均值较差	早2 d	早1 d	早4 d	早5 d	早2 d
开河时水位(m)	1 087.95	1 052.79	1 019.48	1 008.75	988.81
凌汛最高水位(m)	1 087.95	1 052.79	1 020.24	1 008.98	989.02
涨差(m)	0	0	0.76	0.23	0.21
开河时流量(m³/s)	690	650	830	1 440	1 520
凌汛洪峰流量(m³/s)	930	650	1 000	2 200	2 320
较差(m³/s)	240	0	170	760	800
凌汛洪峰总水量(亿 m³)	0.91	1.31	4.16	5.83	5.83

1981 年解冻开河期,上游刘家峡、青铜峡水库下泄流量不大。兰州站自 2 月 20 日至 3 月 4 日日平均流量多在 500 m³/s 左右,最大为 740 m³/s,3 月 5 日后控制下泄流量均在 500 m³/s 以下。在气温升高的作用下,解冻开河日期提前(3 月 16 日巴彦高勒解冻开河)且开河历时较短(由巴彦高勒到头道拐,520 多 km 长的河段,开河历时仅 5 d),致使流量递增很快,三湖河口以下开河时流量较历年均值增大一倍多,凌汛洪峰总水量与河槽蓄水量最大值相近。据历史资料统计,一般在解冻开河前半个月,内蒙古段河槽蓄水量约有近 2 亿 m³ 提前下泄,而 1981 年开河时,河槽蓄水量几乎没有提前下泄。1981 年凌汛洪峰流量过程,水位高,洪峰较大。河槽蓄水量几乎一涌而下,将滩地尚未充分解体的冰层推至下游。由于流冰块大质硬,一般的冰块在 100 m×200 m,最大的冰块达 300 m×600 m,因而在历年从未卡冰的顺直河段,由于流冰块过大受阻,而卡冰结坝。冰坝溃决后,在包头段境内两岸残留的堆冰高达 2～3 m,为历史上所罕见。这年内蒙古全河段卡冰结坝较大的有 7 处,以贡格尔、人树湾、九股地、李三壕的冰坝涨水最为严重,堤根水深 1.5～2 m,局部堤段距堤顶 0.3 m 左右,其凌洪水位超过了 1964 年伏汛 5 400 m³/s 的洪峰水位。大树湾高出历史最高洪水位 0.5 m 多,致使贡格尔、李三壕防洪大堤决口成灾。

三、本次凌汛特点

1980～1981 年度凌汛与历年凌汛相比,有以下几个特点。

(一)巴彦高勒以上为文开河,以下为武开河

巴彦高勒以上河段,虽石嘴山 3 月 5 日解冻开河,稍早于常年,但开河没涨水且其开河最高水位低于封冻期最高水位。巴彦高勒以下开河涨水多,开河最高水位均高于封冻期最高水位,水鼓冰裂,大块流冰多,故形成卡冰结坝严重的武开河。封、开河最高水位见表 5-33。

表 5-33　封、开河最高水位比较　　　　　　　(单位:m)

站名	石嘴山	巴彦高勒	三湖河口	昭君坟	头道拐
封冻期最高水位	1 089.07	1 052.25	1 019.53	1 007.09	988.96
开河最高水位	1 087.95	1 052.79	1 020.24	1 008.98	989.02
水位差	−1.12	0.54	0.71	1.89	0.06

(二)凌汛总涨差,自上而下逐段增大

封冻期最低水位与开河最高水位之差称凌汛总涨差,1980～1981年度凌汛总涨差见表5-34。由表5-34可看出,自上而下总涨差逐段增大,且石嘴山总涨差较小,巴彦高勒以下总涨差均大于1.50 m。

表5-34　1980～1981年度凌汛总涨差　　　　（单位:m）

站名	石嘴山	巴彦高勒	三湖河口	昭君坟	头道拐
封冻期最低水位	1 087.74	1 051.29	1 018.42	1 007.09	986.23
开河最高水位	1 087.95	1 052.79	1 020.24	1 008.98	989.02
总涨差	0.21	1.50	1.82	1.89	2.79

(三)凌汛洪峰主要来自本河段槽蓄水量的释放

由表5-30和表5-32可知,封冻后石嘴山断面以上槽蓄水增量仅为0.27亿 m^3,凌汛洪峰总水量为0.91亿 m^3,即有0.64亿 m^3 为上游来水。封冻后巴彦高勒站以上槽蓄水增量与凌峰总水量基本相近。巴彦高勒以下河段河槽蓄水增量均大于凌汛洪峰总水量,但凌汛洪峰总水量占河槽蓄水增量为78%～95.7%。一般年份,在解冻开河前半个月,内蒙古段有近2亿 m^3 的河槽蓄水增量提前下泄,而1981年开河时,河槽蓄水增量几乎没有提前下泄。凌汛洪峰主要来自河段内槽蓄水增量的释放。

(四)巴彦高勒以下,高水头开河,水位高

巴彦高勒至头道拐开河历时仅5 d,河槽蓄水增量释放速度快,形成高水头开河,开河水位高,超过丰水期时1964年伏汛5 400 m^3/s 流量的相应水位。

四、成因

1981年黄河内蒙古段巴彦高勒以下武开河主要是由封冻期河槽蓄水量多、分配极不均匀和解冻期内气温急剧回升以及水力作用造成的。在解冻期内气温回升快,热力作用转变为动力作用,导致提前开河,高水头开河。流冰块大质硬,槽蓄水量几乎一涌而下,使整个内蒙古段的开河历时较短。开河速度极快,必然节节卡冰结坝涨水,易于成灾。

该次凌汛说明在凌汛严重的河段,单纯依赖于上游水库的调节运用,并不能从根本上解除凌汛威胁。因为上游水库离下游凌汛严重河段距离

过远,根据工农业生产的需水要求,也不可能在解冻期完全断流;由于水库库容限制,水库对上游来水的调蓄也受到制约。在这种情况下,如遇特殊年份,在水文气象条件的综合作用下,仍会产生严重的凌汛灾害。这也为上游水库在冰期如何合理调度运用,减轻下游凌汛灾害,提出了新的课题。

第八节　小浪底水库运用后山东河段防凌形势

一、小浪底水库简介

2001 年小浪底水库投入防洪调度运用。小浪底水库是黄河干流最末端的大型水库,上距三门峡水库 130 km,下距花园口 130 km,控制流域面积 69.4 万 km^2,占花园口以上流域面积的 95%。小浪底水库的任务是以防洪(包括防凌)、减淤为主,兼顾供水、灌溉、发电,对山东河段有着最直接的影响。小浪底水库总库容 126.5 亿 m^3,包括拦沙库容 75.5 亿 m^3,防洪库容 40.5 亿 m^3,调水调沙库容 10.5 亿 m^3,可使黄河下游防洪标准由 60 年一遇提高到 1 000 年一遇;采用蓄清排浑运作方式,利用 75.5 亿 m^3 的调沙库容滞拦泥沙,可使下游河床 20 年不淤积抬高。

二、2001～2014 年度山东黄河封开河情况

小浪底水库运用后,凌汛期进入山东河段的流量大幅度减少,在气温相对变化不大的情况下,2001～2011 年度凌汛期山东河段年年封河,2011～2014 年连续 3 年未封河,其中 2002～2003 年度河道流量最小,封河长度达到 330.6 km,是 1981 年以来封河长度最长的年份;2004～2005年度封河于 2 月 28 日开河,是近 20 年来开河最晚的年份。2002 年、2003年和 2004 年凌汛期 3 次向天津送水,增加了防凌调度的难度;由于水污染事件,滨州河段曾发生局部漫滩。具体情况见表 5-35。

三、小浪底水库运用后山东河段防凌形势分析

1960 年三门峡水库建成运用,为黄河下游防凌河道流量调节创造了

表5-35　2001～2014年度山东河段凌汛期封河要素

年份	北镇日平均气温(℃)			淌凌日期(月-日)	首封		封河流量(m³/s)		封河气温(℃)		封河长度(km)	最上封地点
	12月	1月	2月		日期	地点	当日	前3d	当日	前3d		
2001～2002	-1.9	0.5	4.8	12-13	12-14	十八公里	34.8	343	-3.5	-2.6	106.7	济阳葛店闸
2002～2003	-2.1	-3.35	1.39	直接封河	12-09	十四公里	67.3	67.1	-3	-2.6	10.25	牡丹局上界
2003～2004	0	-2.08	3.48	01-19	01-25	小街险工	470	483	-4.8	-6.57	1.5	
2004～2005	0.05	-2.84	-2.67	12-23	12-27	护林控导	192	182	-7	-6.7	233.28	东平县杨庄
2005～2006	-2.32	-1.38	0.11	12-12	12-22	护林控导	543	456	-0.1	-3.4	57.4	惠民五甲杨险工
2006～2007	-0.28	-1.68	4.78	12-17	01-07	护林控导	250	235	-3.5	-2.7	45.35	垦利县下庄险工5号坝
2007～2008	1.14	-3.11	-0.2	01-01	01-21	清八断面	261	289	-4.6	-3.5	134.82	德州豆腐窝险工
2008～2009	0.12	-2.16	2.2	12-22	12-22	护林控导	170	169	-7.7	-4.2	173.9	冻口险工
2009～2010	-0.5	-2.9	-0.3	12-19	12-27	清八断面	320	322	-4.7	-3.3	255.37	鄄城郭集控导
2010～2011	-0.3	-5.2	0	12-15	12-16	清八断面	107	101	-3.8	-5.9	302.3	杨集上延工程
2011～2012	-1.3	-3	-1.02	01-23		未封河						
2012～2013	-3	-4.3	-0.9	12-24		未封河						
2013～2014						未封河						

有利条件,大大减轻了下游凌情;2000 年小浪底水库投入运用后,基本解决了下游山东河段的凌情。小浪底水库可以对下游河道流量进行有效调节,封河期控制大流量下泄,避免小流量封河,形成较高的冰盖;封河稳定期,控制河道流量小于封河流量,并保持流量相对稳定;气温大幅度回升有可能开河时,减少河道流量,促成河道文开河,即使局部形成冰塞,流量较小,也不至于造成大的危害。另外,经过小浪底调蓄后下泄的水温较高,一般为 8 ~ 9 ℃,也可减轻下游凌情。

从 2012 ~ 2013 年度凌情可以看到,该年度凌汛期,低温持续时间长,特别是 2013 年 1 月初降温强度大,黄河河口具备封河的热力条件。针对本次强冷空气,黄委防办提前加大小浪底水库的下泄流量至 900 m³/s,虽然降温幅度大,但由于河道流量大,不封河的动力因素大于封河的热力因素,没有造成下游封河。从中可以看出,小浪底水库调度方式能够控制黄河下游封河与否,今后应加强小浪底水库调度时机和下泄流量大小与天气变化的影响研究,探索黄河下游不封河流量与适宜封河流量的小浪底水库调度方式,减轻下游凌汛压力。

第六章　黄河典型年份凌汛与险情

第一节　各种黄河凌情现象（术语）

凌汛：黄河下游河道，一般年份冬季结冰封河。春初解冻开河，冰水齐下，冰凌壅塞，水位上涨，形成凌汛洪水，此时期为黄河凌汛期。黄河下游河道因上下河段纬度相差3°多，冬季平均气温相差3~4℃。上段河道封冻晚、开河早，结冰较薄；下段河道封河早、开河晚，结冰较厚。一般在1~2月间，气温升高，上段低纬度河段首先解冻开河，封冻期间河槽积蓄的水量急剧释放下泄，形成凌汛洪水，洪峰流量沿程递增，水位上涨；但下段高纬度河段因气温仍低，冰凌固封，在水流动力作用下，水鼓冰开，形成武开河。有时大量冰凌在狭窄、弯曲、浅滩处阻塞，形成冰塞、冰坝，致使水位陡涨，甚至漫滩偎堤，即成严重凌汛。如防御不力或措施不当，容易酿成决溢灾害。有的年份，上下河段气温变幅相差不大，河道封冻分段解冻开河或就地解冻，不致形成大的凌汛洪水，开河也比较平稳顺利。

一、封冻期

冰冻期：河道从结冰、流凌封河起，到全河段解冻开河、冰凌消失的时段。黄河下游冰冻期一般从12月中下旬开始，到翌年3月中旬结束，历时3个月左右。

凌汛三期：根据凌汛的形成发展状况，分为流凌期、封冻期、开河期。

流凌期：黄河下游河道在冬季气温降至0℃以下、水温到达0℃，河水表面开始结冰，水内产生冰花。冰花随水流而下逐渐凝结成冰花团或冰块，俗称淌凌，一般年份流凌期多在12月。

封冻期：在河道流凌期间，随着气温的降低，流凌密度增大，冰凌逐渐聚积冻结，遂自下而上逐段封冻，为黄河封冻期，俗称封河期。黄河下游据观测资料统计，河道封冻最早在12月，最晚在2月中旬。

开河期：春初，气温升至 0 ℃以上，封河冰开始融解；气温继续升高，冰盖脱边、滑动，封冰解冻开河。据观测资料统计，黄河下游解冻开河最早在 1 月上旬，最晚在 3 月中旬。

二、冰凌分类

冰凌：当气温降至 0 ℃以下，水温达 0 ℃时，河水即凝结成冰；随水流动的冰称凌。习惯上冰、凌通用，没有严格的区别。

结冰：水在环境温度变化的条件下由液态变为固态的过程。冬季气温降至 0 ℃以下，表层水温达 0 ℃，水体失热开始生成冰花。冰花聚积凝结成冰块，漂浮水面。冰块密度继续增大，遇较强低气温，河面冻结成冰盖。

冰花：冰淞、棉冰、冰屑等水内冰的总称。冬季日平均气温降至 0 ℃以下，河水温度降至 0 ℃。由于对流交换作用失热，水内开始生冰。初呈针状碎冰，随着气温的降低，体积较小的冰，在水流中逐渐凝结成冰花，漂浮水面。

棉冰：河道流凌时形成的冰花，随着气温、水温的降低，冰花在水流中聚积凝结成棉絮状的水内冰，称棉冰。

冰晶：水温达 0 ℃时，因河水失热在水中生成的针状晶体冰。

冰淞：河水中生成的冰晶，在随水流动中，大量聚积结成的松散团状冰。

冰珠：河道流冰过程中，随水漂流的冰花，互相挤磨碰撞形成大小不等的圆珠状冰体。

微冰：河道岸边结成透明易碎的薄冰。

锚冰：河水中冻结附着于河底或建筑物上的水内冰（或水中铁锚上的冰）。

流凌：河水开始结冰并形成冰块，随水漂流而下，俗称淌凌。

淌凌：同流凌。

流冰花：河水初始结成的冰花，随水漂流而下，称流冰花。

流棉冰：聚积凝结成棉絮状冰团，随水漂流而下，称流棉冰。

流凌密度：河道流凌期间，在某一河道断面内，水面冰块密集的面积占水面面积的比率。流凌密度随着气温、水温的继续降低而逐渐加大，首先在狭窄、弯曲河段冻结封河。

冰絮：河道封冻后，气温、水温继续降低，在冰盖下水内生成的棉絮状冰体。冰絮属水内冰，冰絮的多少随气温、水温和时间长短而变化。

薄冰：河道封冻时，在平封河段或岸边，初始结成的薄层冰。

盖面冰：也称冰盖。河道封冻时，形成横跨河面的固定冰层。盖面冰随气温、水温的变化和时期长短而增厚或融解。

冰盖：同盖面冰。

冰层：也称凌层。河道封冻时，有的河段表面结成冰盖，有的河段因冰块插塞，在水流动力作用下，有些冰块潜入冰盖下冻结，形成层次不等的杂乱的冰层。

凌层：同冰层。

水内冰：在河道水面下生成的棉絮状松散的冰体。当气温低于河流水温时，水体开始失热，气温再降，水温达到0℃时，河水开始在水内和岸边结冰。水内冰随着气温、水温的变化而增减。

水内冰态：河流在低气温和低水温条件下，水内生成的各种冰体的形态。如水内冰、水底冰、冰絮及冰块插塞河槽断面的不同态势。凌汛期间，采取固定大断面，穿孔测量水内冰态，了解其发展变化，对研究防凌对策措施十分重要。

卡冰：也称插冰。河道解冻开河时，大量冰块随水流下泄，在窄弯河段，在水流动力作用下，有大量冰块被推挤入水内，卡塞河道过流断面，阻滞来水来冰下泄，壅高水位并形成河槽蓄水。

插冰：同卡冰。

三、封冰分类

封冻：冬季河面流凌密度增大，流速减慢，气温继续降低，或遇北风顶托，河道流冰即自下而上逐渐封冻形成冰盖，俗称封河。因受气温、水温、流量、河道形态诸因素影响，河道封冻分全封、段封、平封、立封（插封）等形态。在下游河道封河年份中，一般是一次封冻一次解冻开河；个别年份也出现二次或三次封冻与开河的现象。

封河：同封冻。

全封：河道某一河段全面封冻的现象。河道流凌期间受低气温和水温的影响，河面流凌密度增大，往往首先在狭窄、弯曲河段封冻结成冰盖，

后续来冰继续向上游排插冻结,形成全面封河。

段封:河道分段封冻,形成梯级封河现象。在河道流凌期间,遇较强冷空气侵袭,全河流凌密度都比较大,大量流冰往往在弯曲、狭窄处同时封冻,形成段段封河形势。

花封:在河道封冻过程中,部分顺直河段的流冰,因遇强冷空气侵袭,流冰迅速冻结,形成互不连接、断续封冻的态势,并有许多处封口和未结冰的敞露水面。

封口:河道封冻期间,在窄、弯河段和险工的下段往往有一段不封冻,形成水面敞露的封口,又称自然封口。因受气温、水温变化的影响,封口面积也会缩小或扩大。

平封:在河道封冻时,某一河段冰凌冻结形成平面封河的形势。平封多发生在插封河段之间,由于受低气温的影响,两岸边凌逐渐增宽增厚,与河面冰凌相互冻结成平面封冻的冰盖。

立封:也称插封。河道流凌封冻期间,大量冰凌首先在狭窄弯曲河段卡冰后,冰块自下而上节节插排上延,部分冰块在水流动力作用下上爬下插,形成冰块互相重叠竖立插塞的封冻形势。

插封:同立封。

岸冰:河道岸边冻结成的冰带。冬初,气温在 0 ℃ 以下,河流水体失热,靠河道岸边的水流因阻力较大,流速较小,失热较多,岸边水面先行结成宽窄不等的冰带,俗称边凌。由于受气温、水温变化、水位涨落等影响,可区别为初生岸冰、固定岸冰、再生岸冰、残余岸冰等。

边凌:同岸冰。

初生岸冰:一般在风小而寒冷的夜间,气温在 0 ℃ 以下,水温达 0 ℃ 时,在紧靠岸边水面冻结的一层薄冰带。当气温升至 0 ℃ 以上时,有的岸冰融解或漂走;若气温降低,岸边又冻结一层岸冰。

固定岸冰:初生岸冰形成后,气温稳定下降,并持续时期较长,在河道岸边冻结成牢固的冰带。同时,岸冰面积和厚度也相应增加。

再生岸冰:当气温由低变高,原来冻结在河道岸边的岸冰脱边流走或融解消失。如再遇强冷空气侵袭,河道岸边再次冻结形成的岸冰。

残余岸冰:河道解冻开河后,残留在岸边的冰块。

冲积岸冰:在水流动力作用下,流动的冰花团或冰块,被冲到岸边或

岸冰边沿,与其冻结成一体,往往高出水面,形成多层冰埂。

岸冰融解:因受气温升高和热力因素的影响,河边岸冰首先发生的明显融解现象,往往出现冰上积水或敞露水面,岸冰也随之融解消失。

冰层塌陷:河道封冻后,由于流量减小,水位降低,冰盖出现的断裂塌陷现象。当气温升高,某一河段封冻出现解冻时,因水位降低也会有冰盖塌陷。

四、清沟分类

清沟:在河道封冻时,某一河段有未冻结的狭长水沟,有时在冰层较薄或主溜处的盖冰,因气温升高部分冰层融解,敞露出一道狭长的水域(见图6-1)。

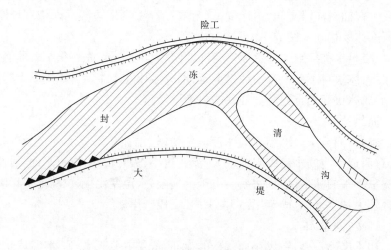

图6-1 清沟示意图

初生清沟:在河道封冻过程中,因气温升高,部分河段主流区流速快,水面未冻结形成狭长的敞露水域。

再生清沟:在气温回暖期间,封冻河段部分较薄的冰盖融化或原有清沟被冻结后又融解重新出现的清沟。

五、封冻过程演变

冰上冒水:河道封冻后,当流量增大,水位升高,部分河段河水从封口或冰盖裂缝中溢出的现象。

冰上结冰:从已封冻的冰盖裂缝或封口冒出的水流,如遇气温突然下降又结成的冰层。

冰上覆雪:河道封冻后,如遇降雪,冰盖上的积雪与冰盖冻结在一起称冰上覆雪。冰上覆雪影响吸收太阳辐射热,有碍冰盖融化。

连底冰:河道封冻后,因气温、水温降低,冰盖下冰絮增多,并逐渐凝结附着于河底的冰体。

冰厚:河道封冻后冰盖的厚度。冰盖的厚度受气温和水温的变化而增减。据历年测量资料,黄河山东河段封冻期冰厚一般在 20～30 cm,近河口河段冰厚可达 50 cm 左右。

冰塞:河道封冻初期,冰盖下面堆积大量冰花冰块,阻塞部分过水断面,造成上游水位壅高的现象。在河道封冻过程中,大量流冰在狭窄弯曲河段插塞封冻,上游相继而来的大量冰块、冰花、碎冰等,在水流动力作用下,一部分沿冻结的冰盖向上游延伸而封冻,一部分潜入水下流动,当遇到阻碍时,就在冰盖下堆积起来,堵塞部分过水断面,阻滞冰水畅泄,壅高上游水位。阻塞严重时可使下游水位下降,形成封冻河段上下游较大的水位差,导致河槽蓄水量增加(见图 6-2)。

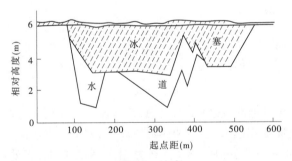

图6-2　冰塞

一般冰塞:河道封冻初期,冰盖下堆积的大量冰块和絮冰,堵塞部分过水断面,程度不同地影响水流畅通。

严重冰塞:河道封冻后的冰盖下过水断面,为流冰和冰絮堵塞的面积达 70% 以上,上游来水来冰不能下泄,壅高上游水位,甚至造成漫滩。

冰坝:河道封冻开河时,大量流冰在狭窄、弯曲河段或浅滩处受阻,冰

块上爬下插,大量堆积起来,形成冰坝,严重堵塞河道过水断面,使来水来冰不能下泄,上游水位急剧涨高,造成漫滩倒堤的严重凌情。

冰礁:在解冻开河时,冰水齐下,遇浅滩、窄弯河段,部分冰块受阻潜入水下,堆积成的冰礁或形成的冰礁群。

冰堰:在宽浅或多沙洲河段,由于沟汊较乱,水流深浅不同,上游流冰受阻,在河道中堆积形成的过水堰状冰体。

冰堆:凌汛开河时,冰水下泄,如遇流冰障碍,冰块迅速堆积形成的堆积体。有的冰堆高达 5 m 左右,见图 6-3。

图 6-3　冰堆

冰桥:凌汛开河时,凌峰量大流急,在水流动力作用下,大量流冰在窄河段受阻,迅速堆积起来,连接两岸形成冰桥,冰下仍可过流。

河槽蓄水:河道封冻后,冰盖下冰絮增多,糙率增大,多处河段阻塞水流,壅高水位,上游来水节节拦蓄在河槽内。河槽蓄水量的多少,与上游来水流量、冰盖下过水平衡能力大小有关。据观测资料统计,1954 年凌汛期间,花园口至利津间,河槽总蓄水量最大曾达 8.85 亿 m^3。

凌峰:即凌汛洪峰。河道解冻开河时,河槽蓄水释放下泄,沿程递增,流量相应沿程增大而形成的冰凌洪水称洪峰。如 1957 年凌汛开河时,高村站流量 920 m^3/s,到达利津站凌峰流量增大为 3 430 m^3/s。

六、冰质演变

冰变色:河道封冻后,冰盖因受气温、水温、日辐射热的影响,冰质发生变化,冰的颜色也发生变化。

冰色变青:日平均气温在 0 ℃以下,且其累计值随时间增大,冰盖的冰质变硬,呈青色的现象,俗称老冰。

冰色变白:在临近解冻开河期,日平均气温在 0 ℃以上,日辐射热增强,冰盖表层融化成多孔隙竖丝,在阳光折射下呈白色的现象。冰色变白是冰面开始融化的迹象。

冰色变黄:河道冰盖,在气温、水温持续升高,日辐射热增强,冰质融化加重,冰块上下出现竖丝,有黄水浸入,冰质疏松呈黄色的现象。

融冰:河道冰盖,在气温、水温持续升高和日辐射热的作用下,冰盖逐渐融化消失的过程。

脱边:因流量、水位的变化,或因气温、水温升高,河道结冰封冻时形成的冰盖或岸冰与岸边脱离的现象,也称脱岸。

脱岸:同脱边。

冰滑动:当日平均气温升至 0 ℃以上且持续时间较长,河道冰盖开始融解脱边,随水流向下游滑动,是逐渐开河的象征。

冰裂:河道解冻即将开河时,河面冰盖因来水流量增大、水位抬高,在水力作用下,迫使冰盖破裂的现象。

冰层浮起:凌汛开河时,气温高、流量大,已融解破裂的冰块,随水位上涨而浮起。

七、开河演变

水鼓冰开:河道封冻后的河槽蓄水,开河时急剧释放下泄,沿程流量递增,形成冰凌洪水,水位上涨,将冰盖鼓开,冰块破碎随水流下泄的现象。

文开河:以热力作用为主形成的融冰开河。河道封冻后河槽蓄水量不大,冰量较少;当日平均气温升至 0 ℃以上且持续时间较长,日照和辐射热增强,水温升高,封冻自上而下开始融解,冰质减弱;在来水流量不大、水热比较平稳的情况下,逐段解冻开河,冰水安全下泄。

武开河：以水力作用为主的强制开河现象。河道封冻期间，由于上、下河段气温差异较大，封河后的冰厚、冰量、冰塞等也有差异。春初，气温升高，上段河道封冻先行解冻开河，封冻期河槽积蓄的水量急剧下泄，形成凌汛洪水，洪峰流量沿程递增，水位上涨。这时下段河道因气温仍低，冰凌固封，在水流动力作用下，水鼓冰开。此种开河有时大量冰块在窄弯或浅滩河段阻塞，形成冰坝，水位陡涨、漫滩偎堤，即成严重凌汛。如防御不及甚至酿成决溢灾害。

花开河：封冻冰盖分段融解，节节开河的形式。此种开河多发生在河道封冻较晚，封冻后气温变幅不大，结成的冰盖较薄，冰量不大的年份。

八、冰情观测

终冰日期：河道封冻开河后，冰凌全部融解消失的日期。黄河下游终冰日期，一般在2月中下旬，最迟在3月下旬。

冰情观测：为了掌握冰凌发展变化情况，收集气象、水文、冰凌资料，研究分析凌情变化规律而进行的各项观测工作。冰情观测工作，根据凌情演变的三个时期，观测项目各不相同。流凌期，主要观测河流结冰流凌时段，流凌密度，冰花、冰块大小，冰量大小，岸冰变化等。封河期，主要观测封冻河段起讫地点、位置、长度、宽度、段数、封冻态势（平封、立封等）、冰厚、冰量、冰盖下过水断面面积、水内冰态、冰塞情况、河槽蓄水量等。开河期，主要观测冰盖冰质、冰色变化、岸冰脱边、滑动，解冻开河位置、时间、长度、段落，流冰面积、速度、冰凌卡塞、堆积情况，冰坝形成位置，阻塞程度及其发展变化，河水漫滩、串水偎堤情况等项。

气象观测：河道冰冻期对有关气象要素的观测。观测项目主要有气温、风向、风力、日照、水温等。按有关气象观测规范进行。根据观测资料，对气温、冰情发展变化进行分析研究和预测，为防凌服务。

冰情普查：河道封冻后，冰上能进人工作时，由河务、防凌部门组织，按统一时段、分段进行冰情普查。主要项目有：①封冻河段封冻特征，冰厚分布，冰质、冰貌、冰量、水内冰态、冰塞情况；②观测计算冰下过水断面面积、河槽蓄水量等。根据普查资料及气象水文分析凌情发展趋势及预测，研究防凌对策及措施。

报汛：凌汛期报汛，由黄河下游各水文站、各级河务局布设的观测组、

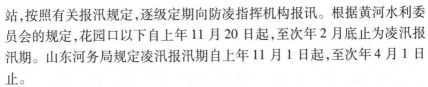

站,按照有关报汛规定,逐级定期向防凌指挥机构报讯。根据黄河水利委员会的规定,花园口以下自上年11月20日起,至次年2月底止为凌汛报汛期。山东河务局规定凌汛报汛期自上年11月1日起,至次年4月1日止。

冰情图:由防凌指挥机构根据冰情观测资料绘制的封冻形势平面图、封冻河段横断面图等反映冰情状况的图纸。以显示各河段封冻位置、长度、起讫地点,封冻形势、封口位置、长度,重点河段(险工、河湾、浅滩等)封冻形势,冰盖下冰塞断面,过水断面,冰厚及水内冰态等,用于分析研究凌情发展变化趋势。

冰情预报:根据气象、水情、河道情况及实际冰情,预报未来冰情发展的工作。黄河下游自1956年开展冰情预报工作,根据热力、动力及水体三要素,逐步建立了各种预报方案。在河道封冻阶段,利用气象、水文、冰情观测资料,预报封冻日期、封冻形势、封冻长度、冰厚、冰量及冰情发展趋势。在解冻开河阶段,根据气温、水温、流量、蓄水量变化及封冻形势,预报开河日期、开河形势、开河最大流量、最高水位等。预报方法有成因计算法,以物理成因为基础的热力、水力指标法、经验相关法及冰情模型法等。

冰凌研究:应用当代科学技术及气象、水文、冰情观测资料,进行分析研究凌汛的物理成因、演变规律、冰情实验、防凌调度、冰情预报方法等,为防凌指挥机构服务。

简测法:凌汛期间,对河道冰情、气象、水文等观测项目采取的简易测验手段和方法。

精测法:按照国家和有关部门颁布的水文、气象、地形等测量、测验法规规定的标准、精度要求所采取的观测手段和测验方法。

九、防凌手段

打冰:在河道封冻临近开河前,组织人力,使用铁镐、斧头、冰穿等工具,在历年易于卡冰的河段,预先将一定范围的冰盖打开、打碎,或按方格网形打成宽20 cm的冰沟,把冰盖分割,以利开河。

炸冰:在临近开河前,用炸药包或其他爆破器材,将易于卡冰河段或冰塞严重河段的冰盖及冰体爆破炸碎,预防开河时卡冰壅冰,有利于冰水

下泄。

打冰沟：解冻开河前，组织人力在冰盖上沿纵横 30～50 m 见方的网格打宽 20 cm 的冰沟，将冰盖分割利于开河。现已不用。

打通溜道：解冻开河前，组织人力或使用炸药爆破，将历年易于卡冰阻塞河段主溜道的冰盖，先行打碎或炸碎，形成宽 50 m 左右的溜道，以利来水来冰顺利下泄。

打沟撒土：20 世纪 50 年代初期，曾在开河前适当时机，组织人力，使用各种工具将冰盖打成宽约 20 cm 的冰沟，形成纵横 100～200 m 的方格网，在冰沟内撒土或炉灰，使冰面易于吸收辐射热利于融解。后因效果不大，不再采用。

冰上撒灰：20 世纪 50 年代初期，在开河前适当时机，组织人力在冰盖上打沟撒上草木灰，以吸收阳光辐射热，使冰盖易于融解破裂。后因效果不大，不再采用。

炸方格：在解冻开河前，使用炸药爆破，将冰盖炸成纵横 50 m 的方格网，将大面积冰盖加以分割破小，以利开河。

爆破冰坝：在解冻开河时，爆破队随凌追击，发现有冰块卡塞河道形成冰坝，阻碍冰水下泄时，立即查清支撑冰坝的着力点，集中力量，快速将冰坝支点炸开，打通冰水下泄溜道，使冰水顺利下泄。

爆破队：凌汛期间，由市、县防汛指挥部组织专业人员成立爆破队，每队 30～50 人，分别编为前方组、后方组、发电组、安全保卫组和夜间照明组，并配齐爆破器材和照明、通信工具及交通车辆，分布两岸重点河段待命。在即将开河时，按照防凌汛指挥部的命令执行爆破冰凌的任务。

随凌追击：在解冻开河时，爆破队分在两岸随凌行进，观察监视开河流冰进程，一旦遇有卡冰阻塞河道、形成冰坝等紧急情况，突击进行爆破，打通冰凌卡塞河段。然后随开河凌头继续追击前进，开河到哪里，爆破队随之追击到哪里，根据情况随时执行爆破任务。

扫除流冰障碍：即将开河之前，爆破队使用炸药包，将历年易于卡冰阻塞河段或冰塞严重河段的冰盖炸开、炸碎，为冰水顺利下泄扫除障碍。

破冰船：1958 年山东河段曾试制两艘破冰船，凌汛期间进行破冰试验。破冰船由上海中华造船厂制造，船长 31 m，配 400 马力（1 马力 = 735.499 W）柴油发动机，可破冰厚 30～40 cm。凌汛期间曾在利津一带河道中破冰。经过一段破冰实践,因破冰后的冰块不能随水流下泄,遇到气温下降容易复冻,破冰船未再继续使用。

减凌溢洪堰:建于大堤上的减凌分水工程。1951年于利津小街子附近修建一处,长200.6 m、宽52 m,设计溢水流量1 000 m³/s的溢洪堰。堰前修有围埝,堰下游两岸溢水区修筑堤防。凌汛期运用时,采取破除堰前围埝减凌分水措施。后因分水作用已为新建的南岸展宽工程代替,该溢洪堰已废弃不用。

水库蓄水防凌:特指三门峡水库改建后改变运用方式,为下游蓄水防凌。水库运用按照蓄泄兼施的方针,根据凌情发展变化,由黄河水利委员会调度运用。一般在下游封河前,水库预蓄部分水量,增大并调匀封冻前出现的小流量,以达到推延封河日期和抬高冰盖封河的目的。在解冻开河时,根据凌情水情控制下泄流量或关闸断流,控制下泄水流,避免形成武开河局面。经多年运用实践,为下游安度凌汛发挥了重要作用。

南、北岸展宽工程:20世纪70年代在山东窄河段上修建了两处展宽工程。一处在北岸齐河县境,一处在南岸垦利县境。通过展宽堤距修筑分泄洪闸,当凌汛发生卡冰堵塞河道,水位陡涨威胁堤防安全时,可运用展宽区分滞凌洪。

凌排:晚清及民国时期,为防止凌汛期冰块撞坏秸埽埽体,将木桩横竖结扎成排,用绳索吊挂在秸埽体前迎水面,起防护作用。

逼凌桩:用长木桩在秸埽体前排列打入水下,再用绳索或铁丝绑扎牢固,在木桩上横排竹片于迎水面钉牢,用以防止冰块撞坏埽体或埽眉。

第二节　黄河典型年份凌汛与险情

一、黄河下游典型年封开河情况

(一)1950~1951年度

河口于1月7日开始插封,封河时利津流量为460 m³/s,14日最上封至花园口,最大河谷蓄水增量为3.64亿 m³,封冻长度为550 km,最大冰量约5 300万 m³。

1月下旬气温回升,河南开河,形成凌峰,30日峰至利津,满河淌凌,

但河口至前左冰凌仍固封未动,上游冰凌接踵而来,于前左发生卡凌,壅塞严重,形成冰坝,并继续上插至宁海,冰坝长约 20 km,其冰量约 1 000万 m^3。由于河道严重卡塞,滩槽冰水均不能下泄,利津河段水位急剧上涨,大堤出水 0.4~0.5 m。2 月 2 日 23 时,王庄险工以下 300 m 处,大堤发现漏洞,经奋力抢堵无效,3 日 1 时堤身溃决。

封河情况:1950 年 11 月下旬后半期有冷空气活动南下,11 月 25 日济南地区日平均气温转负,26 日艾山开始流冰花,11 月底到 12 月初,黄河下游秦厂以下至海口全河流冰花,12 月中下旬,日平均气温接近常年,无较强寒潮,因而黄河下游淌凌断断续续。1951 年 1 月上中旬旬平均气温皆较常年偏低,济南、惠民地区上旬偏低 1.1~2.4 ℃,中旬偏低 4.2~5.3 ℃。

1951 年 1 月上旬末、中旬初有强寒潮侵袭黄河下游,1 月 12 日济南地区日平均气温 - 13.7 ℃,最低气温 - 19.2 ℃;惠民地区日平均气温 - 15.2 ℃,最低气温 - 20.8 ℃。

1 月 7 日黄河海口自下而上插封,8~9 日山东河道自高村以下分段封河,10 日河南辛庄上下河道封河,14 日向上封至花园口。

自日平均气温稳定转负至封河,日平均气温累积值,济南地区 1 月1~7 日为 - 12.9 ℃,惠民地区 1 月 1~7 日为 - 24.3 ℃,1 月 7 日最低气温济南地区为 - 4.2 ℃,惠民地区为 - 4.9 ℃。

由于封河后气温继续下降,封冻段逐渐延长加厚、封口缩小,冰厚一般约 0.20 m,海口附近冰厚约 0.40 m,全河封冻长度 550 km,冰量 5 300万 m^3。

封河期流量及蓄水增量,1 月 7 日高村流量为 580 m^3/s,艾山流量为172 m^3/s,泺口流量为 200 m^3/s,利津流量为 460 m^3/s。封河后最小流量,艾山 1 月 12 日为 100 m^3/s,泺口 1 月 12 日为 65 m^3/s,利津 1 月 14 日为 80 m^3/s,这段时间内花园口来水流量为 550~580 m^3/s,截至 1 月 18日,花园口至泺口河道蓄水增量为 3.52 亿 m^3,其中艾山以上蓄水增量为3.0 亿 m^3,大部分蓄水增量在高村至艾山。

开河情况:1 月 23 日气温回升,济南地区 1 月 27 日日平均气温转正1~3 ℃,持续至 2 月 1 日,23~27 日最高气温累积值 25.7 ℃,惠民地区 1月 28 日日平均气温转正,30 日平均气温又转负,31 日至 2 月 1 日日平均

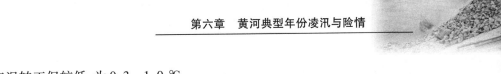

气温转正但较低,为 0.3~1.0 ℃。

　　1 月 27 日河南花园口封冻段开通,范县寿张一带封冻段开河,28 日河南辛庄一带封冻段开河;29 日范县寿张开河,凌峰过艾山、泺口,29 日夜开至历城章丘;30 日凌峰到利津,30 日 22 时河开至垦利前左一号坝。由于坝头阻碍,坝头前只冲开宽约 100 m 溜道,向下渐窄,至十号坝前溜道仅宽 10 余 m,十号坝以下 2 km 处仍固封未开。上游来冰即由此插塞,愈插愈严,形成冰坝,31 日 1 时冰坝上插至前左一号坝,水位陡涨 2 m,6 时上插至利津章丘屋子,前左水位回落,18 时插至利津东张一带。利津北岸滩地王家庄以下、薛家夹河、南岭子等处串沟过水,向下游入垦利县境。31 日 24 时在前左一号坝对岸,上游流来的滩水漫过滩唇注入河槽。2 月 1 日冰坝继续上插至宁海一带,北岸滩水又于十号坝对岸漫过滩唇注入河槽。1 日 18 时前左水位上涨 0.5 m,1 日晚东北风大作,海口附近气温急降,2 日晨惠民地区最低气温 -7.3 ℃,2 日日平均气温转负,为 -3.8 ℃,3~6 日最低气温达 -6.4~ -11.2 ℃。

　　2 日 18 时前左水位又回涨约 2 m,此时一号坝以上堤顶出水 0.7~0.8 m,利津东张一带堤顶出水 0.4~0.5 m,有的堤段堤顶出水仅 0.1~0.3 m。又因天气转冷,滩地冰多溜缓,滩地亦被插塞冻结,水冰均不能下泄,利津水位急剧上涨,2 月 3 日利津最高水位达 13.76 m,较开河前上涨 2.86 m。2 月 2 日 23 时王家庄险工以下 300 m 处,大堤发现漏洞,经奋力抢堵无效,终于 2 月 3 日 1 时 45 分,堤身溃决。

　　此次冰坝自 1 月 30 日 22 时在前左十号坝开始插塞形成,向上游插塞延伸,至 2 月 1 日插塞至宁海,冰坝全长 20 km,此时滩地尚过冰水。至 2 月 2 日夜,滩地亦插塞冻结,滩槽均不能下泄上游来的冰水,以致决口。整个过程共历时 3 d。估计该冰坝自宁海至前左十号坝全长 20 km 的冰量约 1 000 万 m³。

　　王家庄决口后,前左三号坝以下冰已开通(海口以上尚有 17.5 km 未开,后于 2 月 11 日因河水上涨,冰块漂到荒滩,海口开通),大溜从口门流出,前左水位陡落,3 日 6 时回落约 2 m,3 日 9 时水位已落至低于往年最枯水位,冰坝随而下落压实至河底。据 2 月 6~7 日前左三号坝以下测得流速为 0.22~0.31 m/s,冰坝河段过水已很少。待至 3 月上旬天暖后,冰坝自行消融,3 月中旬主溜回归大河。

开河时洪峰:由于开河时卡凌阻水影响,洪峰流量沿途递增,高村1月31日洪峰流量810 m³/s,艾山2月1日洪峰流量1 450 m³/s,泺口2月1日洪峰流量1 670 m³/s,利津2月1日洪峰流量1 160 m³/s,利津站1月30日至2月8日10 d洪量(除去底水550 m³/s)为2.4亿m³。

（二）1951～1952年度

本年度凌汛期间气候特点为冬暖、春寒。1951年12月至1952年1月,月平均气温较常年偏高1.2～2.7 ℃,1952年2月月平均气温较常年偏低1.6～2.7 ℃,因而黄河下游仅有淌凌现象,没有封河。

1951年12月26日,由于冷空气活动南下,黄河下游地区日平均气温转负,12月29日秦厂、高村、泺口三站河道开始流冰花,1952年1月1～3日夹河滩以下至海口普遍淌凌,1月5日以后秦厂至柳园口河道也开始淌凌至1月中旬中后期。期间秦厂以下河道流量为500～700 m³/s。12月26～29日日平均气温累积值,济南为-4.8 ℃,惠民为-10.3 ℃。按普遍流凌计算1951年12月26至1952年1月1日日平均气温累积值,济南为-13.2 ℃,惠民为-23.2 ℃。

1952年1月下旬由于气温回升,济南、惠民两地区日平均气温活动在0 ℃上下,杨房以下河道仅有断续淌凌。

1月28～29日黄河下游日平均气温又较稳定转负,2月2～6日秦厂以下河道普遍淌凌,但时间很短,泺口以上仅淌凌1～4 d,泺口以下淌凌至旬末。此期间河道流量为500 m³/s左右,1月28日至2月2日日平均气温累积值,济南为-10.5 ℃,惠民为-18.4 ℃。

2月上旬末又有几天日平均气温转正,淌凌终止。

2月11～13日,黄河下游地区日平均气温又稳定转负至下旬后期,15～16日花园口以下至海口又普遍淌凌至下旬,泺口以下河道淌凌至月底,期间花园口以下河道流量为400～600 m³/s。

2月13～16日济南地区日平均气温累积值为-14.5 ℃。

2月11～16日惠民地区日平均气温累积值为-21.2 ℃。

2月底气温开始稳定回升,自此黄河下游不再淌凌。

（三）1955～1956年度

由于12月气温偏高,河道淌凌较晚,章丘以上河段两封两开。1月7日在河口四号桩卡凌形成第一次封河,封河时利津流量为440 m³/s,最上封至黑岗口。由于气温回升,10 日下午开河到章丘北李家被阻,冰凌又上延到陈孟圈上首,济南以上河段的冰凌均插在历城章丘河段,形成卡塞严重封冰段。1 月 27 日又从济南河段继续向上插封,最上封至河南沁河口,封冻长 500 km,总冰量约 5 785 万 m³,花园口至泺口最大河槽蓄水增量为 3.22 亿 m³。

1 月 28 日气温转正,三门峡流量增大,最大为 770 m³/s,菏泽、聊城河段相继开河,29 日开至长清,后在济南老徐庄插成冰坝,造成北店子冰水漫滩。30 日晨老徐庄冰坝开通,31 日冰凌插在垦利县章丘屋子,至 3 月 4 日河道全部开通。

第一次封河气温情况:1955 年 12 月月平均气温较常年偏高 2 ℃左右,1956 年 1 月上旬旬平均气温较常年偏低 1.5～2.9 ℃。1955 年 12 月底有冷空气南下,1956 年 1 月 6 日黄河下游受寒潮侵袭,气温急剧下降,7 日最低气温菏泽为 -15.9 ℃,济南为 -14.0 ℃,惠民为 -18.0 ℃。1955 年 12 月 31 日至 1956 年 1 月 7 日日平均气温累积值,菏泽为 -36.4 ℃,济南为 -22.4 ℃,惠民为 -32.6 ℃。

由于 1 月 6 日寒潮降温,淌凌密度增大,1 月 7 日黄河河口地区、小沙四号桩等处及河南石头庄已开始卡凌封河,8 日气温仍然很低,封河发展很快,至 9 日,山东省东阿阴柳科以下至利津断续封河,利津以下至河口全面封河,河南石头庄、夹河滩以上至开封黑岗口等段封河。利津 1 月 7 日流量为 440 m³/s。

1 月 9 日后气温逐渐回升,济南地区最高气温 1 月 9 日为 1.8 ℃,10 日为 3.6 ℃,同时孙口 8～9 日稍有涨水。9 日夜东阿一带首先开河,10 日晨开至齐河,下午 15 时开至章丘北李家,行凌被阻,在河王庄、东邢家附近冰凌插塞,10 日 18 时章丘胡家岸险工向上卡封,11 日晨向上封至陈孟圈险工上首,同时霍家溜向上封至小街子。由于济南以上,冰凌插塞在历城、章丘河段,该河段卡塞严重,厚度一般在 2 m 左右,滩面壅冰最厚有 6 m 左右。原惠民地区河段封冻段无变化。

1 月 19 日第二次寒潮侵入,黄河流域普遍降雪,气温下降。19～24 日气温都很低,最低气温菏泽 24 日为 -19.3 ℃,济南 22 日为 -13.0 ℃,惠民 23 日为 -17.2 ℃。

第二次封河,自济南河段继续向上插封,至 1 月 27 日,自濮县上界至

艾山已接近全面封河,艾山以下至长清未封,长清以下至河口,除个别河段外,也已封河,封河长度约 370 km,占河道总长的 72%。河南亦由曹岗向上封至京汉铁桥秦厂以上沁河口,封冻长度约 130 km。曹岗以上至秦厂封冻段不够坚实,曹岗以下至老君堂为坚冰,封冻厚度约 0.1 m。山东河段封冻厚度为 0.1～0.2 m,个别厚者达 0.4 m。估计全河总冰量 5 785 万 m³,其中山东冰量 3 635 万 m³。

封河期间,秦厂以上三门峡及伊、洛、沁河来水流量为 400～800 m³/s,秦厂流量为 350～600 m³/s,封河后高村最小流量减至 150 m³/s,孙口、艾山、泺口等站最小流量亦减至 180～210 m³/s。

截至 1 月 26 日,秦厂以上河道蓄水增量为 2.5 亿 m³。截至 1 月 28 日,秦厂至利津河道蓄水增量约 2.28 亿 m³,其中秦厂至孙口蓄水增量 1.96 亿 m³。

开河情况:1 月 25 日以后气温稳定回升,27 日济南、惠民地区日平均气温转正,28 日菏泽日平均气温转正,自此至 1 月 31 日菏泽、济南日平均气温都在 0 ℃以上,惠民地区至 1 月 30 日日平均气温(除 28 日为 -1.5 ℃外)也在 0 ℃以上。1 月 24～28 日最高气温累积值菏泽为 18.8 ℃,济南为 26.9 ℃,惠民为 29.8 ℃。

1 月 28 日 15 时,鄄城陈庄、范县林楼、梁山刘山东等封冻段相继局部开河,15 时 30 分邢庙封冻段开河;29 日 3 时刘山东冰凌开至国那里,东阿范坡亦融冰开河,29 日 6 时凌头过艾山,8 时 30 分开至官庄 28 号坝卡住,14 时卡冰消融,20 时 5 分开河至王窑且卡冰半小时,23 时开至老徐庄弯曲河道。在此冰块卡住插塞形成冰坝,并向上游插塞延伸至北店子,冰坝长 16 km,冰量估计为 1 920 万 m³。济南杨庄涨水 3.85 m,齐河南坦涨水 3.7 m,北店子冰水上滩。30 日 3 时 20 分老徐庄冰坝开河,自插塞成冰坝到冰坝消失共历时 4 小时 20 分。4 时 30 分开河至历城后张庄,又一度卡冰插塞,向上游插塞延伸 1 000 余 m,泺口水位上涨 3.46 m,6 时后张庄插塞冰开通,23 时 5 分冰开河至垦利县佛头寺。又由于大块冰凌卡塞阻水,张家滩水位上涨 3.3 m,冰水上滩,31 日 1 时佛头寺开河,3 时 30 分开至前左。后因近口门处气温降低,并起 5 级东北风,8 时开河至章丘屋子后,停止开河,且水位抬高并漫滩,上游来水从罗家屋子串沟入海。以后至 3 月 4 日四号桩封冻河段开通。

河南秦厂至花园口一带封冻段于 1 月 30 日开河,夹河滩、石头庄于2 月 1 日开河。

开河形成了两个洪峰,第一个洪峰是在山东河段鄄城、范县河段开河时形成,洪峰流量自高村以下沿途递增。凌头洪峰陡涨陡落,各站洪峰流量如下:

高村 1 月 27 日为 1 080 m³/s,孙口 1 月 29 日为 1 750 m³/s,艾山 1月 29 日为 2 200 m³/s,泺口 1 月 30 日为 3 190 m³/s,利津 1 月 31 日为2 920 m³/s。利津 1 月 31 日至 2 月 2 日 3 d 洪量(除去底水 300 ~ 400m³/s)为 2.6 亿 m³。

第二个洪峰为河南开河凌峰进入山东河段形成,此时山东河段冰凌已开到罗家屋子以下,沿途无卡凌阻水现象,洪峰流量呈稍递减状态,洪峰涨落稍缓。各站洪峰流量如下:夹河滩 2 月 1 日为 3 750 m³/s,高村 2月 2 日为 3 340 m³/s,泺口 2 月 3 日为 2 630 m³/s,利津 2 月 4 日为 2 810m³/s。利津 2 月 3 ~ 6 日 4 d 洪量(除去底水 400 ~ 900 m³/s)为 2.5 亿m³。

(四)1956 ~ 1957 年度

本年度凌汛期气候特寒,持续时间长。1956 年 12 月 14 日黄河首先在惠民崔常插封,封河时利津流量为 250 m³/s。第一次封河到达河南境内,冰量在 4 700 万 m³ 以上。随后气温回升,1957 年 1 月 25 日上段开河,27 日开到南党,形成冰坝。冰凌不断向上延长,孙口水位上涨 2.01m,冰坝稳定未动。29 日东阿邵庄封冻河段开通,冰凌下泄,30 日晨在李隮插住,插塞严重,开河终止。随着气温的下降,封河又继续上延,最上封至郑州石桥。1 月 22 日封冻长为 399 km,2 月 10 日总冰量约 7 340 万m³。花园口至利津最大河槽蓄水增量约 7.7 亿 m³,其中孙口以上达 6.95亿 m³。

2 月 11 日气温回升,开始分段开河。14 日刘庄以上基本开通,大部分冰凌插在范一段的马棚至南庄闸间,27 日南党冰坝开通,随后以下河道也逐渐开河,3 月 4 日全河开通。

封河情况:本年度凌汛期气候特寒,持续时间长,月平均气温较常年偏低,其中 1956 年 12 月较常年偏低 1.6 ~ 3.1 ℃,较 1957 年 1 月偏低1.3 ~ 2.7 ℃,较 2 月偏低 3.6 ~ 4.6 ℃,因而封河时间长,利津以上河道

封冻期达 76 d。

1956 年 12 月 7 日有冷空气活动,黄河下游地区日平均气温转负,8~9 日全河普遍淌凌,中旬旬平均气温较常年偏低 3.7~6.3 ℃。13 日寒潮侵袭,14~15 日最低气温,菏泽地区为 -12.2 ℃,济南地区为 -11.9 ℃,惠民地区为 -16.6 ℃。8~14 日惠民地区日平均气温累积值为 -52.1 ℃。

自 12 月 14 日起,惠民崔常开始插封,15 日自齐河豆腐窝至河口河段已断续封河。以后气温仍然较低,封冻段又继续增长,至 12 月 29 日,上起陶城铺黄庄,下至河口小沙以下,全封段长共计 191.11 km,占该河段河道长的 51.6%,泺口以下冰厚 0.2 m 左右。

1957 年 1 月上旬气温接近常年,1 月 4~6 日有小股冷空气南下,气温降低,封冻段有所延长,冰厚略有增加。1 月 10~14 日全河普降大雪,有强寒潮侵袭。黄河下游,天气奇寒,低温持续到 1 月下旬初。1 月 19 日最低气温,济南为 -17.3 ℃,惠民为 -22.4 ℃。1 月中旬旬平均气温较常年偏低 3.7~5.2 ℃。截至 1 月 22 日,上起刘庄下至河口,山东黄河封冻段长达 339 km,聊城地区冰厚 0.1 m 以上,豆腐窝以下冰厚一般为 0.2~0.3 m,冰量 4 700 万 m³。同时河南秦厂、辛庄、夹河滩、石头庄、高村等处亦有插封,全河封冻总长 399 km。

1957 年 1 月底第一次开河终止后,2 月上旬冷空气不断侵袭,黄河下游地区多雪寒冷,2 月上旬旬平均气温较常年偏低 5.4~6.5 ℃。2 月 9~11 日最低气温,菏泽为 -15.2 ℃,济南为 -16.5 ℃,惠民为 -19.0 ℃,全河又进入固封状态。至 2 月 10 日,南党冰坝以上全封段伸展至刘庄以上,冰厚 0.1~0.2 m,聊城河段亦分段封河,惠民河段封冻厚度显著增加,一般已达 0.35 m 左右,最厚约 0.5 m。第二次封河山东冰量约 6 740 万 m³。

1956 年 12 月上旬,山东河道流量为 400~500 m³/s。封河时,利津流量为 250 m³/s。由于封冻期长,封冻期内三封两开,高村以下流量变幅较大。期间又有两次大幅度降温,封冻段延长,冰层加厚,山东河道流量又再减小,封河形势进一步加剧,河道蓄水量进一步增加,截至开河前,花园口至利津河道蓄水增量为 7.7 亿 m³。封冻期间花园口来水流量为 500~600 m³/s。

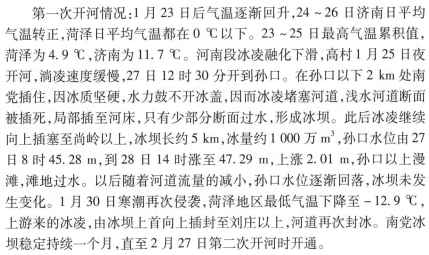

第一次开河情况:1 月 23 日后气温逐渐回升,24～26 日济南日平均气温转正,菏泽日平均气温都在 0 ℃ 以下。23～25 日最高气温累积值,菏泽为 4.9 ℃,济南为 11.7 ℃。河南段冰凌融化下滑,高村 1 月 25 日夜开河,淌凌速度缓慢,27 日 12 时 30 分开到孙口。在孙口以下 2 km 处南党插住,因冰质坚硬,水力鼓不开冰盖,因而冰凌堵塞河道,浅水河道断面被插死,局部插至河床,只有少部分断面过水,形成冰坝。此后冰凌继续向上插塞至尚岭以上,冰坝长约 5 km,冰量约 1 000 万 m³,孙口水位由 27 日 8 时 45.28 m,到 28 日 14 时涨至 47.29 m,上涨 2.01 m,孙口以上漫滩,滩地过水。以后随着河道流量的减小,孙口水位逐渐回落,冰坝未发生变化。1 月 30 日寒潮再次侵袭,菏泽地区最低气温下降至 -12.9 ℃,上游来的冰凌,由冰坝上首向上插封至刘庄以上,河道再次封冰。南党冰坝稳定持续一个月,直至 2 月 27 日第二次开河时开通。

第二次开河,2 月 11 日以后,气温略有回升,菏泽封冻段分段开河。截至 14 日,菏泽只剩刘庄以上于林 1.0 km、郝砦附近 1.38 km 全封段,鄄城封冻段全部开通,冰凌插塞段大部分在马棚至南庄。2 月 20 日菏泽气温稳定上升,日平均气温自 2 月 23 日转正,2 月 23～27 日日平均气温累积值为 5.8 ℃,最高气温累积值为 28.2 ℃,济南日平均气温自 20 日转正,惠民 24 日日平均气温转正。全河冰凌普遍变色,冰质发酥,硬度减弱,并有移动、下滑、脱边现象发生。

2 月 27 日 13 时 30 分,南党冰坝开通,17 时开到路那里,28 日 16 时 5 分凌头过艾山。在南党冰坝开通前,齐河河坦、济南泺口附近冰凌 26 日即断续开凌,27 日 17 时凌头开到章丘河王庄。期间由于济阳沟头间冰凌插塞,刘家园水位陡涨 0.9 m。28 日 12 时 40 分此插塞段开河,并于当日 21 时 30 分开河过利津王家庄,3 月 1 日开河至罗家屋子,3 月 4 日四号桩开通。

开河洪峰:第一次开河时,高村 1 月 26 日洪峰流量为 920 m³/s,孙口 1 月 28 日洪峰流量为 1 010 m³/s。南党冰坝形成后,孙口以下未开河,但洪峰自冰坝下游河道中冰盖下通过,泺口 1 月 31 日洪峰流量为 900 m³/s,峰顶形状较平,涨落亦缓。孙口 1 月 26 日至 2 月 5 日 11 d 洪量(除去底水 350 m³/s)为 3.6 亿 m³。

第二次开河时,泺口以上卡凌阻水较轻,洪峰流量在 1 000 m³/s 上

下,如孙口 2 月 27 日洪峰流量为 858 m^3/s,艾山 2 月 28 日洪峰流量为 1 220 m^3/s,泺口 2 月 27 日洪峰流量为 1 260 m^3/s。

泺口以下因沟头马扎子等处卡塞严重,形成较高水头,利津 2 月 28 日洪峰流量为 3 430 m^3/s,峰形亦为陡涨陡落,利津 2 月 27 日至 3 月 8 日 10 d 洪量(除去底水 550 m^3/s)为 3.2 亿 m^3。

(五)1960～1961 年度

该年度凌汛期的气温特点是前期冷后期暖,三门峡水库于 1960 年 11 月 20 日关闸,因此下游流量小、封河早、封冻快、冰盖低。气温变化及三门峡水库泄水的作用,形成两封两开:12 月 17 日首先在王旺庄封河,21 日位山以上河道全部封冻。此次封河封冻长度为 318.4 km,总冰量约 1 000 万 m^3。第二次封河于 1 月 9 日开始,最上封至武陟秦厂,封冻总长为 373 km,总冰量约 2 070 万 m^3。

1961 年 1 月 7 日三门峡水库关闸,下游河道流量减小,促成冰层稳定,冰凌大部分就地融化,27 日冰凌全部消失。

封河情况:该年度凌汛期的气温特点是,前期偏冷,后期偏暖。冬季最冷时间在 1960 年 12 月中下旬,1961 年 1 月中下旬气温已开始稳定回升,2 月济南日平均气温已较常年偏高 3.4 ℃。凌汛期的流量特点是,三门峡水库首次投入防凌运用,自 1960 年 11 月 20 日关闸,12 月 23 日至 1 月 7 日开 1 孔泄流 450 m^3/s,1 月 7 日至 2 月 8 日又关闸蓄水,致使下游大河流量较小。12 月、1 月、2 月泺口站日平均流量分别为 127 m^3/s、93.6 m^3/s、69.9 m^3/s,促成了该年度封河早、封冻快、冰盖低的特点。

1960 年 12 月上旬有寒潮侵袭。下游河道就开始出现岸冰及流冰。12 月 16～18 日经蒙古南下的一次寒潮势力较强,降温较大,18 日下游沿黄地区出现入冬以来的第一次低温,菏泽地区日平均气温为 -7.5 ℃,最低为 -19 ℃;济南日平均气温为 -8.8 ℃,最低为 -13.9 ℃;惠民日平均气温为 -9.3 ℃,累计负气温为 32.3 ℃,很快进入封冻期。特别是位山以上因流量小,封冻更快。高利站 18 日封冻时流量仅为 0.34 m^3/s,杨集站 18 日封冻时流量仅 1.10 m^3/s,因而位山以上封冻时冰盖低,河槽无蓄水。截至 12 月 21 日,位山以上河道基本全河封冻。位山以下由于东平湖泄水,位山 12 月 1～10 日平均流量为 160～358 m^3/s,18 日平均流量为 80 m^3/s。20 日罗家屋子封河,日平均流量为 90 m^3/s,19 日泺口封河,日

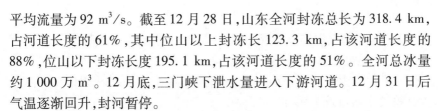

平均流量为 92 m³/s。截至 12 月 28 日,山东全河封冻总长为 318.4 km,占河道长度的 61%,其中位山以上封冻长 123.3 km,占该河道长度的 88%,位山以下封冻长度 195.1 km,占该河道长度的 51%。全河总冰量约 1 000 万 m³。12 月底,三门峡下泄水量进入下游河道。12 月 31 日后气温逐渐回升,封河暂停。

1 月 9 日以后较强的冷空气再次侵入下游地区,并且沿海有 6~7 级、内陆有 6 级的偏北大风,10 日气温开始下降,11 日泺口最低气温为 -13 ℃,平均气温为 -7.3 ℃,为入冬以来第二次较强的低温。泺口以上河道形成第二次封河。至 12 日,位山以上除原潘集至杨集、路那里 32 坝以上封冻段增长外,其他如刘庄、苏泗庄、南党及十里堡至拦河闸等重点河湾均先后再次封河,位山以下至济南亦新增若干封冻段。至 1 月 25 日,山东封冻总长 300.4 km,冰量约 2 000 万 m³。河南境内封冻长 72.5 km,最上至武陟秦厂,冰量 70 万 m³。全河封冻总长为 373 km。总冰量 2 070 万 m³。

开河情况:三门峡水库自 1960 年 12 月 23 日提闸泄流 450 m³/s,31 日影响山东境内。同日气温也逐渐回升,冰凌开始融化。1 月 1 日凌开至苏泗庄,全河淌凌,曾一度卡在殷庄二号坝。2 日、3 日气温继续回升,山东沿黄地区最高温度为 10~20 ℃,冰凌继续开下。4 日晚水头到艾山,5 日以后位山以下河段冰凌滑动,断续开河。8 日凌开至济南,章丘段以上冰凌普遍发生融化、脱边现象。至 9 日,济南霍家溜以上基本开通。霍家溜以下至张辛庄冰凌亦有变色、融化、脱边、冰上冒水、清沟扩大,并局部滑动。9 日后冷空气再次侵入,开河停止。

1 月下旬以后气温逐渐稳定回升,泺口站以上日平均气温均在 0 ℃以上,全河冰凌又发生变色、融化、脱边现象,且三门峡 1 月 7 日关闸后,整个 1 月下旬和 2 月上旬河道仅流量 50 m³/s 左右。所以,在此期间,冰凌大部分就地融化,2 月 4 日艾山开通,8 日泺口开通。至 2 月 15 日全河总冰量仅余 400 万 m³,19 日邹平段以上冰凌基本融化,21 日罗家屋子开河,27 日河内冰凌全部消失。

（六）1963~1964 年度

该年度凌汛期冷得晚,气温变幅大,罗家屋子以下形成两封两开。12 月 26 日从河口汊一断面向上插封,形成第一次封河,31 日封至罗家屋

子。1月上旬气温回升,冰凌融化。

2月上中旬气温连续下降,同时三门峡控制减少下泄流量,下游全面封河,最上封至河南省开封高朱庄护滩,全河封冻长度为324 km,冰量约2 890万 m^3。由于三门峡水库的运用,河槽蓄水量减少,花园口至利津最大河槽蓄水增量仅1.99亿 m^3。

2月下旬气温回升较快,河道流量较小,冰凌开始融化。3月2日泺口以上无冰,5日罗家屋子开通,凌汛解除。

封河情况:该年度冬季冷期偏晚,气温变幅较大,造成黄河封冻情况复杂。

1963年12月上中旬气温较高,自24日气温骤然下降10 ℃左右,泺口最低温度达 -12 ℃,利津为 -13 ℃,自此位山以下开始普遍流冰。由于海口自1961年改道后河道冲刷扩展很慢,经1963年汛期与汛后,河口淤积抬高严重,冰块下泄不畅,26日由河口汊一断面连续向上插封,31日罗家屋子以下封冻,冰块插塞河道,阻冰阻水、水位上涨,罗家屋子水位最高涨到9.01 m,两岸滩地漫水,及时采取了破堤分水措施,由草桥沟子入海。至1964年1月2日封冻段延长到罗家屋子,全长55 km。在此期间三门峡下泄流量为500 m^3/s 左右,利津流量为600 ~ 800 m^3/s。1月上旬气温回升,河内流冰消失,已封河段冰凌融化。

1月13日至月底有3次冷空气侵袭,但由于冷空气活动途经偏北,泺口以下气温低,高村一带较高。此间只有位山以下河段发生流冰。2月上中旬,连续3次偏南的冷空气侵入,使得利津一带2月上中旬日平均气温比历年低2 ~ 3 ℃,济南则低5 ~ 7 ℃,且冷期较长。同时,三门峡于2月1日关闸8孔(开2孔),控制下泄流量300 m^3/s 左右,2月12日至3月3日闸门基本全部关闭,山东河道流量自2月5日起缓缓下落,至20日降至200 m^3/s 左右,因而造成全面封河。2月6日插封到道旭,9日齐河上、下开始插封,14日高村断续封河,最上封至开封高朱庄护滩。封冻冰厚泺口以上0.05 ~ 0.20 m,泺口到利津0.10 ~ 0.20 m,垦利海口一带为0.25 ~ 0.35 m。山东封冻段长度为275 km,冰量2 818万 m^3,全河总计封冻长度324 km,冰量2 890万 m^3。由于今年全面封河时期正处于三门峡关闸后的退水阶段,封河造成的河槽蓄水有所减少,按封冻期各控制站过水量差计算,花园口到利津的河道最大蓄水增量约为1.99亿 m^3。

开河情况:1月上旬气温回升,河内流冰消失,已封河段冰凌融化。

2月25日气温开始大幅度回升,至2月底各地日平均气温均升到0℃以上,菏泽、济南、北镇累计日平均正气温分别达到4.2℃、8.2℃、4.7℃。此时三门峡关闸后的退水已经入海,大河流量为200 m³/s左右,26日冰凌开始融化,3月2日泺口以上冰凌消失,4日开河凌头到达利津,日平均流量为505 m³/s,形成开河,5日罗家屋子以上开通,前后仅8 d的时间全河解冻,一般水位上涨0.4~0.7 m。

(七)1967~1968年度

该年度凌汛期与往年有所不同:其一,气温特点是冷得早,回升迟,低气温持续时间较长。自1967年12月初至1968年2月底,整个凌汛期北镇逐日平均气温均在0℃下。12月、1月、2月的平均气温分别为-5.5℃、-4.5℃、-4.6℃,比历年均值分别偏低4.4℃、0.3℃、2.5℃。封冻期达86 d。凌汛期达94 d,日最低气温在-10℃以下者为50 d,日平均气温在-5℃以下者为41 d。其二,入海河道发生了严重的淤积,1964年改道后已延伸入海达27 km,河底抬高,河面展宽,流速慢,比降缓,冰水下泄不畅,极易阻冰卡凌。其三,凌汛期是丰水年份,造成凌汛比较严重。1967年12月8日全河淌凌,14日由垦利县张家圈插封,1968年1月11日封至齐河官庄,2月13日封至梁山县蔡柚,整个封河过程延续62 d,封冻总长323 km,最大冰量为6 374万m³。封河期间各段冰凌多次滑动,弯道处卡冰严重,齐河顾道口、李隤两处在淌凌时,形成两道冰塞,造成河槽蓄水达8.0亿m³。

凌汛开河,因时间较晚,气温已有大幅度回升,加之三门峡控制泄流和齐河李隤、顾道口两道冰塞均起了推迟开河的作用,因此基本形成了断续开河的形势,大部冰凌就地融化,惠民地区局部河道出现卡塞,3月8日全河开通。

封河情况:黄河下游自1967年11月30日日平均气温开始稳定转负,12月7日遭遇凌汛期第一次较强寒流入侵,使下游地区最低气温均下降到-10℃左右。日平均气温济南为-6.5℃,北镇为-8.3℃。自8日起,全河开始淌凌。三门峡水库9~12日全关断流,水头于14日影响到下游,使利津流量下降到462 m³/s,累计负气温达66.9℃,黄河下游河道由垦利县张家圈开始插封。此后,强冷空气接连入侵,19日封至道旭,

23日至杨房。27~31日又有一次强冷空气入侵,最低气温达-17 ℃,日平均气温济南达-11.1 ℃,北镇达-13.7 ℃,仅4 d的时间封河由惠民急速发展到齐河官庄以上。1月上中旬气温回升,但日平均气温仍在0 ℃以下,同时三门峡1月7日下泄1 580 m³/s的洪峰于1月中旬也恰到山东境内,水位急骤上涨。此时艾山附近淌凌达80%,而齐河顾道口、李隰两处由于卡冰严重,形成两道冰塞,长度约2 500 m,冰凌将大部分河槽堵死,泮庄、艾山水位上涨2.0 m,冰塞上、下游水位差在1.5 m左右,顾道口至艾山两岸滩地上水。至1月21日艾山以下河道基本全封,25日艾山水位涨至40.98 m,较封河前水位抬高4.58 m。1月下旬和2月上旬气温又缓慢下降,封河有所发展,至2月13日最上封至梁山县蔡楼。整个封河过程延续62 d,封冻总长323 km,最大冰量6 374万 m³,花园口至利津最大河槽蓄水增量为8.0亿 m³,其中孙口至利津蓄水增量为4.03亿 m³。

该年度封河插封多、封口少、冰层厚,泺口以上一般冰厚为0.20~0.35 m,泺口以下一般冰厚为0.30~0.60 m,垦利张家圈,博兴麻湾、滨县王大夫达1 m以上,博兴麻湾冰花厚达3 m左右,过水断面有的仅占应过水断面的50%左右,是多年来凌汛比较严重的年份。

开河情况:该年度凌汛开河,因时间较晚,气温已有大幅度回升,加上三门峡控制泄流和齐河李隰、顾道口两道冰塞,均起了推迟开河的作用,因此基本形成断续开河的形势,大部分冰凌就地融化。

2月12日济南以上气温回升转正,三门峡水库自14日起开始控制运用,下泄流量为200~300 m³/s,至18日影响到山东境内,流量为300~400 m³/s,泺口以下流量为500 m³/s左右。20日位山以上冰凌就地融化,25日位山至艾山冰凌就地融化。24日后气温已大幅度回升,27日济南日平均气温达9.8 ℃,累积正气温达21.8 ℃。加之三门峡下泄流量断续加大,27日开始,济阳张辛以上到艾山封冻段边开边化,至3月3日该河段全部化完。3月1日后,惠民地区也出现断续开河情况,但有些插塞严重河段,融化较慢,已开河段部分冰凌随水而下。此时三门峡开两孔的水头已进入泺口以下河段,造成东营麻湾、利津张家滩、垦利张家圈冰凌严重卡冰阻水,形成封河。3月4日下午封冰至王旺庄,王旺庄水位上涨2.05 m,麻湾上涨1.13 m,董王庄生产堤决口,宫家至韩墩左岸滩地漫

水。5 日利津日平均流量涨为 1 020 m³/s,张家滩和麻湾至王旺庄卡冰分别被冲开,冰凌随水而下,在河口段又先后受卡,使水位上涨,部分滩地上水。后经人工爆破、飞机轰炸,7 日夜罗家屋子以上全部开通。8 日用飞机侦察,罗家屋子至河口已开通。

(八)1971～1972 年度

该年度凌汛情况有些反常,出现了许多新的特点:一是气温特点,过去一般规律是上游高、下游低,而今年封河时期则是气温上游低、下游高,因此菏泽地区封冻河段长,冰量大,占山东河段冰量的 1/2 以上,给顺利开河创造了有利条件。二是上游水情特点,凌汛期一般年份最枯流量出现在 12 月下旬或者 1 月上旬,而今年枯水期来得早,花园口站最枯流量在 12 月中旬,封河流量小,封河后流量增大。三是凌汛前河道特点,由于河道淤积,位山以上河道向宽、浅、乱变化比位山以下严重,位山以下河道当时特点是河口段主槽明显,水流畅通。上述气温、水情和河道三个方面的特点,造成了凌汛封、开河早,封冻期短,封河发展迅速,开河结束得顺利,位山以上封冻段长,冰量大,局部河段卡冰阻水严重的新情况,这是历史上少有的反常年份。

封河情况:1971 年 11 月 28 日以后连续降温,12 月 5 日北镇日平均气温开始稳定转负,7 日起泺口以下开始连续流冰。18 日后第三次较强冷空气入侵,21 日晨,沿黄最低气温均降到 - 10 ℃以下,日平均气温菏泽、济南、北镇分别降至 - 4.7 ℃、- 7.6 ℃和 - 8.8 ℃。高村以下大河流量均在 200 m³/s 以下。该日山东河道断续封冻 21 段,长 32 km,上至郓城县杨集险工。此后菏泽地区日平均气温稳定转负,12 月下旬平均气温在 - 5 ℃左右,封河段以每日 40 km 左右的速度向上发展,23 日达封丘县贯台险工。此时兰考上、下河段开始壅水漫滩,25 日夹河滩站日平均水位涨至 74.53 m,相应流量为 538 m³/s,比 1958 年洪水位高 0.22 m。26、27 日第四次强冷空气入侵,高村、孙口等站最低气温降至 - 19 ℃,惠民地区降至 - 14 ℃,封河发展至开封黑岗口。山东河道冰凌继续增长增厚,至 1 月 5 日山东封冻长 216.7 km,冰量约 1 602 万 m³,全河共封冻长 252 km,总冰量为 2 312 万 m³。冰厚 0.06～0.20 m,花园口至利津最大河槽蓄水增量为 6.9 亿 m³,其中花园口至孙口蓄水增量为 4.77 亿 m³。河南省开封、封丘、濮阳、兰考及山东省东明、菏泽、鄄城等县大部低滩漫水,淹

地 12.3 万余亩。

1 月 26 日、2 月上旬又连来几次较强冷空气,最低气温下降至 −18 ~ −19 ℃,日平均气温 −8 ℃左右,持续时间近 10 d,流冰密度约 80%。该时期由于三门峡水库下泄 700 m³/s,下游大河流量均在 900 m³/s 左右,均未封河。

开河情况:12 月 29 日以后,气温稳定偏高,位山以下开始局部滑动。1 月上旬菏泽、济南、北镇旬平均气温分别为 −2.58 ℃、−1.51 ℃、−3.26 ℃。由于上游来水增大,河槽蓄水大量增加,3 日花园口日平均流量为 861 m³/s,6 日到高村,8 日洪峰进入东阿河段。由于封冻期短,冰层薄,在日平均气温尚未转正的情况下,全面开河。艾山站开河日平均最大流量为 1 110 m³/s,中午开至齐河谯庄卡塞,壅高水位 1.32 m,下午冰开。由于济南、章丘封冻段短,凌头很快通过,晚间进入惠民,在五甲扬卡冰,冰排至大崔险工。9 日早晨开至道旭下首,又在小高家卡住,道旭涨水 1.23 m,8 时 30 分王庄卡塞,11 时利津洪峰为 2 280 m³/s,同时东坝又卡塞。13 时开河至西河口,凌头速度约 10 km/h,9 日夜安全入海。河口段非常畅通。至此,位山以下河道全部开通,10 ~ 19 日位山以上河道陆续开通。

(九)1976 ~ 1977 年度

该年度冬季气温比常年显著偏低,从 12 月 25 日气温大幅度下降,到 2 月 5 日低气温持续了 40 余 d。1 月济南月平均气温为 −3.6 ℃,北镇月平均气温为 −6.1 ℃,较历年均值分别偏低 2.2 ℃和 2.3 ℃,北镇月平均气温比王庄决口的 1951 年还低,这一情况是历史上少见的。并且河口新改道,水流不畅,于 12 月 27 日首先在河口地区封河,然后节节向上插封,最上封至开封黑岗口,封河总长度为 404 km,总冰量为 7 104 万 m³,河槽最大蓄水增量达 3.56 亿 m³。

2 月中旬开河时,气温回升迅速,冰凌就地融化,没有出现卡凌现象,于 3 月 8 日全河开通,是一个文开河的年份。

该年度封河情况:自 12 月 25 日强寒潮开始侵袭,气温稳定转负,26 日济南、北镇日平均气温分别降至 −10.2 和 −9.8 ℃,日最低气温分别降至 −13.5 ℃和 −12.4 ℃,同日孙口以下,淌凌密度达 80%。由于 1976 年河口新改道,水流散乱,排凌不畅,27 日在河口段南防洪堤 17 km 处首

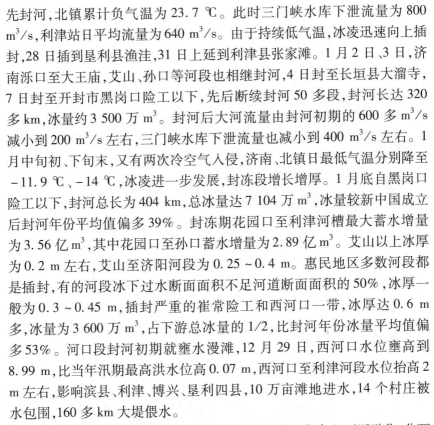

先封河,北镇累计负气温为 23.7 ℃。此时三门峡水库下泄流量为 800 m³/s,利津站日平均流量为 640 m³/s。由于持续低气温,冰凌迅速向上插封,28 日插到垦利县渔洼,31 日上延到利津县张家滩。1 月 2 日、3 日,济南泺口至大王庙,艾山、孙口等河段也相继封河,4 日封至长垣县大溜寺,7 日封至开封市黑岗口险工以下,先后断续封河 50 多段,封河长达 320 多 km,冰量约 3 500 万 m³。封河后大河流量由封河初期的 600 多 m³/s 减小到 200 m³/s 左右,三门峡水库下泄流量也减小到 400 m³/s 左右。1 月中旬初、下旬末,又有两次冷空气入侵,济南、北镇日最低气温分别降至 -11.9 ℃、-14 ℃,冰凌进一步发展,封冻段增长增厚。1 月底自黑岗口险工以下,封河总长为 404 km,总冰量达 7 104 万 m³,冰量较新中国成立后封河年份平均值偏多 39%。封冻期花园口至利津河槽最大蓄水增量为 3.56 亿 m³,其中花园口至孙口蓄水增量为 2.89 亿 m³。艾山以上冰厚为 0.2 m 左右,艾山至济阳河段为 0.25~0.4 m。惠民地区多数河段都是插封,有的河段冰下过水断面面积不足河道断面面积的 50%,冰厚一般为 0.3~0.45 m,插封严重的崔常险工和西河口一带,冰厚达 0.6 m 多,冰量为 3 600 万 m³,占下游总冰量的 1/2,比封河年份冰量平均值偏多 53%。河口段封河初期就壅水漫滩,12 月 29 日,西河口水位壅高到 8.99 m,比当年汛期最高洪水位高 0.07 m,西河口至利津河段水位抬高 2 m 左右,影响滨县、利津、博兴、垦利四县,10 万亩滩地进水,14 个村庄被水包围,160 多 km 大堤偎水。

开河情况:该年度开河晚,开河时气温高,封河段自上而下融化,分两次融化开通。2 月 8~10 日,郑州、济南日平均气温分别上升到 4.9 ℃、6 ℃,黑岗口至菏泽刘庄封河段冰凌融化,鄄城至梁山河段也断续融冰开河,共开河 130 多 km,聊城、德州封河段也出现冰凌脱边和滑动现象。11 日后气温又开始下降,至 15 日,济南、北镇日平均气温分别下降至 -8.2 ℃、-9.6 ℃,惠民河段冰质进一步增强。22 日后气温大幅度稳定上升,菏泽、济南、北镇最高日平均气温和下旬平均气温都达到新中国成立后同期的最高值。22~28 日累计日平均正气温分别达 70.2 ℃、89 ℃ 和 51.8 ℃,水温升高也很快,西河口一带开河时,泺口以上河段日平均水温达到 6~7 ℃。在日照、水温的共同作用下,冰凌融化很快,梁山以下封河段自 2 月 24 日自上而下逐段融冰开河,至 3 月 8 日封冻段全部开通。在整个

开河过程中,为减少下游河槽蓄水和开河期的冰凌威胁;三门峡水库自1月1日开始控制下泄流量400 m³/s且25日进一步控制下泄300 m³/s的小流量,致使河槽蓄水缓慢减少。1月下旬,下游开河前虽然三门峡下泄流量由300 m³/s逐渐增大到1 000多m³/s,但下游引黄涵闸在开河时及时开闸引水,河南、山东两省平均每日引水420 m³/s,总引水量达9.0亿m³,使得下游大河流量只有200~300 m³/s,开河时水力作用较小,冰凌大部分就地融化,基本没有出现卡凌和涨水现象。总之,造成这年封河时凌情严重和文开河的主要原因是气温条件的影响和三门峡控制运用以及涵闸引水的作用。

(十)1982~1983年度

该年度凌汛期气温偏高,凌汛特点是:封河时间晚、封冻段短、冰量少、封河期流量稳定;开河早、历时短、冰凌大部分就地融化。1982年1月10日首先在河口地区插塞封河,封冻后由于三门峡水库的调节,流量较稳定,冰凌发展缓慢,至1月25日封冻至最上界到达滨州赵四勿控导工程,封冻长度为110 km,冰量约1 100万m³,最大蓄水增量为0.86亿m³。2月上中旬由于气温偏高,封冻冰层就地融化,至2月17日全河开通。

封河情况:冬季共有5次较强冷空气活动。自1982年12月4日第一次较强冷空气侵袭大幅度降温后,6日河口地区西河口以下开始流凌。12月中下旬北镇日平均气温一直维持在-0.8~-2.4 ℃左右,流凌河段稳定在清河镇以下,流冰密度一般为20%~50%。1983年1月8~12日,第三次较强冷空气侵袭后气温大幅度下降,济南、北镇日平均气温降至-7~-10.3 ℃,最低气温达到-10~-15 ℃。这是这年冬最冷的一次降温过程,黄河下游全河流凌,惠民以上河段流凌密度为20%~40%。河口地区为40%~60%。由于河口滨海地区河道在该年伏秋大汛后淤积,而使当时水流散乱,流水不畅,插塞封河,1月10日封河上延到十八公里水位站。在此期间,向天津送水已经结束,在内蒙古封河蓄水影响的小流量影响下,利津、泺口流量为470~500 m³/s。封冻后,由于三门峡水库的控制调节,封冻期河道流量稳定在500~600 m³/s,冰凌发展比较缓慢,15日封至东营麻湾。此后气温稍有回升,封冻上段冰层不稳定下滑退缩,碎冰潜入封冻冰层,产生局部冰塞,壅高水位。1月18~22日又一

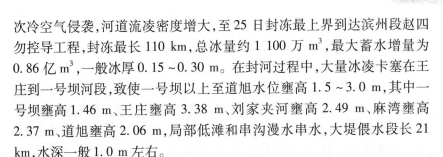

次冷空气侵袭,河道流凌密度增大,至 25 日封冻最上界到达滨州段赵四勿控导工程,封冻最长 110 km,总冰量约 1 100 万 m³,最大蓄水增量为 0.86 亿 m³,一般冰厚 0.15 ~ 0.30 m。在封河过程中,大量冰凌卡塞在王庄到一号坝河段,致使一号坝以上至道旭水位壅高 1.5 ~ 3.0 m,其中一号坝壅高 1.46 m、王庄壅高 3.38 m、刘家夹河壅高 2.49 m、麻湾壅高 2.37 m、道旭壅高 2.06 m,局部低滩和串沟漫水串水,大堤偎水段长 21 km,水深一般 1.0 m 左右。

开河情况:1 月 25 日气温回升后,至 2 月 16 日没有较强冷空气影响,北镇平均气温为 −1.4 ℃,最高气温达 14 ℃,气温稳定偏高。该时期三门峡水库控制下泄和下游大河流量均稳定在 500 m³/s 左右,水温也逐渐升高,冰凌日渐融化,自上而下节节融冰开河,至 2 月 7 日利津綦家嘴险工以上主溜道开通,封河段冰下过水比较通畅,利津王庄以上壅水河段水位普遍回落 1.0 m 多,15 日开到一号坝,17 日河口南防洪堤十八公里以上河道全部开通,十八公里以下冰面清沟很多,主溜基本畅通。封冻冰层均是就地融化,未产生大量流冰现象。就地开河是黄河下游融冰开河的一种特殊情况。

2 月 18 日又来一次强冷空气侵袭,日平均气温降至 −6.5 ~ −8.8 ℃,最低温度降至 −11 ~ −14 ℃,气温下降幅度虽大但因水温较高,只是产生流凌较多,未造成再次封河。

(十一)2002 ~ 2003 年度

该年度气候特点是前冬与后冬暖、隆冬寒,气温变幅大,低温持续时间长。山东河段来水量特枯,进入山东河段高村站的水量比常年偏少 71%,两次封河,且都是小流量封河。2002 年 12 月 9 日垦利十八公里封河,15 日封冻最长为 10 段 10.25 km,随着气温回升,18 日开河。12 月 24 日垦利十八公里出现第二次封河,2003 年 1 月 8 日封冻最长为 95 段 330.6 km,是自 1981 年封河长度最大的一年,封冻最上端在菏泽市牡丹区河段,冰厚 5 ~ 20 cm,最大达 30 cm。2 月 18 日封冻河段开通。另外,2002 年 12 月 28 日,引黄济津渠道因冰凌阻水,引水渠道开口,聊城市迅速投入 100 多人、4 台机械全力抢护,及时堵复了决口。

(十二)2005 ~ 2006 年度

该年度的气候特点是冷空气强度弱,气温回升快。前冬偏冷,后冬偏

暖,气温变化大,总体表现接近常年。2005年12月22日凌晨垦利护林控导出现封河,长3.15 km,受流量上涨和气温回升的影响,封冰段于当日下午开通。2006年1月6日垦利县护林控导出现第二次封河,1月10日封冻长度达到年度最大值15段57.4 km。封河期间,受伊河水污染事件影响,小浪底水库加大下泄流量,滨州、东营局部河段发生冰塞现象,河道水位迅速上涨,个别滩区漫滩,防凌一度比较紧张,由于调度及时准确,加之气温回升,1月29日顺利开河。2月4日,垦利县义和险工出现第三次封河,最大封河长度11段43.72 km,16日封冰段全部开通。

(十三)2006～2007年度

该年度凌汛期,山东省沿河气温属偏暖年份,侵入黄河下游的较强冷空气仅有两次,分别出现在2006年12月16～17日、12月27日至2007年1月4日。2006年12月16日山东省气温大幅度下降,17日北镇最低温度达 -11.1 ℃,为今年凌汛期的最低气温。17日垦利县胜利险工以下河段开始淌凌,一号坝站最大淌凌密度达50%,最大冰块面积90 m^2,之后气温大幅度回升,河道内流凌停止,岸冰融化。

12月27日起由于较强冷空气再次侵袭,山东省气温明显下降,1月4日西河口站最低气温达 -10 ℃,当日河口地区再次淌凌,流凌密度急剧增加,1月7日凌晨在垦利护林控导3号坝上首插冰封河,当日封河长度800 m,8日8时,封冻上延到崔家控导工程上首,封河长度达18.1 km,至1月15日,达该年度封冻最大长度45.35 km,2月5日11时山东省封冻河段全部开通。

(十四)2007～2008年度

该年度凌汛期,侵入黄河下游的较强冷空气有两次,1月中旬至2月中旬,菏泽、济南、北镇三站平均气温较常年偏低,其中济南站1月中旬平均气温为历史同期第四位低值,下旬平均气温为历史同期第五位低值,2月上旬平均气温明显较常年偏低,特别是济南站旬平均气温较常年偏低2.85 ℃。2008年1月21日22时在河口河段清8断面上首插冰封河,2月22日全河开通,封河历时33 d,封河最上首位于德州豆腐窝险工,封冻最大长度为134.82 km。

(十五)2009～2010年度

该年度凌汛期山东省主要受三次较强冷空气影响,2009年12月17

日起,受强冷空气影响,山东省沿黄地区气温普遍下降,19 日河口河段利津以下开始淌凌,27 日河口河段清 8 断面处插冰封河,2010 年 2 月 21 日 15 时全河开通,封河历时 57 d,封河最上首位于菏泽鄄城郭集控导工程,封冻最大长度为 255.37 km(1 月 16 日)。

(十六)2010～2011 年度

该年度凌汛期前冬暖、隆冬冷,低温持续时间长,山东省主要受六次较强冷空气影响。2010 年 12 月 14 日沿黄气温开始大幅度下降,15 日河口河段淌凌,16 日凌晨河口河段出现封河。2011 年 2 月 23 日 15 时全河开通,封河历时 70 d,封河最上首位于菏泽郓城县杨集上延工程,封冻最大长度为 302.3 km(1 月 28 日)。

该年度封河当日利津流量 100 m³/s,流量偏小,由于天气寒冷,引黄济津潘庄引水渠道发生卡冰漫溢,潘庄闸引水流量骤减,泺口以下河段流量明显增大,水位明显升高。

(十七)2012～2013 年度

该年度凌汛期山东黄河持续低温,属显著偏低年份。菏泽、济南、惠民三站 12 月、1 月和 2 月的月平均气温较历年均值均偏低。其中 12 月三站的月平均气温比历年均值偏低 2.2～3.2 ℃,属异常偏低月份。但小浪底蓄水较多,河道内流量大,小浪底水库精细调度,成功实现了大流量过程与气温最低过程在河口河段的对接,虽然热力因素具备封河条件,但因水流动力较强,有效避免了下游封河。山东省河段只出现了较短时间的淌凌,未发生封河。

二、内蒙古河段典型年封开河情况

(一)1950～1951 年度

1950 年冬,寒潮入侵较早,11 月中旬降温强度较大,内蒙古段三湖河口以下河段于当年 11 月 14 日先行流凌,15～16 日三湖河口至头道拐段全段流凌,19 日巴彦高勒出现流凌,24 日整个内蒙古段流凌,27 日三湖河口以下全段封冻,30 日封至巴彦高勒,12 月上旬已封至上游乌海市境内。石嘴山站断面受地形条件影响,封冻稍晚,于 12 月 14 日封冻。流凌封冻时,河道流量较常年偏大较多,一般均在 700 m³/s 以上,巴彦高勒达 1 010 m³/s,致使封河水位较高。石嘴山流凌封冻时,水位上涨 2 m 多,

河槽内储存了较多水量。封冻以后,气温接近常年,由于封冻早,0℃以下气温累积值大,故冰层冻结厚度较常年厚,巴彦高勒以下平均厚0.8 m以上。进入3月,巴彦高勒以下河段最高气温已达到0℃以上,日平均气温在3月7日升至0℃以上,气温回升较快,冰盖加速融消,渡口堂断面于15日解冻,由于河道流量小,仅400 m³/s左右,故开河速度较慢。石嘴山3月17日解冻,最大流量仅450 m³/s,向下无明显的凌汛洪峰形成,开河进程较慢。此时又恰遇冷空气入侵,巴彦高勒以下,3月11日日平均气温降至-4.7℃,这更延缓了开河速度。截至23日,开河进入河套境内,这时又遭遇冷空气入侵,气温下降,25~27日平均气温为-1~-3℃,流冰阻塞河道,多处结坝。23日黄昏在渡口堂卡冰形成严重冰坝,涨水溢出河岸。当时该段河道还没有防洪大堤防护,磴口县受淹。24日在薛成渠口结坝,造成大堤决口,口门长度500 m。25日在乌拉河口,卡冰结坝,决堤溃水与薛成渠口之决口洪水汇成一片泽国。此时又遇冷空气,气温骤降,河面形成流冰,淌凌密度达60%,渡口堂至临河河段冰坝开始溃决滑动,冰坝溃决形成的凌洪冲入召滩将公路冲断。26日黄河解冻开河至复兴渠口,因下游冰层封冻,冰质尚硬,下午9时在谢拉五圪旦卡冰结坝,临河县永济渠有6处漫决,溃水入狼山县。五原县义和渠和新引水渠及安北县哈拉乌素防洪堤相继决口数处。27日杨家河、乌拉河因溃水流入,水位暴涨,哈拉沟东岸决口十余处。28日气温回升转暖,晏江县以上全部解冻,水位普遍下降。29日五原县全面解冻,在土城子卡冰结坝,义和渠又漫决16处,长济渠西槐木桥处亦卡冰结坝。30日开河至安北县,因部分河段尚未解冻,又在白土圪卜卡冰结坝,到31日河套地区全线开通。3月25日包头段已部分解冻,西山嘴至三银河头开河35 km,大树湾至南海子、南海子至章盖营子区间,主流区开河约10 km。26日贾家河头以东开河约2 km,27日冰情变化较大,数段冰层鼓起。28日李虎圪堵至李家圪堵开12 km,开河过程中流冰形成结坝。29日三银河头附近结冰坝两处,李虎圪堵、打不素台、大树湾等处均卡冰结坝;土合气以南开两段共12 km,也卡冰结坝两处,30日萨拉齐县官地结冰坝,31日秦义滩及东坝村均结冰坝,4月1日、2日2 d内在刘槐圪旦、贾家河头、恒元成、东坝村、章盖营子、大树湾、牛羊壕、召湾、贾成全、民生渠口、八大股、银匠圪子以及准格尔旗的二道壕连续结冰坝17处之多。4月3日萨县尹二吕

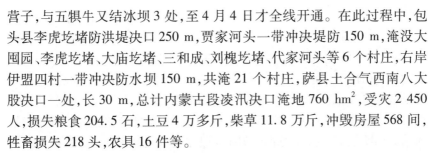

营子,与五犋牛又结冰坝3处,至4月4日才全线开通。在此过程中,包头县李虎圪堵防洪堤决口250 m,贾家河头一带冲决堤防150 m,淹没大囤园、李虎圪堵、大庙圪堵、三和成、刘槐圪堵、代家河头等6个村庄,右岸伊盟四村一带冲决防水坝150 m,共淹21个村庄,萨县土合气西南八大股决口一处,长30 m,总计内蒙古段凌汛决口淹地760 hm²,受灾2 450人,损失粮食204.5石,土豆4万多斤,柴草11.8万斤,冲毁房屋568间,牲畜损失218头,农具16件等。

由于党和政府的重视,解冻开河期领导亲临现场指挥,及时组织起防凌抢险队伍,并调配了人民解放军协同作战,使用了飞机、榴弹炮、山炮、重迫炮、轻迫炮、炸药、手榴弹等来摧毁冰坝。在黄杨闸布设迫击炮3门、塔尔湾迫击炮3门,在包头县境内布设86门迫击炮、2门山炮。萨1墨－82FJ迫击炮、榴弹炮4门。工兵负责爆破,配合空军、炮兵作战。共出动飞机35次,投100 kg的炸弹201枚,重迫炮弹50枚。这对减少凌汛灾情损失,起到了一定的作用。

(二)1951～1952年度

1951年冬,寒潮入侵主要来自西北方向,11月中旬后,内蒙古段于20～22日全段流凌,由于寒潮降温强度大,巴彦高勒以下流凌4～6 d即进入封冻,局部河段受流速和排水等影响,封冻较迟,包头镫口于1月1日才封冻。上游段流凌、封冻均早于常年4～5 d,石嘴山11月21日流凌、12月26日封冻。渡口堂以下流凌稍晚于常年,但封冻比常年早4～8 d。流凌封河时,河道流量为670～710 m³/s,较常年偏大,故封河水位也较高,河道槽蓄水量有1/2以上集中在渡口堂至三湖河区间。封冻以后,气温较常年偏高,冰盖冻结厚度一般为0.5～0.7 m,弯道最厚处近1 m,较常年薄0.2 m左右。1952年春季气温稍高,上游兰州站于2月24日解冻开河,至3月1日流冰终止。进入3月,气温明显升高,内蒙古段河冰大部分变色,由于2月16～22日冷空气入侵,伴以降雪,冰面积雪约3 cm,积雪的融化加剧了冰盖的解体,3月3～6日气温回升11 ℃多,到1.7 ℃,7日以后复又降至0 ℃以下,3月10日、11日,1 d气温上升6～8 ℃,到4 ℃多,石嘴山、巴彦高勒断面开始解冻,11～17日气温持续在4～8 ℃,开河速度较快,渡口堂以上于14日已全部开通,16日已无流冰,凌汛洪峰进入河套境内,当时河套段正分段解冻,包萨段冰色发白,到18～19

日气温骤降近 10 ℃,天气变冷,到 -4 ℃以下,风向由西北转成东北,黄河解冻至安北县境内,处于半停顿状态,包头境内局部解冻,虽大部分脱岸,因气温下降,冰面沿水复又冻结,萨县以下冰盖变化不大。到 25 日才陆续开到西山嘴附近,这时包头县境内黄河正分段乱开,下游萨县、托县河段基本未开,上游流冰一拥而下,流冰被阻,到处卡冰结坝,情况非常严重。凌汛洪峰于 16 日入河套境内,28 日流出,在渡口堂至宿亥滩段先后卡结大小冰坝 17 处,除安北县柳匠圪旦之防洪堤被风吹击,抢修不及,决口一处,淹没牧场 2 顷外,其余均未出岸,唯各引水渠道,因流冬水未堵,洪流灌入层冰层水,渠内不能容泄,发生漫溢皆有不同程度的水灾发生,临河、狼山两县就淹地 5 869 顷(1 顷 = 6.666 7 hm²,下同),房屋 153 间,各种粮食 2 274 石(1 石 = 100 L,下同),蔬菜14 740 斤,柴草约 30 万斤,受灾 286 户,计 1 125 人。包头、萨县境内,28 日凌汛洪峰入境,上游流来的冰块量多块大,最大的有 1 500 m²,至 4 月 1 日,共计卡冰结坝 19 处,涨水情况较河套尤为严重,由于组织领导得力,防护健全,整个凌汛期中,仅只有准格尔旗发生一处决口,淹地 250 顷,房屋 140 间,受灾 100 户。该年开河由于受气温的升降变化急剧,虽入境凌汛洪峰流量不大,开河历时较长,仍节节卡冰结坝,出境洪峰流量 1 700 m³/s。但开河最高水位较高,如渡口堂较去年高 5.76 m,包头镫口高于去年凌汛最高水位 0.61 m,冰坝总数达 56 处,较去年多 14 处,冰坝集结长度,宽度均比去年大出一倍,主要是开河时气温低,冰坝集结时间长所致。但凌汛灾情损失较去年减少。原因如下:健全了组织,做好了准备,加强了宣传教育,把握时机,分析冰情水情,采取先发制敌的战略,领导深入现场,干部群众密切结合,每日平均上堤 12 000 人,共作土方 8 500 m³,轰击工作,机动灵活,调动及时,不仅节省弹药,且迅速解决问题。

(三)1953 ~ 1954 **年度**

1953 年 11 月上旬气温较常年偏高 2.5 ℃,10 日以后由于强寒潮入侵,中旬气温较常年偏低 1.6 ℃,巴彦高勒以下于 12 ~ 17 日先后流凌。因下旬气温回升较多,高出常年 3.7 ℃,加之河道流量较大,在 700 m³/s以上,故流凌时间长。三湖河口断面于 12 月 3 日封冻,渡口堂 12 月 6 日封冻,石嘴山 12 月 2 日开始流凌。由于 12 月中旬气温较常年偏高 3.1℃,内蒙古段大部分在 21 ~ 25 日先后封冻,封河时流量为 500 ~ 680 m³/s,

立封段多,且清沟较多。封冻后气温持续偏高,1月中旬较常年偏高4.7℃,故冰层冻结不厚,较常年薄0.2~0.3 m。立春后气温仍然偏高,2月偏高2~3℃,冰层融化早,清沟不断扩大,3月初出现分段开河现象。由于寒流连续6次侵袭,气温下降较多,3月上中旬气温较常年偏低4~5℃,虽石嘴山、三湖河口断面于3月13~15日解冻,但进程不快,致使全段于21~23日全面解冻流冰。3月下旬气温又较常年偏高3℃,冷暖变幅大,河冰忽开忽冻,多处卡冰结坝,内蒙古段总计卡冰结坝29处,主要集中在21~27日,其中丰济渠一带卡结冰坝计有10处。23日下午杨满渡口丰济引水渠口下的冰坝,逼使冰坝上游来水大量进入渠道,使渠道窜决开口187个。由于人力物力准备充足,没有造成大的决口。安北县希尼庙湾3月25日下午形成冰坝,溃水溢岸,淹没土地面积60余km²,受灾231户,倒房149间,损坏房屋64间,淹耕地9 544亩,死亡牲畜430余头(只),损坏粮食13 745石,山药7万余斤,饲草2万多斤,受灾913人。包头、萨县段28~29日在龙五圪梁、立门营子、魏家圪旦、二里半等处卡冰结坝,由于防护得力,未造成损失,30日全线开通。

该年实际参加防凌的干部600人以上,上堤防汛队员约3 000人,并配备守护炮民兵120人,储备柴草100多万斤,仅丰济渠一带就有民工668人,备柴草48万多斤。由于炮兵、干部、群众日夜坚守阵地,空军及时出动,全区结扎的冰坝都在炮兵配合下,用296发炮弹,摧毁冰坝13处,并以飞机7架次,投弹57枚,炸毁冰坝2处的战绩,使希尼庙溢岸灾情没有扩大,其他地区也没再出险情。

(四)1961~1962年度

1961年11月上中旬气温较常年偏高,中旬偏高4~5℃,下旬寒流入侵后,内蒙古段22日以后先后流凌。渡口堂以上河段于12月2~3日流凌,晚于常年4~7 d。由于河道流量大,多在900 m³/s以上,加以12月上中旬气温高于常年1~2℃,故流凌时间长。三湖河口至包头段12月14日先行封冻,上、下河段于17~20日陆续封冻。石嘴山封冻最晚,12月29日才封河。封河时三湖河口以上流量大,封冻冰面高,河槽蓄水量多于常年,三湖河口以下,封河水位稍低,全河段封冻时河槽蓄水量接近常年。石嘴山以上封冻河段较常年封冻河段长,封冻后气温略高于常年,冰层厚0.61~0.75 m,较常年薄0.1~0.2 m。2月气温接近常年,但

上旬偏高 3~4 ℃,冰面融化,至 2 月下旬,融消冰水深 0.1~0.4 m。石嘴山 3 月 6 日解冻,7 日下午开河到乌达铁路大桥,流冰块大质硬,最大的长 200 m、宽 200 m、厚 0.4~0.5 m。先后在大桥上下卡冰结坝 5 处,堆冰长 2~7 km,宽 200~300m,壅高水位 4.57 m,流冰撞击桥墩横向振幅比火车通行时的振幅大十多倍,曾一度停车 3.5 h。卡冰造成了涨水淹地 3 200 亩,砖瓦窑 30 座,受灾 1 060 户共 1 283 人,倒房 389 间,死亡 11 人等的损失。直至 3 月 11 日冰坝消失,14 日流冰在河道内完全融化。17 日开河到三盛公铁路大桥以上磨石沟附近。20 日开到铁路大桥,比往年晚 7~8 d,流冰在桥下游 1 km 处卡冰,卡冰涨水 0.35 m,当天下午流冰减少。至 21 日 8 时水位下降,枢纽流冰,但冰块不大,13~15 号拦河闸孔曾一度被流冰堵塞,下午 17 时流冰停止,水位下降 0.4 m,闸下游 1 km 主流开通。下游托县各段河冰脱岸,河套境内分段开河,总计开河 10 段,长 34 km。包头段也有 11% 的河段开河,共 20 段,长 26.8 km。土右旗境内 16% 的河段开河,共 7 段,长 14.4 km。伊盟境内共开河 17 段,长 41.7 km。受寒流影响,3 月下旬气温低于常年 3 ℃,开河进程缓慢,3 月 26 日下午巴盟段基本开通,以下包头段有 40% 的河段开河,长 82 km,土右旗有 30% 的河段开河,长 28 km,伊盟开河 30 多段,长 100 多 km。昭君坟 1~2 号进水口的冰层经炮击,于 27 日 14 时 30 分主流道开河,到 28 日上午包头河段仍有 6 段河道未通,共长 28 km,占该段河道的 11%;乌前旗有 3 段,长 20 km,占 14%;土右旗有 3 段,长 8.5 km,占 10%;伊盟达旗有 15 段,长 21 km,占 20%;准格尔旗有 4 段,长 11 km,占 20%。此外,在达旗胜利渠退水口、丁家河头、九股地、张大圪堵等地 26 日晚至 27 日先后卡冰,水涨 0.2~0.5 m,至 28 日水位下降,全线于 3 月 30 日下午开通。该年开河总的情况是,上游开河早、水位高、流冰密、冰块大、壅冰涨水严重,是武开河,下游开河晚,分段开河,开河水位低,卡冰涨水少,是文开河,全段共结冰坝 17 处。

该年防凌上堤人数达 1 万人,修土方 15.7 万 m³,开河前预爆冰层面积 341 万 m²,用炸药 30.4 t,开河期共出动飞机 22 架次,投弹 11 枚,消耗炮弹 1 007 发。在堤防工程方面未发生任何问题。

（五）1970~1971 年度

1970 年 11 月上旬气温偏高,中旬寒流入侵强度大,气温低于常年

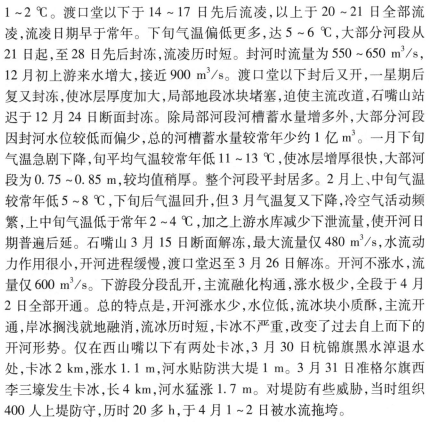

1～2℃。渡口堂以下于14～17日先后流凌,以上于20～21日全部流凌,流凌日期早于常年。下旬气温偏低更多,达5～6℃,大部分河段从21日起,至28日先后封冻,流凌历时短。封河时流量为550～650 m³/s,12月初上游来水增大,接近900 m³/s。渡口堂以下封后又开,一星期后复又封冻,使冰层厚度加大,局部地段冰块堵塞,迫使主流改道,石嘴山站迟于12月24日断面封冻。除局部河段河槽蓄水量增多外,大部分河段因封河水位较低而偏少,总的河槽蓄水量较常年少约1亿 m³。一月下旬气温急剧下降,旬平均气温较常年低11～13℃,使冰层增厚很快,大部河段为0.75～0.85 m,较均值稍厚。整个河段平封居多。2月上、中旬气温较常年低5～8℃,下旬后气温回升,但3月气温复又下降,冷空气活动频繁,上中旬气温低于常年2～4℃,加之上游水库减少下泄流量,使开河日期普遍后延。石嘴山3月15日断面解冻,最大流量仅480 m³/s,水流动力作用很小,开河进程缓慢,渡口堂迟至3月26日解冻。开河不涨水,流量仅600 m³/s。下游段分段乱开,主流融化构通,涨水极少,全段于4月2日全部开通。总的特点是,开河涨水少,水位低,流冰块小质酥,主流开通,岸冰搁浅就地融消,流冰历时短,卡冰不严重,改变了过去自上而下的开河形势。仅在西山嘴以下有两处卡冰,3月30日杭锦旗黑水淖退水处,卡冰2 km,涨水1.1 m,河水贴防洪大堤1 m。3月31日准格尔旗西李三壕发生卡冰,长4 km,河水猛涨1.7 m。对堤防有些威胁,当时组织400人上堤防守,历时20多h,于4月1～2日被水流拖垮。

　　该年防凌期间共组织抢险队伍16 727人,备柴草187万斤,草袋2.7万条,木桩45万根,炸药21 t,汽胶车、拖拉机97辆,通信马68匹,全区每日上堤民工较往年少,仅869人,共筑土方1.7万 m³,消耗炮弹736发,其中120炮弹219发,160炮弹517发,未动用飞机。

　　(六)1974～1975年度

　　1974年11月气温较常年偏高,寒潮入侵晚,11月16～19日自头道拐向上至三湖河口先后流凌,三湖河口以上在12月3日全部流凌,12月5日包头段开始封冻,向两头发展,巴彦高勒3月9日封冻,乌海市以上及头道拐12月13日封冻。流凌封冻较常年稍晚,但流凌历时短,主要是12月上中旬气温低于常年4～6℃,流凌封冻时河道流量较大,为650～800 m³/s,封河水位高,河槽蓄水量较常年多1亿 m³,有75%以上集中于

三湖河口以上。封冻后气温较常年偏暖,冰层厚度 0.75 m 左右,较均值稍薄。2 月中旬后气温偏高 2 ℃,融冰加速,加之上游来水不断增大,3 月上旬回暖更快,温度偏高 3 ℃多,石嘴山 3 月 3 日解冻,开河时流量达 950 m^3/s,凌汛洪峰达 1 190 m^3/s。开河流量大、水位高,水鼓冰开,逐段推进,致使乌达、海渤湾境内涨水 4 m 多,开河时间较去年提前 9 d,多年没上过水的高地漫水流冰,淹没耕地 1 500 亩、房屋 20 多间、饲草 3 万斤、沙枣籽 1 万斤、扬水站 5 处,3 月 6 日后开河过乌海市,14 日巴彦高勒解冻,由于去年冬天封河时,水位高,断面过流能力大,加之上游水库控制减少了下泄流量,气温比正常稍低,因此开河形势平稳,形成主流融化构通,岸冰搁浅就地融化,分段乱开,流冰量少、块小。开河期因多大风天气、流冰被推向浅滩或河岸,有些地段河岸堆冰高达 4 m。水位上涨不多,没有大的卡冰结坝,但高水位持续 6 ~ 7 d,两岸滩地普遍过水,堤防大部分上水,形成防汛重于防凌。巴彦高勒以下河段,开河时先出现最高水位,随后解冻流冰,开河时不仅不上涨,水位反而回落,开河最大流量均比历年均值小,三湖河口凌汛最大流量仅 960 m^3/s,小于石嘴山流量。昭君坟 3 月 17 日开河,较头道拐 3 月 19 日早,三湖河口最晚开河,在 3 月 22 日,开河时间上下交错,改变了过去自上而下解冻的情况,至 3 月 25 日全线开通,河水归槽,总历时 22 d。该年开河上游段较紧张,下游平稳,总体呈半文半武开河形势。

全区防凌期间每日平均上堤民工 2 239 人,完成土方 1.83 万 m^3,在险工地段备柴草 363 万斤,草袋 6.55 万条,木材 100 m^3,炸药 30 t,使用炮弹 102 发,未使用飞机轰炸,沿河引凌汛水浇地 5 万余亩。

(七)1976 ~ 1977 **年度**

1976 年 11 月上旬气温较常年稍低,中旬寒潮入侵势力强,气温较常年偏低 5 ~ 6 ℃,内蒙古段全段于 11 ~ 14 日先后流凌,昭君坟以下流凌 1 ~ 2 d 即进入封冻,渡口堂以下也在 17 ~ 24 日先后封冻,流凌时间特短,上游河段乌海市至石嘴山于 12 月 25 ~ 28 日先后封冻。由于来水量和气温的骤变,渡口堂封冻后不久,流量增大很多,最大时达 1 000 m^3/s 以上,水鼓冰裂,再度流冰,出现两次封河,河道冰面呈波浪状,冰厚增加较多,另外封冻后气温又偏低 3 ~ 4 ℃,一般冰层厚 1 m 左右,巴盟段最厚冰层 1.6 ~ 1.7 m,包头段为 1.2 m,河道槽蓄水量在三湖河口以上较常年多

1.5 亿 m³,包头段以下却较常年少 0.5 亿 m³,总体上全段河槽蓄水量较常年多 1.0 亿 m³,形成上高下低的台阶式分布。该年的封河形势是新中国成立以来少有的。2 月中旬至 3 月中旬气温回升快,较常年偏高近 3 ℃。石嘴山 3 月 10 日解冻开河,开河时流量达 970 m³/s,开河后流量逐趋回落,水位上涨少,上游水库从 3 月 9 日就减小了放流,青铜峡水库 3 月 9～29 日均小于 500 m³/s,石嘴山 14 日后流量稳定在 550 m³/s 左右,使巴彦高勒以下 3 月 10～22 日流量为 800 m³/s 左右,最大为 900 m³/s。进入 3 月,较强冷空气活动频繁,降温 8～10 ℃的有 5 次,即 3～4 日、9～10 日、14～15 日、18～19 日和 21～22 日。石嘴山开河后,由于强冷空气侵袭,14 日开河至九店湾,流冰卡阻,持续 2 d 未动,16 日开过乌达铁路大桥,连续 6 d 后,20 日才开到碱柜,从石嘴山至碱柜河长仅 77 km 历时 10 多 d,巴彦高勒推迟到 3 月 27 日解冻开河,最大流量仅 650 m³/s,由石嘴山至巴彦高勒的开河历时为历年均值的一倍。3 月 14 日上游来水温度上升到 5 ℃,最高达 6 ℃,使下游冰层融速加快。巴彦高勒最大断面平均冰厚 1.1 m,至 3 月 21 日融消成 0.48 m,热力起主导作用,下游段节节自融,分段构通,28～29 日三湖河口以下河段均解冻开河,30 日三湖河口断面解冻。3 月 30 日开至包头境内恒源城流冰卡阻,31 日有 4 km 堤防上水 1 m 多深,对岸伊盟段水面距堤顶 1 m 左右,但水位较平稳,上涨慢,为确保安全,15 时 43 分动用飞机投弹 24 枚,1 h 后河冰下泄,河水归槽。4 月 1 日全线开通,全段无任何险情,为文开河形势。

全区凌汛期每日上堤 2 500 人,完成土方 7.8 万 m³,堵复渠、路口 78 个。备柴草 270 万斤,木料 200 m³,炸药 30 t,铅丝 30 t,草袋 10 万条,燃料 18 t。组织 1.5 万人防凌抢险队伍,有上千人昼夜巡防观测冰情、水情,依靠群众,人防加堤防,战胜凌汛。

(八)1981～1982 **年度**

1981 年 11 月寒流入侵早,降温多,上旬温度比均值低 4～5 ℃。11 月 8 日三湖河口以下河段于同一天出现流凌,中下旬气温比常年持续偏低 1～2 ℃。三湖河口以上于 11 月 25～30 日由下而上地出现流凌。包头段 11 月 28 日由镫口以上河段逐段向上插封。12 月上旬,气温低于常年 3 ℃多,内蒙古段在乌海市以下,于 12 月 5 日前相继封冻,石嘴山断面在 12 月 30 日封冻。所以,该年流凌比常年早 10 d,封冻时间大部分偏早。封河流量比均值大 100 m³/s,但来水很不均匀,变幅大。三湖河口以下封河时为 500 m³/s 以下,巴彦高勒以上封河时流量在 800 m³/s 以上。上游段封冻水位高、形成的冰面也高,下游段封冻水位低、冰面也低。由于 1981 年 9 月黄河上游发生了历史上较大洪水,内蒙古段入境洪峰流量达 5 820 m³/s,经总干、南干、一干渠分洪引流,出境洪峰流量为 5 140 m³/s。洪峰持续时间长,河道普遍冲深,洪水过后虽有回淤,但仍较大洪水前断面要深。头道拐站断面使主槽加深,且主流由左岸移向右岸,封冻前的流速较以前增大了一倍。断面冲刷,流速增大,使弗劳德数发生相应变化。镫口以上河段的弗劳德数也略有增加,但仍在封冻条件范围之内,而镫口以下河段,弗劳德数增加更多,超过了封冻临界值 10%,这使得镫口至托克托段长 116 km 的河段,主流区仅有 6 小段、长 4 km 封冻,其余河段一直未封,为近百年来所罕见。河道来水量 11 月中旬后持续偏大,到 1 月末各旬旬平均流量较历年均值增大 150 m³/s 以上,其中 12 月上旬多达 321 m³/s,此时正值内蒙古段流凌封冻期,旬平均流量大于 850 m³/s,最大流量超过 1 000 m³/s。后期流量迅速增大使封冻河段水鼓冰开,镫口以上河段出现了两开两封的特殊情况。内蒙古河段的喇嘛湾以下至龙口一般常年不封冻,龙口至河曲县石梯子一般都封冻,石梯子以下不封河。天桥电站建成后,则出现了自坝前一直封到龙口的情况。1981 年冬天除龙口到太子滩未封死外,其余河段均形成了严重的封河;1982 年初先后在榆树湾、马栅及下游北园等处发生长距离严重冰塞,准格尔旗马栅公社有 100 多户被水包围,水深 0.3 m,在榆树湾供销社河水涨至窗台,淹地 1 800 多亩,对岸河曲县有 6 个生产大队 131 户及两个厂矿被淹。娘娘滩近两千多年以来洪水从未上滩,因冰塞涨水全部被淹,滩上冰面高出滩地 1 ~ 2 m,有 33 户受淹。立春后,气温回升较快,1 月下旬气温比常年偏高 3 ℃多,2 月中旬偏高 5 ~ 6 ℃,这促使黄河提前解冻。石嘴山 2 月 23 日解冻开河,较常年提前了几天,最大流量为 690 m³/s。由于开河涨水很小,流量逐减,故开河进程缓慢。3 月上中旬气温略高于常年,前期升温融冰,下游各段冰层变薄,再生清沟扩大。3 月 13 日巴彦高勒解冻开河,流量为 700 m³/s,与凌汛最大流量 715 m³/s 相比,增加很少,涨水不多。开河缓慢向下进行,河槽蓄水量释放时间拉长,加之刘家峡水库适时控制下泄流量,开河水位涨差很小,没有出现水鼓冰开、严重卡冰现

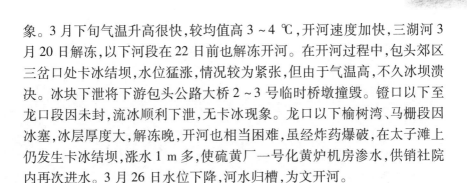

象。3 月下旬气温升高很快,较均值高 3 ~ 4 ℃,开河速度加快,三湖河 3 月 20 日解冻,以下河段在 22 日前也解冻开河。在开河过程中,包头郊区三岔口处卡冰结坝,水位猛涨,情况较为紧张,但由于气温高,不久冰坝溃决。冰块下泄将下游包头公路大桥 2 ~ 3 号临时桥墩撞毁。镫口以下至龙口段因未封,流冰顺利下泄,无卡冰现象。龙口以下榆树湾、马栅段因冰塞,冰层厚度大,解冻晚,开河也相当困难,虽经炸药爆破,在太子滩上仍发生卡冰结坝,涨水 1 m 多,使硫黄厂一号化黄炉机房渗水,供销社院内再次进水。3 月 26 日水位下降,河水归槽,为文开河。

防凌期间,沿河各地堵复渠、路口 215 处,完成土方 5.2 万 m³、石方 1.24 万 m³,备柴草 206.8 万斤、草袋 17.5 万条。该年开河较平稳,除伊盟蒲圪卜因堵口质量差而发生窜决外,其余堤段安全度过凌汛。下游严重冰塞,使准格尔旗马栅、榆树湾地区涨水成灾,水位超过 1981 年大洪水的最高水位 3.8 m,有 119 户 506 人受灾,水淹房屋 668 间,损失约 38 万元,淹坏商店门市部 3 处,供销社门市部 1 处,淹坏厂房 10 间、库房 6 间,损失约 6.2 万元。榆树湾地区还有 66 间住房,20 间小学教室由于水淹,地基下沉发生倾斜裂缝。马栅地区 106 户房屋被水围困,75 户 296 人急需搬迁。此外,淹坏硫黄厂黄炉 52 个,化黄炉 6 盘,水泵房 2 间,扬水站 4 处,机房 14 间,变压器、电动机、水泵等 8 台件,淹没机井、水车井 23 眼,损失 26.6 万元,淹耕地 1 820 亩,榆树湾至马栅公路被淹 5 km,最大水深为 3 m,断绝了交通,迫使水泥厂、硫黄厂、电厂处于停产或半停产状态。由于采取相应措施,灾情没有继续扩大,其余地段开河顺利,未受损失。

第三节　人工爆破要点

一、主要爆破器材的性能和保管

(一)硝胺炸药

1. 形状

硝胺炸药为白色到淡黄色的粉末,用油纸包成长圆形或装在塑料袋中。

2. 性能

(1)爆破威力差,爆破同样物体,比黄色药多用60%,爆速4 000～5 000 m/s。

(2)易吸收潮气,降低威力,并在爆破过程中产生大量有毒气体,如溶于水中失去爆发性。

(3)对摩擦撞击等不敏感,投入水中一般仅能徐徐燃烧,但不受寒冷影响,处理搬运都比较安全。

3. 用途

对铁、木材、岩石、土壤、砖石和建筑物、冰凌等各种物体均起破坏作用,药性较纯,用于内部装药。

4. 保管

(1)这种药含有大量硫酸铵,易吸收潮气变成黄泥浆状,不能爆发。

(2)不宜用手捏的时间过长,以免出水失效。

(3)保存时间长了,有时会结成硬块,降低威力,产生"瞎炮"。

(4)应存放在干燥通风的地方,不要受日晒和电力影响。

(5)严禁和发火物品、金属物、油漆等物品放在一起,以免产生化学变化。

(6)药块上的防潮纸不要随意撕掉,药箱装设防潮设备。

5. 检查

(1)包装干燥,药呈粉状,没有潮气,说明药品良好。

(2)纸包发白或潮湿,药箱内向外流水,炸药变成泥状或硬块,说明受潮变质。

(二)雷管

用于引火,使炸药爆炸的装备品叫雷管。破冰常用的雷管为中等感度的电雷管,它的构造是以铜或纸制成的圆管,一头封闭,内装起爆药与传爆药,再用2条23号铜脚线作为导电线,一头接续白金丝,周围缠绕棉花和燃烧粉装在管内,然后用锡或硫黄泥封闭制成。

1. 性能

铂铱合金电桥,一般电阻为$1～1.5\ \Omega$,由于构造不同,有的为$0.8～2\ \Omega$,起爆电阻为$2.5\ \Omega$(脚线在内),最小点火电流为$0.4\ A$,最小计算直流电流为$0.5\ A$。起爆串联的电管组,计算所需电流强度按$1\ A$。

2.使用

以电力点火来引起炸药爆破。使用前,必须逐个检查是否良好,量出电阻数,把电阻相同或相差 ±0.1 Ω 的放在一起,保证同时起爆,避免瞎炮。如果把若干个电管串联爆发,应当用电阻相同的电雷管,否则不能同时爆发。一般电阻小的电雷管先爆。

3.保管

(1)应放在干燥通风、温度低凉的地方,防止阳光直晒。

(2)加设防潮设备。

(3)不要和炸药或酸类放在一起,以免产生化学变化。

(4)严禁靠近明火处。

(5)注意不要把脚线过于曲折扭断。

(6)电雷管感应比较灵敏,存放在电管小匣内,填塞木屑等物,使雷管不震动,并在匣内施放防湿设备。

(7)挪动转运时,应防止震动撞击。

(三)导电线

1.导电线的种类和规格

(1)用电力起爆时,输送电流到雷管的金属丝叫导电线。导电线分为绝缘和裸体两种。

(2)为了避免发生漏电、短路等现象,导电线母线以绝缘线为最好,我们常用的有被复线单心铜包皮线 22 号铅丝等。被复线的优点是较长距离和频繁使用不易折断,但阻力比单心铜线大(每百米 4~8 Ω)。因此,一般爆破中多用 18 号铜皮线,电阻每百米 1.6 Ω,导电性强,电阻较小,但易折断。

(3)爆破冰凌作业使用的电线按线路中的用途分为脚线、连接线、母线三种。脚线指电管上带的线,连接线用于连接两个邻近的电雷管线,母线是连接电源和雷管的线。为使爆破效果好,连接线和母线的断面必须大于脚线,脚线一般须用 0.5 mm 的铜线,连接线用直径为 0.6~0.8 mm 的铜线。由于铜线比较缺少,常用 22 号铅丝,母线用断面大于 0.8 mm²以上的胶皮绝缘线。

2.导电线的连接

电力爆破冰凌时,电线接头的连接方法分为固定和临时两种。

(1)接长母线时采用固定接头,脚线与连接线采用临时接头,接头必须用力扭转,扭转扣应均匀,使线芯互相紧密靠拢,母线接头必须用胶布包好绝缘。

(2)为了避免突然发生爆炸事故,在连接线路时,允许把电管脚线分开,当完成布雷工作并使一切人员退到安全区后,才准许进行电爆线路的连接。母线的两端,除进行爆破之前听从队长指挥与电流相接外,其余时间必须连接在一起。

(3)使用前检查有无漏电的地方,若有,发现后用胶布包好。在爆破操作前及操作过程中,用欧姆表试验线路是否通电,但注意不要把两根线交卷在一起,以免形成短路,使爆炸受阻。

(4)使用前后,应用线车卷好,放在清洁干燥的地方,不要和易生锈的金属及腐蚀物品放在一起。

(四)发爆器

1. 原理和用途

QB-200 型发爆器是一种晶体管电容式的发爆器,它利用晶体三极管产生自激振荡,由变压器将交变电压升压后,再通过二极管整流,对 4 个电解电容进行充电,最后利用开关的转接,引出电容上的电压加于外部的电雷管,使之点燃发爆。这种发爆器具有发爆性能稳定、操作简便、结构简单、携带方便等优点,适用于矿山、水利、交通、建筑等部门的电雷管爆破工作。

2. 技术性能

(1)最大外电阻:串联爆发 700 Ω,混联爆发 200 Ω。

(2)电压:串联爆发 1 600 V,混联爆发 400 V。

(3)发爆能力:串联爆发 200 发;混联爆发 50 发。

(4)充电时间:小于 30 s。

(5)电源电压及寿命:4.5 V 电池,可发 150 次左右。

3. 使用和保管

(1)爆破前,先检查发爆器是否正常,将开关拧到"充电",应有啸叫声,经过 20 多 s 后指示灯亮为正常,然后拧到"放电"位置。

(2)检查现场无误后,将母线接于发爆器。

(3)准备完毕后即可发爆。先将开关拧至"充电",指示灯亮后,可将

开关拧至串联发爆或混联发爆,立即发爆,并迅速把开关拧至"放电"。

（4）一般尽量不用混联发爆,因此类发爆能力小,只有在非用混联或串联雷小于50发时,用混联发爆。

（5）放炮后拆下母线,必须把开关拧至"放电"。

（6）必须存放在干燥通风地方,严防受潮。

（五）火雷管

常用的雷管是用铜或铝制成的小管,长 2～5 cm,一头封闭,内装起爆或传爆药,药上盖防潮锡箔,锡箔上盖一中央有小孔的小管,小管上放药,如果管外生锈,管内药球发霉或变成白色,说明受潮不能使用。保管方法同电雷管。

（六）缓燃导火索

外形像绳子,中径5.5 mm,常用的有白、黑两种。白色的一般5 s 燃烧3 cm,保管好的放在水中8 h 以后失效。黑色的放在水中30 h 还能使用,但两种导火索都怕冻,冻后容易折断。其用途是点燃火药和火雷管时,延长爆炸时间,使点火人脱离危险区。使用前一定注意先做试验,从一头剪下几厘米进行燃烧,检查是否良好及燃烧速度,然后使用。保存时应放在干燥通风不见阳光的地方,不要和油脂、漆、酒精等放在一起,冬季应放在干燥温暖的地方,以免受冻。

二、电爆线路连接及电源计算

（一）线路计算依据

线路计算依据"欧姆定律",即电路中的电流强度与电路两端的电压成正比,与电阻成反比,也就是说,电路中的电压愈大,电流愈大,而电阻愈大,电流愈小。计算公式为

$$电压 = 电流 \times 电阻 \tag{6-1}$$

$$电流 = 电压 / 电阻 \tag{6-2}$$

（二）电爆线路连接方法

按电源能力和药包排列位置,电爆线路连接方法可分为串联、并联、混联三种。

1. 串联线路

每个雷管互相连接后再与母线连接,使电流连续的通过所有线路中

的雷管。因此,对于电爆线路的总电阻来说,在电爆线路内产生的电流强度有多大,则通过每个雷管的强度就有多大。当药包位置分散或相互距离很远时,这种连接方法极为便利。线路中的电流应不小于雷管起爆时所需电流。此法比较经济,计算操作简单,常用于破冰。但缺点是若一处雷管或线路有毛病,则整个电路将被切断。适用于爆冰工作中扩大封口,打通溜道爆破格子网等。连接方法如图6-4所示。

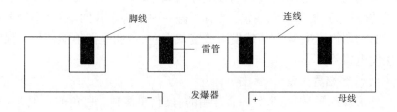

图6-4　串联线路连接方法

计算公式为

$$总电阻 = 母线电阻 + 全部连线电阻 + 全部雷管起爆电阻 \quad (6-3)$$

$$电流强度 = 中等感度 1.0 安培计算 \quad (6-4)$$

$$电压 = 总电阻 \times 电流强度 \quad (6-5)$$

为了便于计算,将试验数据介绍如下:工作中按此计算,发爆器按前部分数据,18号单心铜线,每百米电阻1.6 Ω,22号铅丝每百米电阻10 Ω,一个电管起爆电阻2.5 Ω。

2.并联线路

每个雷均以不同方式直接与两根母线相连,作业费事、计算麻烦。但一个雷有毛病不影响其他雷,适用于较强电流和大型药包爆破及紧急情况,并联方法如图6-5所示。

计算公式(一个雷为一组)为

$$总电阻 = 母线电阻 + \frac{每组连线电阻 + 雷管起爆电阻}{并联组数} \quad (6-6)$$

$$电流强度 = 中等感度雷管按 1.0 安培 \times 并联组数 \quad (6-7)$$

$$电压 = 总电阻 \times 电流 \quad (6-8)$$

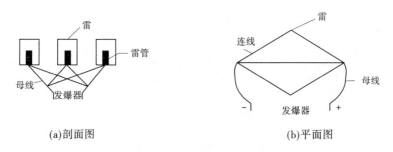

(a)剖面图   (b)平面图

图 6-5 并联线路连接方法

3. 混联线路

常用的有串并联和并串联(并联小组,串联线路)线路。串并联是组内雷管串联,组与组之间并联,适用于打酥打透。并串联将雷分成几组,组内雷管并联,组与组之间串联,适用于紧急情况。此法作业上增加线路,但一组有问题不影响其他组,线路图如图 6-6、图 6-7 所示。

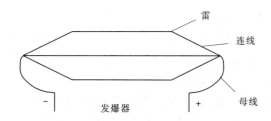

图 6-6 混联线路平面图

1)串并联线路

计算公式为

$$总电阻 = 母线电阻 + \frac{每组连线电阻 + 每组雷管电阻}{并联组数} \quad (6-9)$$

$$电流 = 中等感度按 1.0 安培 × 并联组数 \quad (6-10)$$

$$电压 = 总电阻 × 电流 \quad (6-11)$$

2)并串联线路

计算公式为

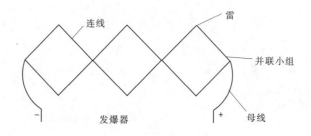

图 6-7　并串联线路平面图

$$总电阻 = 母线电阻 + 全部连线电阻 + 并联小组 × \frac{一个雷管电阻}{一组电管数目}$$

$$(6-12)$$

$$电流 = 电管按 1.5 安培计算 \qquad (6-13)$$

$$电压 = 总电阻 × 电流 \qquad (6-14)$$

三、安全操作规程

爆破工作中,要加强组织纪律性、科学性,严格遵守安全操作规程,这些规程是长期实践经验的总结,有些是用生命换来的教训,它反映了事物的客观规律,所以必须严格遵守以下几项规定,并在实践中检验发展。

(一)爆破队的组织与装备

(1)每支爆破队一般由34人组成。其中,正、副队长各1人,前方组13人(组长1人,试线员1人,起爆3人,打冰孔、下雷、接线8人),任务重的可根据情况增加打冰孔的人员;后方组10人(组长1人,测试雷管1人,运输2人,安雷管1人,包装5人);勘察安全组3人。另外,保管员1人,统计员1人,卫生员1人,事务员1人,炊事员2人。

(2)爆破队要认真执行岗位责任制,明确分工职责。正、副队长按前、后方明确分工。前方组长主要负责现场勘察、布雷、接线、发布号令等工作。后方组长负责掌握药包包装、运输,爆炸品的保管,警卫,材料供应,生活保障等工作。勘察员负责所爆破河段的河势冰情调查工作,协助队长做好爆破计划,负责设立现场标志,明确操作安全区、危险区及爆冰区的进、退路线。在爆破时,要仔细观察操作区及上、下游河段的冰凌变化,如有开河迹象或冰凌滑动等情况,应立即发出紧急信号,通知冰上作业

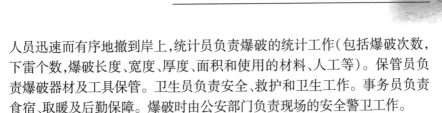

人员迅速而有序地撤到岸上,统计员负责爆破的统计工作(包括爆破次数,下雷个数,爆破长度、宽度、厚度、面积和使用的材料、人工等)。保管员负责爆破器材及工具保管。卫生员负责安全、救护和卫生工作。事务员负责食宿、取暖及后勤保障。爆破时由公安部门负责现场的安全警卫工作。

(3)爆破队必须严明组织纪律,并建立严格的检查责任制度,各工序应严格按照本规程进行操作,确保爆破安全。

(4)爆破队长要熟练掌握爆冰技术和安全操作规程,具有一定的爆破经验。爆冰前要组织队员认真学习爆冰技术知识和安全操作过程,封冰后应进行实爆演习,培训合格后方可上冰操作。

(5)爆破队的器材工具设备和安全保护用品参照配备表配备。爆破器材每年凌汛前要进行检查、维护,使用前要进行试验,保证管打好用。如有遗失或损坏应及时补充。

爆破队器材工具设备配备(以队为单位)见表6-1。

(二)炸药、雷管的存放和运输

(1)各县(市、区)一般不设置保存炸药、雷管等爆炸物品的仓库。因爆破需要临时存放少量的炸药、雷管等爆炸物品时,必须分别存放,并安排专人管理和警卫,各库之间应保持一定的安全距离,严禁在库房内进行火药加工或装插雷管、引线等工作,并要采用防爆型照明设备。

(2)爆炸药品的运输要有专人押运。雷管和炸药不准同车(舟)装运,更不准置于同一容器内。运输时,散装雷管应用棉被套分开包扎好,炸药、导火索等爆炸物品也要妥善包装、捆扎,不可散装、改装。尽可能减少震动,避免冲击、颠倒、坠落和发生摩擦等。装车后应用篷布遮盖,运输车辆的排气管应安装防火帽。

(3)司机及押运人员严禁吸烟和携带易燃物品。途中不准在堤防、险工、控导工程和人员密集、建筑物集中的地方休息。车与车的间距不得小于100 m(包括坐人的车在内),车辆停止后禁止闲人靠近。

(4)在工地运送药包以挑篮为宜,要慢提轻放,并随时注意检查吊绳。运送无雷管的药包,一次质量不应超过20 kg,转运带雷管的药包一次不应超过10 kg。行走要谨慎稳健,上、下坡及冰上行走时更应特别小心,严禁用人背肩扛的方式运送药包。

(5)在工地用车辆运输炸药时,必须整修好道路(例如平填路面、清除冰雪等),并采取防滑措施,行车速度每小时不宜超过30 km。

表6-1 爆破队器材工具设备配备(以队为单位)

名称	单位	数量	备注	名称	单位	数量	备注
起爆器	个	1	带足电池	手机	部	1	
导电线	m	400		对讲机	对	1	
导线车	架	1		铁锹	张	10	
欧姆表	只	1		镐	把	8	
剪刀	把	1		小担子	根	4	
剁刀	把	1		2 m 抬杠	根	4	
钳子	把	6		小斧子	把	2	
胶布	盘	4	10~15 kW 发电机1套,带照明线、灯泡等	4 m 篙	根	1	
22 号铅丝	kg	10		5 m 竹竿	根	1	
手电筒	个	5		4 m 梯子	个	2	
照明设备	套	1		3 m 踏板	块	2	
口哨	个	2		木榔头	把	4	
指挥旗	面	2		帆布篷	块	1	
麻袋	条	500		冰穿	根	10	
指挥灯	个	2		塑料布	m²	200	
开冰机	台	1		交通车	辆	1	

安全保护用品配备(以队为单位)

防寒服	身	每人 1 身		安全绳	根	每人 1 根	
安全帽	个	每人 1 个		安全杆	根	每队 20 根	
半高腰胶鞋	双	每人 1 双		救生衣	件	每队 16 件	
口罩	个	每人 2 个		胶手套	副	每队 2 副	
手套	副	每人 2 副		标志灯	个	每队 4 个	
防护眼镜	副	每人 1 副					

(三)爆冰作业

(1)爆破前,必须事先详细勘察爆冰河段的河势溜向,需要时可施测封冰横断面,全面掌握水深、冰厚、冰花厚、断面过流等情况。一般情况下,当封冰厚达15 cm以上时,才允许上冰进行爆破作业。作业不宜在大风、大雪、大雾天气和夜间进行。遇特殊情况必须进行时,须报经省黄河防办批准,并应特别注意安全,防止发生意外事故。

(2)爆破作业应统一指挥,有组织、有计划地进行,特别是两个以上爆破队同时作业时,必须加强联系,密切配合,指定一人统一指挥,以确保安全。

(3)爆破前必须选择好上下道口和进退路线。在有融冰、裂冰、清沟之处,应铺设跳板或梯子,设立明显标志(白天插旗,夜间挂红灯),并采取防滑措施。

(4)工作现场严禁烟火,要加强治安保卫工作,在周围设立岗哨,禁止闲人接近作业现场,并在爆破段的上下游1~2 km范围内设立观冰人员,如冰有滑动应及时通知冰上作业人员。

(5)捆扎药包时,装药、捣药严禁使用铁器。下药包时严禁用铁棍、木棍捣击药包,可用木杈慢慢压下,以免爆炸。

(6)连接雷管和引线时,要用钳夹夹紧,严禁用牙齿咬或用力敲砸。对雷管、药包进行试验时,所有人员必须退入安全地带,经队长许可后方能进行。

(7)起爆地点(即操纵起爆地点)应设在作业现场的上风面,与炮孔的最短距离不得小于200 m(大风或夜间应根据情况适当加长)。包装组距离炮孔一般不得小于300 m,特殊情况须小于500 m,选择隐蔽处所。包雷组和安装雷管组相距必须超过50 m。雷管要轻拿轻放,插雷管时必须用竹签或木签插孔,严禁用铁器插孔。雷管要慢慢插入,不得猛插猛放,也不准旋转。雷管放入后,用凡士林封口(乳化炸药将雷管插入炸药中间,紧握即可),包雷的人要保持适当间距,不得聚在一起作业,用多少,包多少,不得积存。

(8)接线和下雷必须保证质量,要细心接好线头,扎好胶布,并有专人最后细心检查,以免发生"瞎炮"。接线时需留一根火线(即导电线),试好线、下好雷,待作业人员撤至安全地带后,再连接起来,以免起爆人员

疏忽发生事故。

检查人员用欧姆表试线时距离不得小于50 m,其余人员必须完全撤至安全地带。

(9)使用雷管时,应禁止闲人靠近电源(包括电池、起爆器)。起爆器应装入箱内并经常锁住,起爆前钥匙由前方组长保管。要指定专人分别掌握起爆器及导线头,此人必须细心谨慎,技术熟练。在每次炮响后应立即将两根火线头从起爆器上取下并锁好箱子。负责火线的两人应配带绝缘手套,并分离在起爆器两侧,最小距离不得小于3 m,不经队长批准不得聚在一起,起爆人必须无条件服从队长的指挥。

(10)爆破冰凌以打格子网为主,方格的间距应视冰厚和冰凌所处的位置而定,如果冰凌较厚或处在弯曲河段,格子网的间距应适当加密;冰较薄或处于顺直河段,间距可适当放长,方格间距一般以20~30 m为宜。冰厚超过1 m,应将冰炸酥炸透,基本炸碎。

(11)一般每包用药以1 kg左右为宜,不宜使用大药包,以免产生浪费或增加飞凌事故。

药包埋置的深度及间距应根据冰厚及药量的大小适当安置,当冰厚为20 cm左右时,药包间距为5~7 m,埋深在冰面下0.6~0.9 m较好。

(12)开河时,如在弯道、宽浅河段或险工坝岸附近开始发生冰凌插塞(即冰坝形成初期),一定要抓住插而未稳的有利时机,争取时间加大药包,将插塞的冰凌迅速而猛烈地炸开,以免形成冰坝。如已形成冰坝,必须全力以赴进行爆破。

(13)冰坝爆破时必须先从冰坝的支撑点和卡口处开始,首先摧毁冰坝的饯角,借上游冰水压力使冰坝倒垮。如冰坝范围不大,也可全面进行轰炸。爆破冰坝要特别注意人身及工程安全。

(14)每次雷响后,最少5 min才可接近工作面,以防发生危险。遇有不响的雷,必须先将母线从电源上取下,并锁好起爆器,10 min后检查人员才能进入现场进行检查。

(15)严禁掏挖原炮眼重装炸药,应在原炮眼60 cm以外另行打眼放炮。严禁将未炸的药包拆开或握住电雷管上的脚线把电雷管从药包内拖出。

(16)收工时,队长要认真检点人数,做好爆炸器材的清理工作。核

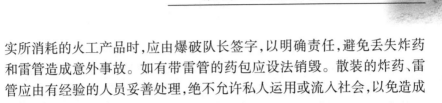

实所消耗的火工产品时,应由爆破队长签字,以明确责任,避免丢失炸药和雷管造成意外事故。如有带雷管的药包应设法销毁。散装的炸药、雷管应由有经验的人员妥善处理,绝不允许私人运用或流入社会,以免造成不应有的损失。

(17)在靠近村镇的河段进行爆冰时,一般情况下应尽量采用小药包爆破,以免药量过大,震动力过强,影响附近村庄的房屋安全。

(18)爆破时,所有爆破人员必须将袖口、裤脚、腰身扎紧,并系好安全绳,万一有人落水,切忌惊慌失措。搭救落水人员时,应先将绳索一端握紧,并将另一端扔给落水人或向落水人投掷竹竿、木板,使落水人员能借助这些漂浮物爬到冰上。万一掉入冰窟中,落水人应立即将两臂展开,架在冰上,并迅速窜上冰面,然后爬到安全地带。

四、钻研学习爆破技术,提高作业水平

爆破冰凌是一种特殊作业,必须掌握足够的爆破理论知识和符合实际情况的作业技术,才能安全顺利地完成任务。因此,不断探讨研究爆破技术,总结爆破经验,提高作业水平,是十分重要的一项任务。现将作业中几个问题的讨论意见归纳如下:

(1)爆药与雷管的关系:雷管(或信管)用得越多,起爆能力越大,爆炸威力越大,这是一般的道理,但究竟多少才合适呢?据以往的经验,3 kg以下的药包用1个雷管,3 kg以上的用2个,在爆冰作业中不宜用大药包,一般应掌握用1 kg以下的药包,雷管和信管应尽可能插在药包中心。

(2)如无适当大封口的冰场河段,可在开河前突击打透,行动过早则透而复冻不起作用,过迟则临时突击,手忙脚乱,既不安全,又不能保证完成任务。因此,应充分注意观测冰凌变化及气温变化,随时掌握水情、凌情,早动手,在开河前一两天完成,尽可能避免夜间作业。

(3)爆炸平封、插封及冰花很厚的河道时,均需掌握先主溜,后边溜,爆破冰堆可采用抽沟引溜、炸通溜道相结合的方法,否则易造成用药多,效果差。

(4)布雷方法。①打酥打透河道:多在开河前突击进行。为争取时间,应预先打出药孔,并根据人员多少及工地的具体情况,采取一行布雷

法(一炮发,23 个雷)或数行布雷法,采取连发,增加爆破威力。②布雷间距:因为影响爆破威力的因素有很多,如炸药的质量、药包大小、冰厚、水深、平封、插封、冰花多少、水位高低、流速、风向等,必须因地制宜,根据经验并通过实地试验决定。冰厚在 20 cm 左右,雷重 1 kg 下深 1 m,布雷间距 5 m 为宜,如水大溜急可放宽到 10 m。③下雷深度和药包重,可参考表 6-2。

表 6-2　装药量与冰厚和下雷深度　　　　　（单位:kg）

冰厚(m)	下雷深度(m)		
	1	1.5	2
0.2 ~ 0.3	1	2	4
0.3 ~ 0.4	1.5	2	4.6
0.4 ~ 0.5	2.2	3.2	5.4
0.5 ~ 0.6	2.6	3.8	5.8

参 考 文 献

[1] 黄河水利委员会,清华大学水利工程系.黄河下游凌汛[M].北京:科学出版社,1979.

[2] 黄河水利委员会.黄河河防词典[M].郑州:黄河水利出版社,1995.

[3] 胡一三.黄河防洪[M].郑州:黄河水利出版社,1996.

[4] 水利部黄河水利委员会,黄河防汛总指挥部办公室.防汛抢险技术[M].郑州:黄河水利出版社,2000.

[5] 李希宁,杨晓芳,解新勇.黄河基本知识读本[M].济南:山东省地图出版社,2010.

[6] 水利电力部水利调度中心编印.黄河冰情[Z].1984.

[7] 隋觉义,等.江河冰塞糙率的分析研究[J].水利学报,1993(8).

[8] 展静,等.冰点以下不同粒径冰颗粒形成甲烷水合物的实验[J].天然气工业,2009(6).

[9] 中华人民共和国水利部.SL 428—2008 凌汛计算规范[S].北京:中国水利水电出版社,2008.

[10] 华东水利学院.水力学[M].北京:科学出版社,1984.

[11] 霍世青,等.河冰研究[M].郑州:黄河水利出版社,2010.

[12] 可素娟,等.黄河冰凌研究[M].郑州:黄河水利出版社,2002.

[13] 章梓雄,董曾南.粘性流体力学[M].北京:清华大学出版社,1996.

[14] 李延召.挟沙水流紊流模型对泥沙扩散系数的影响研究[D].北京:清华大学,2008.

[15] 余常昭.环境流体力学导论[M].北京:清华大学出版社,1992.

[16] 傅旭东,王光谦.传统泥沙扩散方程的误差分析[J].泥沙研究,2004(4).

[17] 茅泽宇,等.河冰生肖演变及其运动规律的研究进展[J].水力发电学报,2002(1).

[18] Mercier S. 1984. The reactive transport of suspended particles:Mechanics and Modeling. Ph. D. Dissertation,Joint Program in Ocean Engineering,Massachusetts Institute of Technology,Cambridge,MA.

[19] Ashton,G. D. ,1986. River and Lake Ice Engineering. Water Resources Publica-

tions,LLC,Littleton,Colorado,USA.

[20] Haresign,M.,Toews,J. S. and Clark,S. P. 2011. Comparative Testing of Border Ice Growth Prediction Methods. Proc. 16th CRIPE Workshop,Winnipeg,Manitoba.

[21] Proceedings of the 6th IAHR International Symposium on Ice,Quebec,canada.

[22] 王文才. 黄河下游凌汛成因分析及防凌措施[J]. 冰川冻土,1987(9).

[23] 中华人民共和国水利部. SL 59—93 河流冰情观测规范[S]. 北京:水利电力出版社,1993.

[24] 樊玲. 结冰融冰过程的数值模拟[D]. 南京:南京航空航天大学,2005.

[25] P. B. 多琴科,张瑞芳,唐海行,等. 苏联河流冰情[M]. 北京:中国科学技术出版社,1990.

[26] 李希宁,王静,孟祥文,等. 黄河下游南北展宽工程防凌研究[M]. 济南:山东省地图出版社,2007.

[27] 李梅宏,陈庆胜. 黄河口防凌技术[M]. 东营:石油大学出版社,2001.

[28] 马喜祥,白世录,袁学安,等. 中国河流冰情[M]. 郑州:黄河水利出版社,2009.

[29] 刘翠杰,刘月英,马雪梅,等. 冰川冻土[J]. 2003(S1).

[30] 苏宏超. 2005 年以来新疆的冰凌灾害[J]. 冰川冻土,2008(6).

[31] 郭增红,于成刚,杨桂. 2009 年春黑龙江上游冰坝分析[J]. 黑龙江水专学报,2010(2).

[32] 姚惠明,秦福兴,沈国昌,等. 黄河宁蒙河段凌情特性研究[J]. 水科学进展,2007(6).

[33] 董雪娜,李雪梅,林银平,等. 黄河下游凌情特征及变化[J]. 水科学进展,2008(6).

[34] 蔡琳. 中国江河冰凌[M]. 郑州:黄河水利出版社,2008.